W0088223

Das KosmosBuch der
Astronomie

Umschlaggestaltung von eStudio Calamar unter Verwendung einer
Aufnahme des Hantel-Nebels (National Optical Astronomy Observatory,
NOAO), einer Sternwartenaufnahme (NOAO), einem Sonnenbild
(Satellit SOHO), des Hubble-Weltraumteleskops (NASA)
und der Spiralgalaxie NGC 300 (Europäische Südsternwarte ESO).

Mit 352 Farb- und Schwarzweißfotos (Bildnachweis siehe Seite 256),
51 Farbgrafiken von Jeanette Bos und 12 Stern- sowie vier Mondkarten
von Wil Tirion

Titel der Originalausgabe: „Govert Schilling, Handboek Sterrenkunde"
© 2003, Fontaine Uitgevers bv, Abcoude/Govert Schilling
ISBN der Originalausgabe: 90-5956-0021

Aus dem Niederländischen übersetzt von Helmke Mundt

Bilbliografische Information der Deutschen Bibliothek:
Die Deutsche Bibliothek verzeichnet diese Publikation in der Deutschen
Nationalbibliografie; detaillierte bibliografische Daten sind im Internet
über http://dnb.ddb.de abrufbar.

Bücher · Kalender · Experimentierkästen · Kinder- und Erwachsenenspiele
Natur · Garten · Essen & Trinken · Astronomie
Hunde & Heimtiere · Pferde & Reiten · Tauchen · Angeln & Jagd
Golf · Eisenbahn & Nutzfahrzeuge · Kinderbücher

KOSMOS Postfach 10 60 11
D-70049 Stuttgart
TELEFON +49 (0)711-2191-0
FAX +49 (0)711-2191-422
WEB www.kosmos.de
E-MAIL info@kosmos.de

Informationen senden wir Ihnen gerne zu

Gedruckt auf chlorfrei gebleichtem Papier

Für die deutschsprachige Ausgabe:
© 2003, Franckh-Kosmos Verlags-GmbH & Co. KG, Stuttgart
Alle Rechte vorbehalten
ISBN 3-440-09408-1
Übersetzung, Redaktion und Satz: AMS Autoren- und Medienservice, Reute
Projektleitung: Sven Melchert
Printed in the Czech Republic / Imprimé en République Tchéque

KOSMOS

GOVERT SCHILLING

Das KosmosBuch der

Astronomie

KOSMOS

Inhalt

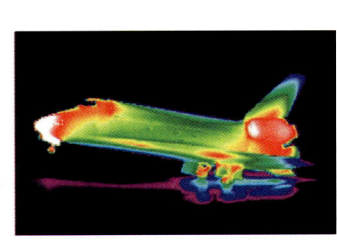
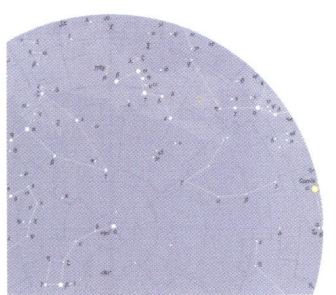

Vorwort

Die Astronomie ist ein faszinierendes Gebiet der Naturwissenschaft. Mögliches Leben auf dem Mars, Planeten in anderen Galaxien, Schwarze Löcher, der Urknall – dies alles spricht die Fantasie an. Vorträge, Bücher und Websites zur Astronomie ziehen das Publikumsinteresse auf sich; Aufsehen erregende Entdeckungen machen in der Presse Schlagzeilen, und die unglaublichen Fotos des Hubble-Weltraum-Teleskops wären auch in Galerien gut aufgehoben.

Schaut man in einer klaren, mondlosen Nacht zum Sternenhimmel auf, sieht man von diesem Weltall nichts. Der Mars ist bloß ein heller orangefarbener Punkt am Himmel; Exoplaneten sind zu weit entfernt, Schwarze Löcher sind von Natur aus unsichtbar, und der Urknall verhallte vor 14 Milliarden Jahren. Doch der Sternenhimmel ist mindestens so eindrucksvoll wie eine Aufnahme des Hubble-Teleskops, wohl jeder hat schon einmal bewundernd zum Sternenzelt aufgeschaut.

Diese zwei Welten – das Weltall der Wissenschaft und das Weltall der eigenen Anschauung – gehören natürlich zusammen. Wer sein Fernglas auf den Orion-Nebel richtet, möchte auch mehr über die Geburt von Galaxien erfahren. Wer etwas über die Gefahr kosmischer Einschläge liest, möchte selbst auch einmal einen Planetoiden oder Kometen sehen.

Viele Astronomiebücher sind lediglich auf *eine* dieser vielen Facetten ausgerichtet. Einige gehen auf aktuelle Entwicklungen in der Kosmologie ein oder nehmen die Leser mit auf eine fantastische Reise durch Raum und Zeit. Andere bieten eine ausführliche praktische Beschreibung des Sternenhimmels, ohne dem vorhandenen Wissen über die beobachteten Himmelskörper allzu viel Aufmerksamkeit zu schenken.

Das *Kosmos-Buch der Astronomie* schlägt „zwei Fliegen mit einer Klappe". Jedes Teilgebiet der Astronomie wird behandelt, die neuesten wissenschaftlichen Erkenntnisse werden leicht verständlich erklärt, und zugleich wird der Leser in die Gefilde des Sternenhimmels eingewiesen. Außerdem enthält das Buch viele praktische Tipps für Sterngucker und Informationen, um sich auch selbständig am Sternenhimmel zurechtzufinden.

Auf 256 Seiten ist natürlich nie und nimmer das komplette Weltall einzufangen. Das *Kosmos-Buch der Astronomie* beweist jedoch eine bemerkenswerte Vollständigkeit und ist dank seines strukturierten Aufbaus auch ausgezeichnet als handliches Nachschlagewerk zu verwenden. Wer sich mit einem bestimmten Teilgebiet der Astronomie eingehender befassen will, findet auf den letzten Seiten eine Liste mit Literaturempfehlungen.

Wer im Internet stöbern möchte, dem empfehlen wir die Seite *www.astronomie.de*. Hier findet man laufend neue Informationen zu aktuellen Entwicklungen und zu den meisten Teilgebieten dieses Buches selbst. Außerdem ist die Website ein unverzichtbares Hilfsmittel für alle, die selbst den Sternenhimmel beobachten wollen.

Ein so umfangreiches Projekt wie das *Kosmos-Buch der Astronomie* ist natürlich nicht das Werk eines Einzigen. Dieses Buch wäre nie entstanden ohne die Begeisterung und das Engagement von Leo Aerts, Jeannette Bos, Bert Dekker, Martin Fontijn, Annemarie van Gijn, Ellen Hooijen, Hans Jansens, Liesbeth Kuitenbrouwer, Gilbert Peeters und Wil Tirion. Auch vielen Hobbyastronomen habe ich zu danken, denn sie haben mir für dieses Buch ihre eigenen Beobachtungen zur Verfügung gestellt.

Govert Schilling

Einführung

Dies ist nicht einfach nur ein Buch. Sechs Teile, 19 Kapitel, 166 verschiedene Themen, 400 Fotos, Karten und Illustrationen, 46 Tabellen und viele Dutzend interessanter Tatsachen und praktischer Tipps zum Beobachten von Sternen – wie findet man sich da nur zurecht? Man tut es, denn das *Kosmos-Buch der Astronomie* ist sehr übersichtlich gegliedert – jeder Teil hat eine eigene Farbgestaltung – und am Ende des Buches befindet sich ein umfangreiches Register.

Teil 1 – *Astronomie als Wissenschaft* – beschreibt die Geschichte der Astronomie und die Entwicklung des Teleskops und lässt uns einen Blick hinter die Kulissen der modernen professionellen Astronomie des 21. Jahrhunderts werfen. Wer sich in der Astronomie noch nicht gut auskennt, der sollte diesen Teil auf jeden Fall lesen, denn hier werden verschiedene Grundbegriffe erklärt.

Teil 2 – *Der Sternenhimmel* – zeigt uns, was vornehmlich nachts am Himmel zu sehen ist. Mithilfe ausführlicher Sternkarten wird der Leser mit dem Himmels-zelt vertraut gemacht, zudem werden die zwölf Sternbilder der Tierkreise anschaulich erklärt. Besondere Aufmerksamkeit gilt der Hobby-Astronomie.

Teil 3 – *Erde, Mond und Sonne* – beschreibt die Bewegungen dieser drei Himmelskörper, wobei auch auf die Mondphasen, Jahreszeiten und Sonnen- und Mondfinsternisse eingegangen wird. Eine detaillierte Mondkarte darf natürlich nicht fehlen. Doch nicht nur der Himmelsbeobachter kommt auf seine Kosten, sondern auch unser heutiges Wissen über Sonne und Mond wird in diesem Teil ausführlich dargelegt.

Teil 4 – *Das Sonnensystem* – setzt diesen Trend fort. Die neuesten Ergebnisse der Raumforschung werden vorgestellt, und neben den bekannten Planeten kommen auch Planetoiden, Kometen, Meteoriten und „Eiszwerge" nicht zu kurz. Gleichzeitig wird auf die Sichtbarkeit dieser Himmelskörper eingegangen und es werden viele Informationen zu den bevorstehenden Erscheinungen am Himmel gegeben.

Teil 5 – *Das Milchstraßensystem* – beschreibt Doppelsterne, veränderliche Sterne, Nebel, Sternhaufen, Supernova-Explosionen und vieles mehr. Zur Beobachtung von Nebeln und Sternhaufen braucht man häufig ein Teleskop, doch viele sind mit einem Fernglas oder sogar mit bloßem Auge zu sehen. Auch hier findet sich selbstverständlich Vieles zu neuesten astronomischen Erkenntnissen.

Teil 6 schließlich – *Das Weltall* – entführt den Leser in die Welt der Galaxien und Quasare, beschreibt Urknall und kosmische Ausdehnung. Die Frage nach außerirdischem Leben kommt hier ausführlich zur Sprache. Obwohl auch die Beobachtung von Galaxien nicht zu kurz kommt, enthält dieser Teil insbesondere theoretische Informationen über die faszinierendsten Aspekte der Astronomie.

Jedes Kapitel besteht aus acht oder neun Themenbereichen auf jeweils ein oder zwei Seiten. Das *Kosmos-Buch Astronomie* ist ebenso von Anfang bis Ende durchzulesen wie auch zum Schmökern bestens geeignet.

Neben praktischen Tipps ist auf jeder Seite Informatives und Wissenswertes besonders hervorgehoben. Selbst beim schnellen Durchblättern des Buches stößt man sofort auf überraschende Tatsachen. Gleiches gilt auch für die vielen hundert herrlichen Fotos und Illustrationen, die speziell für dieses Buch aufgenommen und ausgewählt wurden.

Unter www.astronomiepur.de. – der vollständigsten deutschsprachigen Website zum Thema Weltall – findet man noch mehr zu der Thematik, die im *Kosmos-Buch der Astronomie* behandelt wird, beispielsweise detailliertere Tabellen, aktuelle Informationen, ein astronomisches Wörterbuch usw. Außerdem bietet *www.astronomie.de* die letzten Neuigkeiten aus der Welt der Astronomie und Raumfahrt, interessante Hintergrundartikel, Hinweise auf Astronomiebücher und nützliche Links. Über die niederländische Website *allesoversterrenkunde.nl* kann man auch (auf englisch) Kontakt zum Autor aufnehmen.

Astronomie als Wissenschaft

Die Geschichte der Sternkunde

Die älteste Wissenschaft

Die Sternkunde ist die älteste aller Wissenschaften. Lange bevor etwas über Chemie, Biologie oder Teilchenphysik bekannt war, beschäftigten sich die Menschen schon mit der Sternkunde. Sie waren darauf angewiesen: Der Lauf der Himmelskörper bestimmte ihr tägliches Leben, und da es keine Uhren und Kalender gab, stützten unsere frühen Vorväter sich vollständig auf die Bewegungen von Sonne, Mond und Sternen. Heute kommen wir ganz gut ohne das Weltall aus. Wer Spitzensportler, Krankenschwester oder Ministerpräsident werden will, braucht nichts über die Sterne zu wissen. Astronomie, ein anderes Wort für Sternkunde, ist zu einer fundamentalen Wissenschaft geworden, ausgeübt von neugierigen Menschen, die einfach alles von der Welt wissen wollen, in der sie leben.

In der exakten Wissenschaft nimmt die Astronomie dennoch einen besonderen Platz ein. Physiker sind es gewöhnt, Versuche und Experimente durchzuführen, doch in der Astronomie ist man auf das angewiesen, was das Weltall preisgibt. Außerdem muss man fast alles aus der Entfernung betrachten. Astronomen können den Urknall nicht zehnmal wiederholen, sie können nicht einfach in ein Schwarzes Loch hineinschauen oder eine Supernova in dem Augenblick explodieren lassen, der ihnen gerade passt. Und wer eine totale Sonnenfinsternis beobachten will, der muss eben geduldig warten, bis die Natur dieses Schauspiel wieder anbietet.

Vielleicht ist die Astronomie gerade deshalb eine so faszinierende Wissenschaft. Wie scharfsinnige Detektive stürzen sich Sternkundige auf jede Spur oder jeden Anflug eines Beweises und setzen alles daran, die Geheimnisse des Weltalls zu entschlüsseln. Die Geschichte der Sternkunde ist daher auch ein spannender Bericht über naive Irrmeinungen und revolutionäre Durchbrüche. Diese Entwicklung scheint vorläufig noch kein Ende zu nehmen. Die Astronomie mag zwar die älteste Wissenschaft sein, aber das Weltall ist noch weitgehend unerforscht.

Wie Theologie gehört Astronomie zu den ältesten Studienfächern der Universitäten, alle anderen Fächer wurden erst später eingeführt.

Kosmische Ordnung Der Sternenhimmel ist die Grundlage unserer Zeitrechnung, zu sehen auf diesem Kalenderblatt aus dem 15. Jahrhundert.

Sternkunde in prähistorischer Zeit

Vor hunderttausenden von Jahren schauten die Vorfahren des *Homo sapiens* in der afrikanischen Savanne schon voll Verwunderung zum Sternenhimmel auf. Der ständige Wechsel von Tag und Nacht, die Phasen des Mondes und der Lauf der Jahreszeiten gehörten für die ersten Naturvölker zur Grundlage ihrer Existenz. Kein Wunder, dass die Himmelskörper in praktisch allen primitiven Kulturen eng mit der Götterwelt verbunden waren. Mit der Entdeckung der Regelmäßigkeit in den Bewegungen von Sonne, Mond und Sternen wurde die Astronomie geboren. Die Himmelskörper boten die Möglichkeit, die Zeit zu begreifen. Ein-

sende alte Bauwerk fraglos als Kalender gedient. Einige Sternkundler nehmen sogar an, dass die neolithischen Baumeister mithilfe des Steinkreises von Stonehenge Sonnen- und Mondfinsternisse voraussagen konnten.

Wegen der engen Beziehung zwischen Sternenhimmel und Religion wurde die Astronomie früher vor allem von Druiden, Sehern und Priestern betrieben. So entstand auch die Astrologie: Der Lauf der Himmelskörper sollte den Willen der Götter darstellen und Einfluss auf die Geschehnisse auf der Erde haben. Im alten China und Ägypten wie auch im Babylonischen Reich waren

Der erste Mondkalender **Der prähistorische Tierknochen mit Einkerbungen ist der älteste bekannte Mondkalender.**

Der Ursprung des alten chinesischen Zhuan-xu-Kalenders wird auf den 5. März des Jahres 1953 v. Chr. datiert, als Sonne, Mond und Planeten dicht zusammen am Himmel standen.

kerbungen in einem 32 000 Jahre alten Tierknochen, der in Frankreich gefunden wurde, stellen wahrscheinlich den ältesten Mondkalender dar. Unangekündigte Himmelserscheinungen, wie beeindruckende Sonnen- und Mondfinsternisse, plötzlich auftauchende Kometen oder „neue" Sterne am Himmel störten die Regelmäßigkeit und wurden als Vorboten des Unheils betrachtet. Das berühmteste prähistorische Monument, das mit Sternkunde zu tun hat, ist Stonehenge, ein großer Kreis von kolossalen Blöcken aus bearbeitetem Sandstein in Südengland. Obwohl über die ursprüngliche Funktion von Stonehenge noch immer diskutiert wird, hat das Jahrtau-

Sterndeuterei und Kalenderrechnung die beiden bedeutendsten Strömungen der Astronomie. Von echter Wissenschaft konnte jedoch noch nicht die Rede sein.

Heilige Steine **Stonehenge in Südengland war nicht nur Kalender und Observatorium.**

Kristallene Sphären und Hilfskreise

Jahrhunderte vor Beginn unserer Zeitrechnung waren es die griechischen Philosophen, die sich als Erste Gedanken über die Entfernungen und Dimensionen im Weltall machten. Sehr genau waren die ersten Messungen noch nicht: Aristarchos von Samos (ca. 310–230 v. Chr.) glaubte beispielsweise, dass die Sonne fünf Millionen Kilometer entfernt sei – drei Prozent der tatsächlichen Entfernung. Die Griechen wussten zwar schon seit der Zeit von Pythagoras (ca. 580–500 v. Chr.), dass die Erde eine Kugel ist, und Eratosthenes

Schleifenförmige Bahnen Mit seinem Epizykelmodell konnte Ptolemäus die schleifenförmigen Planetenbahnen erklären.

von Syrene (296–194 v. Chr.) bestimmte den Umfang dieser Kugel auf 250 000 Stadien, beinahe exakt der richtige Wert von 40 000 Kilometern. Das griechische Weltbild basierte jedoch weitgehend auf philosophischen Überlegungen, nicht auf Beobachtungen. So sollten sich alle Himmelskörper mit einer konstanten, „gleichförmigen" Geschwindig-

Meisterwerk Eine lateinische Übersetzung (aus dem Arabischen) des Almagest, des Hauptwerks von Ptolemäus.

keit über vollkommen kugelförmige kristallene Sphären bewegen, deren Maße besondere mathematische Verhältnisse darstellen sollten. Das geozentrische Weltbild mit der Erde im Mittelpunkt wurde schon von dem großen Philosophen Aristoteles (384–322 v. Chr.), einem Schüler des Philosophen Plato, eingeführt. Die Griechen kannten sieben sich bewegende Himmelskörper: Mond, Venus, Merkur, Sonne, Mars, Jupiter und Saturn. Diese wurden „Wandelsterne" genannt (griechisch: *planetes*), und dem haben wir die Einteilung der Woche in sieben Tage zu verdanken. Außerhalb der Sphä-

> *Hipparchos teilte die Sterne in verschiedene Größenklassen – abhängig von ihrer Helligkeit – ein. Dieses Größensystem verwendet man noch heute.*

ren dieser sieben „Planeten" befand sich die Sphäre der „Fixsterne", die zum ersten Mal von Hipparchos von Rhodos (ca. 190–125 v. Chr.) vermessen und katalogisiert wurden. Er entdeckte auch die extrem langsame Positionsänderung der Drehachse der Erde.

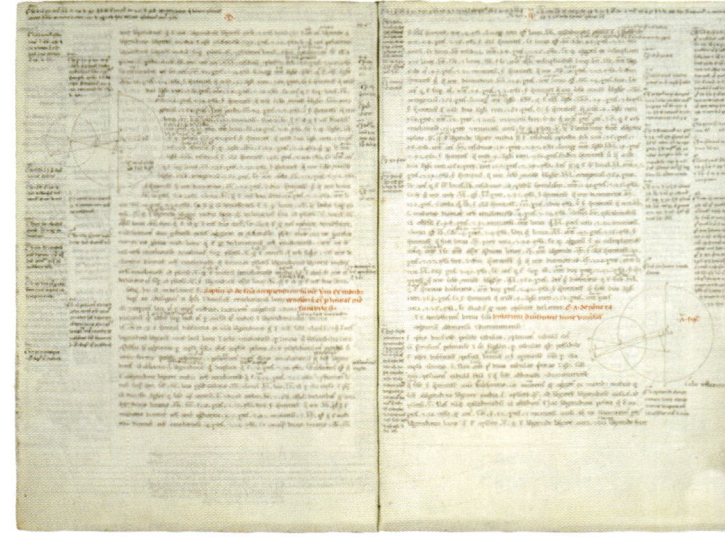

Großer Einfluss Claudius Ptolemäus prägte die Astronomie über 1400 Jahre lang.

Epizyklen

Hipparchos schuf die Grundlage für die Epizykeltheorie, die von Claudius Ptolemäus (ca. 100–170), Astronom aus Alexandria, vervollkommnet wurde. Mit dem Sphärenmodell von Aristoteles konnte man nämlich nicht erklären, warum die Planeten manchmal ihre Stellung schnell und dann wiederum sehr langsam verändern oder sich sogar rückwärts zwischen den Sternen bewegen. Obwohl Aristarchos schon einmal angedeutet hatte, dass nicht die Erde sondern die Sonne im Mittelpunkt des Weltalls stehe, hielt Ptolemäus an der zentralen Position der Erde und an der gleichmäßigen Kreisbewegung fest. In seinem Weltbild bewegen sich die Planeten auf Hilfskreisen (Epizyklen), deren leerer Mittelpunkt eine Kreisbahn (Deferent) um die Erde beschreibt.

Um dieses Modell mit den Beobachtungen in Einklang zu bringen, musste Ptolemäus schließlich viele hundert Epizyklen verwenden, und dann hätte die Erde auch nicht exakt im Zentrum des kreisförmigen Deferenten gelegen, wodurch das System besonders kompliziert wurde. Ptolemäus beschrieb das Modell in seinem dreizehnteiligen Manuskript *matheematikee syntaxis* („mathematische Zusammenfassung"), die etwa ein Jahrtausend die Entwicklung der Astronomie beeinflusste. Das Standardwerk des Ptolemäus, das einen vollständigen Überblick über die Kenntnis der Astronomie seiner Zeit gibt, eingeschlossen der Sternenkatalog des Hipparchos, wurde im frühen Mittelalter von arabischen Astronomen *Kitab al-Madjisti* („das größte Buch") genannt. Diese Bezeichnung wurde später verschmolzen zu *Almagest* – dem Namen, unter dem das Buch noch heute bekannt ist.

> ### *Tipp für Sterngucker*
> *Wenn man einige Monate lang jede Woche die Position des Mars zwischen den anderen Sternen aufzeichnet, erkennt man, dass der Planet sich nicht immer mit derselben Geschwindigkeit bewegt.*

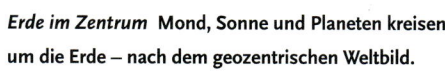

Erde im Zentrum Mond, Sonne und Planeten kreisen um die Erde – nach dem geozentrischen Weltbild.

Tausendundeine Nacht

Die Ideen der Griechen gelangten dank der Feldzüge Alexanders des Großen (356–323 v. Chr.) bis nach Indien und erreichten auf diesem Umweg im 8. Jahrhundert die arabische Welt. In den Palästen der türkischen Sultane und der persischen Kalifen wurden Hofastronomen ernannt, die den Sternenhimmel genau beobachteten, um bessere astrologische Weissagungen machen zu können. Vom achten bis zum zwölften Jahrhundert war das arabische Reich das wissenschaftliche Zentrum der Welt.

Die Araber entwickelten Instrumente, mit denen sie die Sternpositionen festlegen konnten, wie beispielsweise das Astrolabium. Muhammad ibn Jâbir ibn Sinân Abu-'Abdallâh al-Battânî (meist kurz al-Battânî oder Albategnius genannt, 858–929) führte Präzisionsmessungen durch, um die Länge des Jahres und die Dauer der astronomischen Jahreszeiten zu bestimmen. Ein jüngerer Zeitgenosse von al-Battânî, 'Abd al-Rahmân ibn 'Umar (903–986), entdeckte als Erster Nebel und veränderliche Sterne am Himmel. Er ging in die Geschichte ein als al-Sûfî ("der Weise").

Einer der größten islamischen Astronomen war Ulugh Beigh (1394–1449), der in Samarkand, dem heutigen Usbekistan, ein Observatorium baute. Dort bestimmte er als erster nach Ptolemäus die Positionen und Helligkeiten von Hunderten von Sternen. Teile des Observa-

> *Viele Namen von Sternen, wie z. B. Beteigeuze, Aldebaran und Fomalhaut, sind arabischen Ursprungs. Fomalhaut bedeutet beispielsweise „Maul des Fisches".*

Islamisches Observatorium
Russische Erinnerungsbriefmarke mit Ulugh Beigh und seiner Sternwarte.

toriums von Ulugh Beigh blieben erhalten. Dank des mathematischen Interesses der arabischen Astronomen wandelte sich die Astronomie von einer geometrischen Disziplin allmählich zu einer arithmetischen Wissenschaft. So stellten sie z. B. umfassende Tabellen zur Bestimmung der Planetenpositionen auf. Am berühmtesten sind die Alfonsischen Tafeln, so genannt nach König Alfons X. von Kastilien (1223–1284), dessen Thron sich im damals arabischen Toledo befand. Diese Tafeln wurden bis zum 16. Jahrhundert von den Astronomen in Europa verwendet.

Alte arabische Schrift **Astronomie-Manuskript von al-Sûfî mit einer Abbildung des Sternbilds Schütze.**

Die Astronomie bei den Mayas

Während in der Alten Welt die arabischen Astronomen die Grundlage für die moderne Astronomie schufen, wurde der Sternenhimmel auf der anderen Seite des Atlantischen Ozeans von den Mayas sorgfältig studiert. Die Maya-Kultur wurde Anfang des 16. Jahrhunderts durch die Invasion der spanischen Konquistadoren ausgelöscht, einige Schriften blieben jedoch erhalten. Als die farbenfrohen Hieroglyphen 1960 entziffert wurden, offenbarte sich, dass die Maya-Kultur von Astronomie durchdrungen war.

Nach dem Weltbild der Mayas wurde die Himmelskuppel von vier Jaguaren getragen. Die

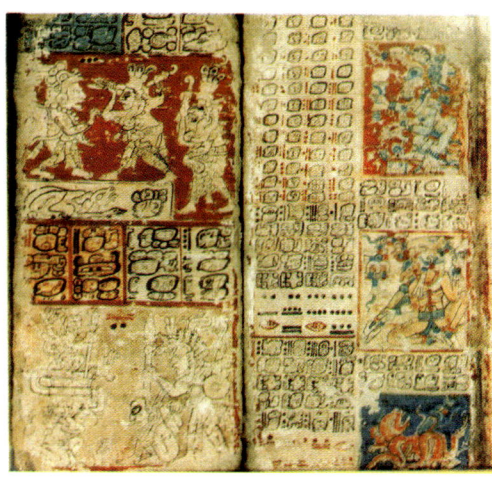

Venuskalender Alten Manuskripten ist zu entnehmen, dass der Maya-Kalender sich auf die Bewegungen der Venus stützt.

Viele südamerikanische Indianerstämme kannten „dunkle Sternbilder": die bizarr aussehenden dunkleren Staubwolken im hellen Band der Milchstraße.

Milchstraße, von Mittelamerika aus herrlich hoch oben am Himmel zu sehen, wurde „Weltbaum" genannt; die Plejaden (Siebengestirn) waren der Schwanz einer Klapperschlange. Die Augenblicke, in denen die Sonne exakt durch den Zenit wanderte (der Punkt senkrecht über uns), waren Meilensteine im Maya-Kalender. Sogar das jahrhundertealte Ballspiel der Mayas war inspiriert durch die Erscheinungen am Himmel.

Der wichtigste Himmelskörper war allerdings der helle Planet Venus, der für die Mayas den geflügelten Schlangengott Quetzalcoatl verkörperte. Der Maya-Kalender stützte sich vollständig auf den sichtbaren Zyklus der Venus, mit einer kurzen Periode von 584 Tagen und einer langen Periode von 2920 Tagen.

Obwohl auch andere mittelamerikanische Völker (wie die Azteken in Mexiko und die Inkas in Peru) sich sehr für den Sternenhimmel interessierten, war das Wissen über die Himmelskörper in der Neuen Welt nirgends so weit entwickelt wie bei den Mayas, die im heutigen Yucatán, Guatemala und Belize lebten.

Von irgendeinem Einfluss der Mayas auf die spätere Entwicklung der Astronomie kann jedoch nicht die Rede sein.

Geflügelte Schlange Die Pyramide von Chichén Itzá war dem geflügelten Schlangengott Quetzalcoatl, der die Venus verkörpert, gewidmet.

Die Revolution durch Kopernikus

Der polnische Kanonikus Nikolaj Kopernigk (1473–1543) räumte energisch auf mit dem geozentrischen Weltbild der Griechen. Nikolaus Kopernikus, wie er sich selbst nannte, studierte Theologie und Astronomie an den Universitäten von Krakau, Bologna und Padua und kannte wahrscheinlich die jahrhundertealte Theorie des Aristarchos, dass vielleicht nicht die Erde, sondern die Sonne das Zentrum des Weltalls bildet.

Kopernikus wird allgemein als Begründer des heliozentrischen Weltbildes betrachtet (*helios*: „Sonne" im Griechischen). Er stellte allerdings die Kreisbahnen und gleichförmigen Bewegungen nicht in Frage, wodurch auch das Modell des Kopernikus noch auf zahlreiche Epizyklen kam. Kopernikus ging auch immer davon aus, dass alle Sterne sich mehr oder weniger in der gleichen Entfernung von der Sonne befinden, weit außerhalb der Bahn des Planeten Saturn.

> ### Tipp für Sterngucker
> Wer mehr können möchte als Kopernikus, der sollte einmal den kleinen Planeten Merkur ins Visier nehmen (s. S. 131). Kopernikus selbst hat diesen Planeten nie gesehen.

Revolutionärer Wandel

Seine Ideen legte Kopernikus etwa um 1530 in einem umfangreichen Werk mit dem Titel *De Revolutionibus Orbium Coelestium* („Über den Wandel der Himmelskörper") nieder. Dessen Veröffentlichung zögerte er jedoch lange Zeit hinaus, aus Furcht vor der Kritik der Kirche. Indem er den irdischen Himmelskörper in einen Planeten umdeutete, der seine Bahn um die Sonne beschreibt, stellte Kopernikus die Wohnung des sündigen Menschen ja auf dasselbe Niveau wie die göttlich vollkommenen Himmelskörper. Außerdem hatte die Sonne – Symbol für Christus – in den Augen der religiösen Führung in Rom nichts im unteren Mittelpunkt des Kosmos zu suchen, wo seit jeher die Unterwelt ihren Platz hatte.

Die „Wandlungen" wurden 1543 veröffentlicht – in dem Jahr, als Kopernikus starb. Nach der Überlieferung hat der Astronom das erste Exemplar auf seinem Sterbebett erhalten. Erschreckt stellte er fest, dass sein Herausgeber eigenhändig ein Vorwort verfasst

NICOLAI COPERNICI

net, in quo terram cum orbe lunari tanquam epicyclo contineri diximus. Quinto loco Venus nono mense reducitur. Sextum denicq locum Mercurius tenet, octuaginta dierum spacio circu currens. In medio uero omnium residet Sol. Quis enim in hoc

I. Stellarum fixarum sphæra immobilis
II. Saturnus anno. XXX. reuoluitur
III. Iouis XII. annorum reuolutio
IIII. Martis bima reuolutio
V. Tellus
VI. Venus nono mense
VII. Mercurius
Sol.

pulcherrimo templo lampadem hanc in alio uel meliori loco poneret, quàm unde totum simul possit illuminare? Siquidem non inepte quidam lucernam mundi, alij mentem, alij rectorem uocant. Trimegistus uisibilem Deum, Sophoclis Electra intuentem omnia. Ita profecto tanquam in solio regali Sol residens circum agentem gubernat Astrorum familiam. Tellus quoçq minime fraudatur lunari ministerio, sed ut Aristoteles de animalibus ait, maximâ Luna cû terra cognationê habet. Concipit interea à Sole terra, & impregnatur annuo partu. Inuenimus igitur sub hac

Sonniger Mittelpunkt Seite aus Kopernikus' Buch *De Revolutionibus Orbium Coelestium.*

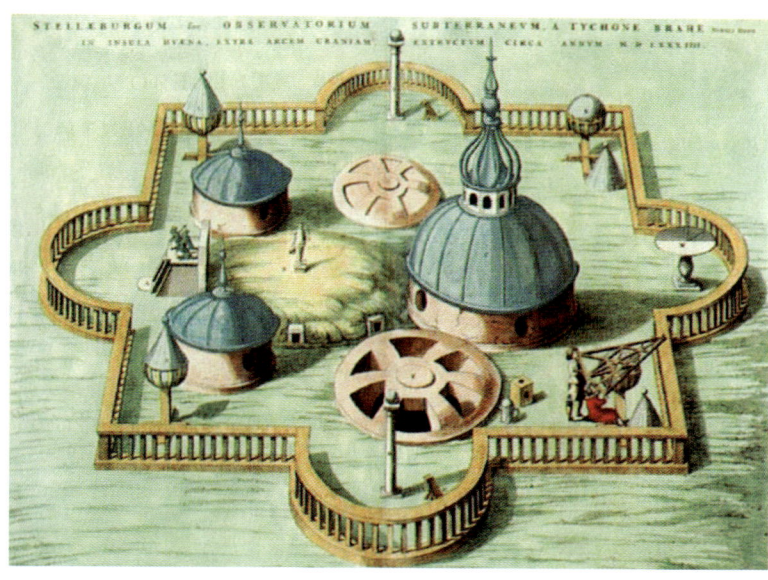

Dänische Kuppeln Die Sternwarte Stjerneborg von Tycho Brahe auf der dänischen Insel Ven.

Entdecker eroberten die Weltmeere, Andreas Vesalius (1514–1564) veröffentlichte den ersten Atlas zur Anatomie des Menschen und Kopernikus zerstörte das Sphärenmodell des Aristoteles, das etwa 18 Jahrhunderte Bestand gehabt hatte, in dem er vorschlug, dass das heliozentrische Weltbild vornehmlich als mathematisches Modell zu sehen und nicht als physikalische Realität zu verstehen sei. Im Jahr 1616 wurde Kopernikus' Buch von der Kirche dennoch auf den Index der verbotenen Bücher gesetzt.

hatte. Die meisten europäischen Astronomen begrüßten das heliozentrische Weltbild, und in England war Thomas Digges (1546–1595) einer der Ersten, der annahm, dass die „Fixsterne" vielleicht doch weit verstreut waren in einem sich endlos ausdehnenden Raum.

Nachfolger

Das 16. Jahrhundert war das Jahrhundert der wissenschaftlichen Revolutionen. Die großen

Doch es gab auch Astronomen, denen das Weltbild des Kopernikus ein wenig zu revolutionär erschien. Der große dänische Sternkundler

Kopernikus hatte sehr wahrscheinlich ein Verhältnis mit seiner Haushälterin Anna Schilling. Es ist nicht bekannt, ob Anna eine Vorfahrin des Verfassers ist.

Tycho Brahe (1546–1601), der ein großes Observatorium auf der Insel Ven im Sund errichtete, wollte zwar glauben, dass Merkur, Venus, Mars, Jupiter und Saturn ihre Umlaufbahnen um die Sonne zogen, doch er hielt an der zentralen Position der Erde fest und behauptete, dass die Sonne – mit allen Planeten – eine Bahn um die Erde beschreibt. Das merkwürdige Weltbild des Tycho Brahe fand jedoch praktisch keine Anhänger.

Revolutionäre Erkenntnis Nikolaus Kopernikus ist der Begründer des heliozentrischen Weltbildes.

Die Keplerschen Gesetze

Einer der größten Anhänger des Kopernikus war der deutsche Astronom und Philosoph Johannes Kepler (1571–1630). Kepler war der Assistent von Tycho Brahe und wurde nach dessen Tod im Jahr 1601 als Hofmathematiker bei Kaiser Rudolf II. in Prag angestellt. Mit seinen Gesetzen über die Planetenbewegungen legte Kepler das Fundament für die moderne Astronomie.

Auf der Grundlage von Tycho Brahes sorgfältigen Beobachtungen des Planeten Mars entdeckte Kepler, dass die Planeten keine Kreisbahnen beschreiben, sondern Ellipsenbahnen. Die Sonne befindet sich nicht im Mittelpunkt der Ellipse, sondern in einem der Brennpunkte (erstes Gesetz). Kepler entdeckte auch, dass die Umlaufgeschwindigkeit eines Planeten schwankt: Wenn die Entfernung zur Sonne größer ist als im Durchschnitt, dann bewegt sich der Planet etwas langsamer. Die Verbindungslinie zwischen Sonne und Planet (der so genannte Radiusvektor) überstreicht in gleichen Zeiträumen gleiche Flächen (zweites Gesetz).

Kepler veröffentlichte seine ersten beiden

Himmlisches Gesetzbuch Johannes Kepler formulierte die Gesetze über die Planetenbewegungen.

Gesetze im Jahre 1609 als *Astronomia nova*. Erst zehn Jahre später erschien sein Buch *Harmonice mundi*, in dem er sein drittes Gesetz formulierte: Die dritten Potenzen der mittleren Entfernungen der Planetenbahnen von der Sonne verhalten sich wie die Quadrate der Umlaufzeiten der Planeten. Mithilfe dieses Gesetzes entstand zum ersten Mal ein genauer Plan des Sonnensystems. Kepler war nicht nur ein großer Mathematiker, er war auch ein großer Mystiker. 1596 veröffentlichte er seine Theorie, dass die Struktur des Sonnensystems auf fünf gleichmäßigen Polyedern beruhe, und als er sich bei Kaiser Rudolf II. in Diensten befand, zeichnete er regelmäßig Horoskope. Im Alter verbesserte er den Entwurf des holländischen Fernglases – das primitive Teleskop, das Ende des 16. Jahrhunderts in Middelburg erfunden worden war.

Kepler hatte als Erster eine astronomische Erklärung für den Stern von Bethlehem: Es war vielleicht eine Supernova, wie er sie im Jahre 1604 gesehen hatte.

Mystischer Kosmos Kepler glaubte, dass die Struktur des Sonnensystems auf fünf gleichen Polyedern beruht.

Lang gezogener Kreis Die Planeten kreisen in Ellipsenbahnen um die Sonne, die sich in einem der Brennpunkte befindet.

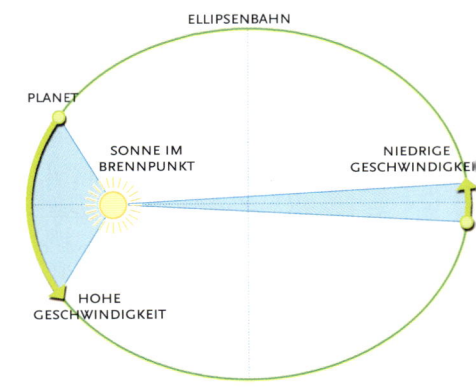

ELLIPSENBAHN

PLANET

SONNE IM BRENNPUNKT

NIEDRIGE GESCHWINDIGKEIT

HOHE GESCHWINDIGKEIT

Galilei und Newton

Experimentelle Forschung Galileo Galilei war der Begründer der modernen Physik, die sich auf Experimente und Beobachtungen stützt.

Englisches Genie Isaac Newton, hier ein Porträt von James Thornhill, war einer der größten Physiker der Geschichte.

Kopernikus und Kepler stützten ihre Vorstellungen immer noch teilweise auf philosophische Argu-

Newton litt im Alter an Verfolgungswahn, möglicherweise die Folge einer Quecksilbervergiftung, die er sich während seiner alchimistischen Versuche zuzog.

mente. Dies änderte sich im 17. Jahrhundert mit der Forschungsarbeit von Galilei und Newton. Galilei kann man als den Begründer der modernen Naturwissenschaften betrachten, wobei die Naturbeobachtungen den letzten Ausschlag geben; Newton baute das mathematische Gerüst, auf dem die Astronomie ruht. Galileo Galilei (1564–1642) ist vor allem deshalb berühmt geworden, weil er als Erster beim Studieren des Weltalls ein Teleskop benutzte (s. S. 25). Mit seinen Beobachtungen, u. a. der Phasen der Venus und der Monde des Jupiter, bewies er, dass Kopernikus Recht hatte. Hinzu kommen seine bahnbrechenden Experimente und Forschungen zu den Bewegungen von Pendeln und fallenden Gegenständen. Wegen seines Glaubens an das heliozentrische Weltbild wurde er von der Kirche zu Hausarrest verurteilt. Die Keplerschen Gesetze und die Fallversuche von Galilei dienten Isaac Newton (1642–1727) als Grundlage für seine Forschungen. In seinem Meisterwerk *Philosophiae Naturalis Principia Mathematica* („Die mathematischen Prinzipien

der Naturphilosophie") publizierte Newton im Jahre 1687 seine universelle Gravitationstheorie, die eine der wichtigsten Säulen der modernen Astronomie ist.

Newton machte auch für immer Schluss mit der künstlichen Unterscheidung zwischen Irdischem und Überirdischem: Auf der Erde und im Weltall gelten dieselben Naturgesetze. Weiterhin entdeckte er, dass weißes Sonnenlicht aus verschiedenen Farben besteht, womit er die Grundlage für die Spektroskopie (s. S. 38) legte, er entwarf das erste Spiegelteleskop und entwickelte Theorien über die Unendlichkeit des Weltalls.

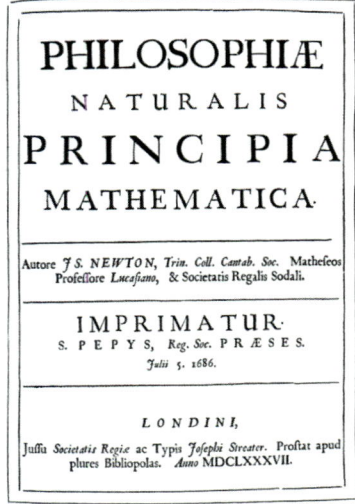

Universelle Schwerkraft Titelseite von Newtons Werk *Principia*, in dem er die Schwerkrafttheorie darlegt.

Die Entwicklung der modernen Astronomie

Dank der Entwicklung größerer und besserer Beobachtungsinstrumente drangen die Astronomen im Laufe des 18. und 19. Jahrhunderts immer weiter ins Weltall vor. Im Sonnensystem wurden neue Planeten, Monde, Planetoiden und Kometen entdeckt und große Sternbeobachter wie William Herschel (1738–1822) legten Kataloge mit Tausenden von Doppelsternen, veränderlichen Sternen und Nebelobjekten an.

Die Astrometrie (die genaue Bestimmung der Positionen und Bewegungen der Gestirne) ermöglichte es, die Eigenbewegung von Gestirnen am Himmel zu messen und die Abstände zu nahe gelegenen Sternen zu bestimmen. Diese Messungen bildeten schließlich die Grundlage für die Forschungen im Milchstraßensystem, zu dem auch unsere Sonne gehört.

Auch die Entwicklung der Fotografie und der Spektroskopie war von großer Bedeutung für die Astronomie. Auf lang belichteten Aufnahmen sind extrem schwache Objekte erkennbar, und die spektroskopische Untersuchung des Lichts eines Himmelskörpers gibt uns Aufschluss über dessen chemische Zusammensetzung. Mithilfe der Spektroskopie konnte eine schlüssige Theorie über die Entwicklung von Sternen geschaffen werden.

Empfindliche Platte Daguerreotypie des Mondes von 1852 – eine der ersten astronomischen Fotografien.

Der Blick weitet sich

Die Entdeckung der wahren Beschaffenheit der zahlreichen Spiralnebel am Sternenhimmel, die Ausdehnung des Weltalls und die Energiequelle der Sterne brachten die großen Durchbrüche in der ersten Hälfte des 20. Jahrhunderts. Erst Mitte des Jahrhunderts gewannen Astrophysik (die physikalischen Eigenschaften der Himmelskörper)

Der moderne Astronom verbringt mehr Zeit vor dem Bildschirm als unterm Sternenhimmel, und kann oft gerade noch den Großen Wagen am Himmel ausfindig machen.

und Kosmologie (Untersuchung des Aufbaus des gesamten Universums) an Bedeutung.

In der zweiten Hälfte des 20. Jahrhunderts erfolgten zwei einschneidende Entwicklungen, durch die die Astronomen ihren Blick im eigentlichen und übertragenen Sinn erheblich erweiterten. Die erste Revolution war die Aufschlüsselung des elektromagnetischen Spektrums: Mithilfe neuer Instrumente und Detektoren war es möglich, unsichtbare Strahlung aus dem Kosmos zu erfor-

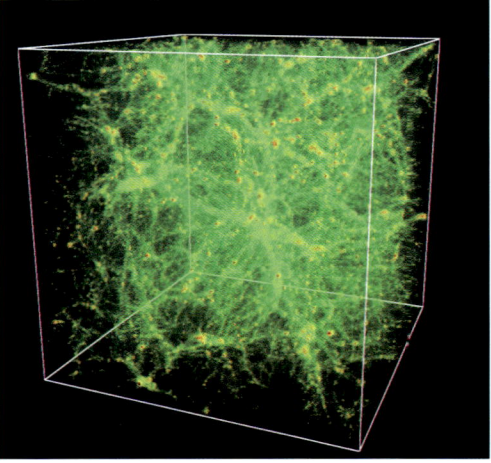

Simuliertes Weltall Computersimulation zur Bildung von Haufen und Superhaufen.

Zukunftsvision **Schwedische Astronomen planen den Bau eines 50-m-Teleskops auf La Palma.**

schen, wie z.B. Radiostrahlung, Infrarotstrahlung, ultraviolette Strahlung und Röntgenstrahlung. Fast ebenso bedeutungsvoll war das Aufkommen der Raumfahrt, wodurch Instrumente aus der Erdatmosphäre herausgebracht werden konnten und man sogar Himmelskörper innerhalb unseres Sonnensystems besuchen konnte. Obwohl große Teleskope auf der Erde noch immer unverzichtbar sind, ist die Raumforschung aus der Astronomie nicht mehr wegzudenken.

Die Astronomie im 21. Jahrhundert

Wie in vielen anderen Wissenschaftsbereichen hat der Einzug des Computers einen unglaublich großen Einfluss auf die Astronomie ausgeübt, und zwar in dreifacher Hinsicht: Zuallererst erlauben fortgeschrittene Computertechniken den Bau viel größerer und empfindlicherer Instrumente. Gegenwärtig befinden sich Pläne in Vorbereitung zum Bau von Teleskopen mit Spiegeldurchmessern von mehreren zehn Metern, wobei eine superschnelle Computersteuerung zum Ausgleich störender Schwingungen der Erdatmosphäre eingesetzt wird.
Die große Rechen- und enorme Speicherkapazität der heutigen Computer ermöglicht es zudem, gigantische Mengen von Beobachtungs-

daten zu katalogisieren und zu analysieren. Die Astronomen arbeiten am Bau einer weltweiten „virtuellen Sternwarte", in der viele Millionen Gigabytes von Informationen für eingehendere Forschung gespeichert werden. Schließlich ist der Computer auch ein unverzichtbares Hilfsmittel für Theoretiker. Um die Struktur und Evolution der Gestirne, des Sternensystems und des gesamten Universums besser zu verstehen, führen die Astronomen Computersimulationen durch, indem sie z. B. Superhaufen bilden, den Zusammenprall zweier Galaxien und Supernova-Explosionen von schweren Sternen simulieren. Wenn man die Ergebnisse solcher Simulationen mit den realen Beobachtungen vergleicht, kommt man der wahren Beschaffenheit des Kosmos auf die Spur.

Reiseziel Mars **Die Raumfahrt ermöglicht einen Besuch auf anderen Himmelskörpern im Sonnensystem.**

Die Erfindung des Teleskops

Das Teleskop (von *tele* = „fern" und *skopein* = „schauen nach") ist fraglos das wichtigste Instrument in der Astronomie. Ein Teleskop ermöglicht es, schwache Objekte zu beobachten und feine Details zu erkennen. Das erste Teleskop wurde jedoch erst vor etwas mehr als 400 Jahren gebaut. Vor dieser Zeit wurden alle Beobachtungen mit „bloßem Auge" gemacht. Nach der Erfindung des Teleskops erfuhr die Astronomie denn auch einen gewaltigen Entwicklungsschub, dessen Ende noch immer nicht absehbar ist. Im 13. Jahrhundert untersuchte der Franziskanermönch Roger Bacon (1210–1294) in England

1600, wird allgemein Hans Lipperhey (um 1570–1619), einem Brillenschleifer aus Middelburg, zugeschrieben, der im Jahr 1608 als Erster ein Patent auf seine Erfindung bei den niederländischen Generalstaaten beantragte. Sein Kollege aus derselben Stadt, Zacharias Jansen (1580–1638), baute wahrscheinlich schon einige Jahre früher ein funktionierendes Teleskop und auch Jacob Metius (?–1628) aus Alkmaar meldete ein Patent auf diese Erfindung an. Wegen der komplizierten Vorgänge wurden die Patente jedoch nicht erteilt. Die Holländer hatten besonders die militärische Anwendung ihres „Schauglases um in die

Made in Middelburg Der Brillenschleifer Zacharias Jansen aus dem niederländischen Middelburg baute als Erster ein Teleskop.

Konkurrenz unter Kollegen Jansens Kollege Hans Lipperhey konstruierte ebenfalls Teleskope und beantragte das Patent dafür.

bereits die Brechung und Ableitung von Lichtstrahlen mithilfe geschliffener Linsen und Spiegel. Wenig später wurden in Italien die ersten Brillengläser geschliffen. Doch es dauerte noch bis zum 16. Jahrhundert, als Brillenschleifer entdeckten, dass man mit einer Kombination von Linsen oder gewölbten Spiegeln weit entfernte Objekte „heranholen konnte".
Der Engländer Leonard Digges (ca. 1520–1559) veröffentlichte als einer der Ersten etwas zu diesem Thema; vielleicht baute er auch schon die ersten echten Teleskope.
Die Erfindung des Teleskops, etwa im Jahr

Das Prinzip des Teleskops wurde nach der Überlieferung rein zufällig von dem kleinen Sohn von Zacharias Jansen entdeckt, als dieser mit gläsernen Linsen spielte.

Ferne zu sehen" im Auge: Mit einem Teleskop konnte man feindliche Schiffe oder Truppen schon aus weiter Entfernung ausmachen.

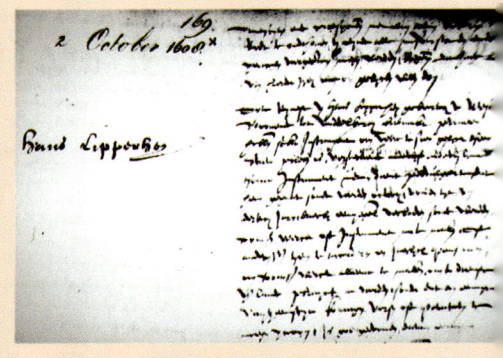

Antrag abgelehnt Lipperheys Patentantrag auf die Erfindung des Teleskops wurde von den niederländischen Generalstaaten nicht genehmigt.

Die Entdeckungen von Galilei

Der italienische Physiker und Astronom Galileo Galilei richtete als einer der Ersten ein Teleskop auf den Sternenhimmel. In einem Brief von einem französischen Kollegen las Galilei von der niederländischen Erfindung. Mit den kärglichen Informationen, über die er verfügte, war er in der Lage, selbst ein Teleskop zu bauen, das weit besserer Qualität war als die ersten Ferngläser von Jansen, Lipperhey und Metius.

Einige der Originalteleskope von Galilei sind heute im Museum für Wissenschaftsgeschichte in Florenz zu sehen.

Am 30. November 1609 gelangen Galilei die

Galilei entdeckte mit seinem Teleskop auch zahlreiche schwache Sterne in der Milchstraße; er stellte fest, dass das Siebengestirn aus mehr als sieben Sternen besteht, und er beobachtete seltsame „Auswölbungen" bei dem Planeten Saturn – die tatsächliche Zusammensetzung des Saturn-Ringes wurde erst später von Christiaan Huygens entdeckt. Galileis Beobachtungen der Phasen des Planeten Venus bestätigten eindrucksvoll das heliozentrische Weltbild des Kopernikus. Im Jahre 1611 setzte Galilei sein Teleskop auch zur Beobachtung der Sonne ein. Auf der hellen Sonnenoberfläche entdeckte er dunkle Flecken –

Optische Revolution Zwei kleine Teleskope von Galileo Galilei, mit denen er erstmals den Sternenhimmel heranholte.

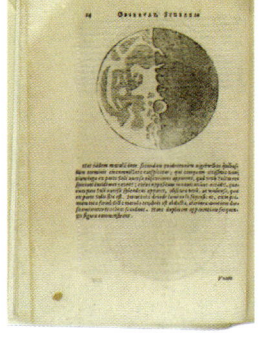

Pockennarbiger Ball Galilei entdeckte Berge und Krater auf dem Mond. Hier eine Seite aus seinem Buch *Sidereus Nuncius.*

ersten teleskopischen Beobachtungen des Mondes. Auf seinen Mondzeichnungen sind helle und dunkle Flecken, Krater und Berge zu sehen. Im Januar 1610 sah er den Planeten Jupiter und entdeckte, dass ihn vier kleine Monde umkreisen. Damit wurde zum ersten Mal nachgewiesen, dass sich nicht alles im Weltall um die Erde dreht. Noch heute werden diese vier großen Jupiter-Monde die Galileischen Monde genannt (s. S. 158).

wiederum ganz entgegen der vermuteten göttlichen Vollkommenheit der Himmelskörper. Wegen seiner Sonnenbeobachtungen erblindete Galilei in hohem Alter.

Übrigens ließen die Kirchenoberen sich nicht von den Sternbildern überzeugen, die mit diesem teuflischen Instrument sichtbar wurden.

Tipp für Sterngucker

Mit einem einfachen Fernglas mit etwa zehnfacher Vergrößerung kann man fast ebenso viel sehen wie mit den ersten einfachen Teleskopen von Galilei!

Jupiters Quartett Galilei entdeckte die vier größten und hellsten Monde des Riesenplaneten Jupiter.

Das Teleskop wird weiterentwickelt

Das ursprüngliche „holländische Fernrohr" besitzt ein konvexes Objektiv (die Hauptlinse des Fernrohrs) und ein konkaves Okular (Augenlinse). Diese Art von Fernrohr weist viele störende Abbildungsfehler auf. Johannes Kepler entwarf das so genannte astronomische Teleskop, das mit einem konvexen Objektiv und einem ebenfalls konvexen Okular ausgestattet ist. Nachteilig ist zwar, dass solch ein Fernrohr das Bild auf dem Kopf wiedergibt, doch die Bildqualität ist sehr viel besser.
Mitte des 17. Jahrhunderts baute der niederländische Physiker Christiaan Huygens (1629–1695)

Die Spiegel der ersten Spiegelteleskope wurden nicht aus Glas, sondern aus Metall hergestellt. Durch gutes Polieren des Metalls (meist Bronze oder Kupfer) wurde der Spiegeleffekt erzielt.

ihm die Leitung der Sternwarte von Paris angeboten, was er jedoch ablehnte.
Alle einfachen Linsenteleskope weisen störende Farbfehler (chromatische Aberrationen) auf, denn der Brechungswinkel eines Lichtstrahls ist abhängig von der Wellenlänge. Die Folge ist,

Polnische Passion
Der polnische Bierbrauer
Johannes Hevelius
war ein passionierter
Teleskopbauer und
Beobachter.

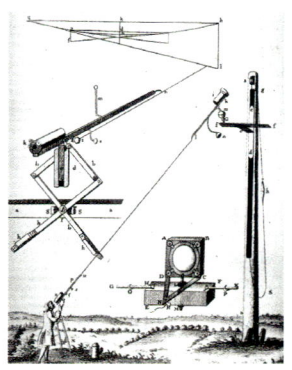

Fernrohr ohne Rohr
Christiaan Huygens
baute „Luft-
teleskope", deren
Objektiv auf einem
hohen Pfahl
befestigt war.

gemeinsam mit seinem Bruder Constantin große Teleskope mit sehr langen Brennweiten, wodurch starke Vergrößerungen möglich wurden. Diese „Luftteleskope" besaßen keine Sehröhre: Das Objektiv war beweglich auf einem hohen Pfahl positioniert; das Okular wurde mithilfe eines Stocks oder eines Seils damit verbunden. Mit diesen Fernrohren entdeckte Huygens unter anderem Flecken auf dem Mars, den Orion-Nebel und die tatsächliche Natur des Saturn-Rings. Auch der polnische Bierbrauer Johannes Hevelius (1611–1687) aus Danzig baute große Teleskope, mit denen er insbesondere Mond, Sonne und Kometen erforschte. Seine detaillierten Mondkarten veröffentlichte er 1647 in *Selenographia* („Mondbeschreibung"). Hevelius war eigentlich nur Hobby-Astronom, doch er genoss bei den Astronomen seiner Zeit hohes Ansehen. So wurde

dass Sterne eher wie winzig kleine Regenbögen erscheinen. Das Spiegelteleskop, das 1668 von Isaac Newton erfunden wurde, kennt dieses Problem nicht. Außerdem haben Spiegelteleskope eine kürzere Baulänge und sind normalerweise lichtstärker als Linsenteleskope. Alle großen professionellen Teleskope sind Spiegelteleskope, denn große Spiegel sind zudem einfacher herzustellen als große Linsen.

Kosmische Reflexionen
Das Spiegelteleskop wurde 1668
von Isaac Newton erfunden.

Die Riesenteleskope von Herschel

Musikalischer Astronom William Herschel, der Entdecker des Planeten Uranus, war von Beruf Musiker.

Einer der bedeutendsten Entdecker im 18. Jahrhundert war William Herschel (1738–1822). Herschel wurde in Hannover geboren, verzog 1757 jedoch nach England, wo er als Musiker und Organist tätig war. In seiner freien Zeit baute er Teleskope, und zusammen mit seiner Schwester Caroline (1750–1848) unternahm er gewissenhafte Beobachtungen, unter anderem von Doppelsternen und Nebeln.

Am 13. März 1781 entdeckte Herschel mit einem selbst gebauten, relativ kleinen Teleskop einen

Tipp für Sterngucker
Mit einem Fernglas und einem astronomischen Jahrbuch lässt sich der Planet Uranus ganz einfach am Nachthimmel ausfindig machen *(s. auch S. 168).*

neuen Planeten im Sternbild Zwillinge, der Uranus getauft wurde. König Georg III., der ein großer Bewunderer der Astronomie war, ernannte Herschel daraufhin zum Hofastronomen. Später entdeckte Herschel auch die Uranusmonde Titania und Oberon (1787) und die Saturnmonde Mimas und Enceladus (1789). Herschel baute die besten Spiegelteleskope seiner Zeit. Dies waren große, lange Fernrohre, die mit Seilen und Rollen in hölzernen Gestellen aufgehängt waren. Sein erstes großes Teleskop besaß einen Spiegeldurchmesser von 60 cm und eine Brennweite von etwa sechs Metern.

Georgium Sidus („Stern von George") war der Name, den Herschel für den neuen Planeten vorgesehen hatte, den er 1781 entdeckte – zu Ehren von König George III.

Er baute auch ein doppelt so großes Teleskop mit einem Spiegeldurchmesser von 120 cm und einer Brennweite von rund zwölf Metern. In der Anwendung war es jedoch nicht besonders praktisch: Man brauchte zwei Helfer, um das Fernrohr auf einen bestimmten Himmelskörper gerichtet zu halten.

Trotz der schlechten Wetterbedingungen in England entdeckte und katalogisierte Herschel Tausende von Sternen, Doppelsternen, Sternhaufen und Nebeln. Aus seinen Sternzählungen leitete er ab, dass die Sonne sich in einem abgeflachten System von zahlreichen Sternen befinden muss – dem Milchstraßensystem. Sein Sohn John (1792–1871) verzog 1834 nach Südafrika, wo er die Arbeit seines Vaters am südlichen Sternhimmel fortsetzte.

Hölzernes Gestell Die großen Teleskope von Herschel wurden an Seilen und Rollen aufgehängt.

Immer größer

Ein großes Teleskop ist besser als ein kleines. Nicht, weil es stärker vergrößert (auch mit einem kleinen Teleskop kann man recht starke Vergrößerungen erzielen), sondern weil es schwächere Objekte und feinere Details sichtbar macht. Große Linsen oder große Spiegel bündeln mehr Sternenlicht im Brennpunkt und ergeben so ein Abbild schwächerer Sterne. Doch neben dieser Möglichkeit, Licht zu bündeln, besitzen die

Irisches Monstrum Das 183-cm-Teleskop von Lord Rosse war gut 70 Jahre das größte der Welt.

Teleskope auch ein so genanntes Auflösungsvermögen – das Maß für die kleinsten Details, die noch sichtbar sind –, das direkt proportional zum Durchmesser des Objektivs ist.

Der irische Graf William Parsons (Lord Rosse, 1800–1867) baute Mitte des 19. Jahrhunderts auf seinem Landsitz Birr Castle ein Spiegelteleskop mit einem Objektivdurchmesser von 183 cm. Dieses Teleskop, das den Bei-

namen *Leviathan* („Koloss") erhielt, blieb etwa 70 Jahre, von 1845 bis 1918, das größte der Welt. Parsons entdeckte damit die Spiralstruktur einiger Nebel. Von diesen „Spiralnebeln" ist heute bekannt, dass sie Galaxien ähnlich unserem eigenen Milchstraßensystem sind, die einige Millionen Lichtjahre entfernt sind. Im Laufe des 19. Jahrhunderts wurden übrigens noch immer große Linsenteleskope gebaut. Eine sorgsam geschliffene Linse liefert meist eine bessere Bildqualität als ein polierter Metallspiegel, hierdurch können stärkere Vergrößerungen erzielt werden, auch wenn der Objektivdurchmesser oft relativ klein ist. Das größte je gebaute Linsenteleskop wurde 1897 in der Yerkes Sternwarte in William's Bay, nahe Chicago, installiert. Der Linsendurchmesser beträgt 102 cm. Noch größere Linsen sind kaum zu schleifen

Maximaler Durchmesser Das 102-cm-Linsenteleskop der Yerkes-Sternwarte ist das größte, das je gebaut wurde.

> *Erst Ende des 19. Jahrhunderts wurde entdeckt, dass große Teleskope am besten auf hohen Berggipfeln errichtet werden, da die Luft dort weniger turbulent ist.*

(der gesamte Glaskörper muss frei von Unreinheiten sein) und auch nicht zu montieren – da das Licht die Linse durchdringt, darf diese nur am Rand gestützt werden.

Geldgeber

Die Yerkes-Sternwarte ist nach dem amerikanischen Geschäftsmann Charles Yerkes benannt, der den Bau des Observatoriums ermöglichte. Dem ersten Leiter der Yerkes-Sternwarte, George Ellery Hale (1868–1938), gelang es, später auch andere reiche Industrielle für die Astronomie zu begeistern. So errichtete er 1904 die Mount-Wilson-Sternwarte im San-Gabriel-Gebirge im Norden von Los Angeles, wo 1908 bereits ein Spiegelteleskop mit einem Durchmesser von 152 cm in Betrieb genommen wurde. Dank einer Schenkung des Geschäftsmanns John Hooker ließ Hale auf dem Mount Wilson auch ein 254-cm-Teleskop bauen, das 1918 in Betrieb genommen wurde. Mit diesem Hooker-Teleskop – dem ersten, das den *Leviathan* von Lord Rosse übertraf – entdeckte Edwin Hubble die wahre Beschaffenheit von Sternsystemen und die Ausdehnung des Universums.

Gleich nach Fertigstellung des Hooker-Teleskops plante Hale bereits den Bau eines noch größeren Instruments mit einem Spiegeldurchmesser von 5 m. Es sollte nicht auf dem Mount Wilson

Graziöser Koloss Der Spiegeldurchmesser des Hale-Teleskops auf dem Palomar Mountain misst 5 m.

aufgebaut werden – die Lichtverschmutzung in Los Angeles nahm schnell zu –, sondern auf dem Palomar Mountain, im Nordosten von San Diego. Über die Rockefeller-Stiftung erhielt Hale das benötigte Geld. Nachdem jahrelang an dem gigantischen Spiegel, der kolossalen Teleskopkuppel und der eindrucksvollen Konstruktion gearbeitet worden war, wurde das Riesenteleskop im Sommer 1948 offiziell in Betrieb genommen. Das Instrument selbst wurde Hale-Teleskop genannt nach seinem Initiator, der zehn Jahre zuvor verstorben war.

In der zweiten Hälfte des 20. Jahrhunderts wurden einige Spiegelteleskope mit Objektivdurchmessern von 3–4 m gebaut. Der Rekord des Hale-Teleskops wurde erst 1976 gebrochen, als russische Astronomen auf dem Semirodriki-Berg im Kaukasus, nahe der Kleinstadt Zelenchukskaya, ein Teleskop mit einem Spiegeldurchmesser von 6 m in Betrieb nahmen. Dieses Gerät hatte jedoch ständig mit technischen Problemen zu kämpfen. Für den Bau von größeren Riesenteleskopen waren neue technologische Entwicklungen unerlässlich.

Himmlisches Geschütz Mit dem 2,5-m-Hooker-Teleskop wurde die Ausdehnung des Weltalls entdeckt.

Neue Technologien

Da sich die Erde dreht, muss ein Teleskop dieser Bewegung angepasst werden, damit ein Stern im Bild festgehalten werden kann. Dies wurde lange Zeit mit einer parallaktischen Aufstellung bewerkstelligt, bei der eine Drehachse parallel zur Erdachse verläuft. Das Teleskop wird dann mit konstanter Geschwindigkeit um diese eine Achse gedreht. Eine solche Montierung ist jedoch aufwändig, schwer und kompliziert. Das russische 6-m-Teleskop besitzt deshalb eine azimutale Montierung mit einer vertikalen und einer horizontalen Drehachse. Sie ist viel kompakter und kostengünstiger. Auch das Teleskopgehäuse ist kleiner und dadurch kostengünstiger. Das Teleskop muss nun zwar um zwei Achsen gleichzeitig rotieren (und dies zudem noch in unterschiedlichen Geschwindigkeiten), doch mit einer Computersteuerung ist dies kein Problem.
Alle großen Teleskope verfügen heute über eine solche azimutale Montierung.
Eine andere Entwicklung, die den Bau großer Teleskope ermöglicht hat, ist die Anwendung des Meniskusspiegels. Zur Bündelung des Lichts im Brennpunkt müssen die Teleskopspiegel wie ein Rasierspiegel gewölbt sein. Früher schliff man die gewölbte Oberfläche aus einer dicken Glasscheibe, der entstandene Spiegel war dann extrem schwer. Heute setzt man große rotierende Öfen zur Herstellung dünner, gewölbter Spiegelflächen ein, die in Bezug auf ihre Form mit einer Kontaktlinse

oder einem Meniskus vergleichbar sind. Da dieser Spiegel viel leichter ist, kann die Teleskopmontierung auch leichter und somit preiswerter sein. Einige moderne Teleskopspiegel haben einen Durchmesser von 8 m, doch sie sind an keiner Stelle mehr als 20 cm dick. Das Problem derartig leichter, dünner Spiegel: Sie sind nicht ganz

Die adaptive Optik wird auch vom Augenarzt verwendet, um von der Netzhaut trotz Bildverformungen durch den Glaskörper scharfe Aufnahmen zu herzustellen.

formbeständig. Beeinflusst durch Wind, Temperaturschwankungen und Schwerkraft biegen sie sich leicht durch. Mit der so genannten aktiven Optik wird diese Verformung jedoch ausgeschaltet: Hunderte computergesteuerte, bewegliche Stützen unter dem Spiegel bieten an der richtigen Stelle ausreichend Gegendruck, um die notwendige Formgenauigkeit zu gewährleisten.

Einfluss der Erdatmosphäre

Fast alle großen Teleskope sind heute auch mit einer adaptiven Optik ausgestattet – einer Technik, mit der der Einfluss atmosphärischer Schwingungen ausgeschaltet wird. Diese Schwingungen trüben das Bild, wodurch allerkleinste Details nicht mehr sichtbar sind. Die Bildverzerrungen werden 100-mal pro Sekunde gemessen und ein kleiner, flexibler Spiegel, der sich nahe dem Brennpunkt im Lichtweg des Teleskops befindet, wird permanent in der ge-

Dünne Spiegel Die 8,2 m großen Spiegel des Europäischen Very Large Telescope sind jeweils nur 20 cm dick.

Neue Generation **Mit dem europäischen New Technology Telescope wurden verschiedene neue Teleskoptechniken getestet.**

Stattdessen verwenden Astronomen segmentierte Spiegel, die aus unzähligen sechseckigen Elementen bestehen. Das Keck-Teleskop auf dem Mauna Kea auf Hawaii war 1991 das erste große Teleskop mit einem segmentierten Spiegel; der Spiegeldurchmesser beträgt 10 m. Im Prinzip ist es mit dieser Technik möglich, Teleskopdurchmesser von mehreren 10 m zu erreichen.

Die allerneueste Technik ist die Interferometrie. Hierbei werden zwei oder mehrere Teleskope in einem Abstand von einigen 10 m untereinander gekoppelt und dann werden die empfangenen Lichtwellen äußerst präzise zusammengefügt. Hierdurch erhält man eine unglaublich hohe Bildschärfe, die normalerweise nur mit einem Spiegel zu erzielen ist, der ebenso groß ist wie der Abstand zwischen den zusammengekoppelten Teleskopen. Interferometrie wird in der Radioastronomie (s. S. 39) schon seit langem eingesetzt, doch in der optischen Astronomie steckt diese viel versprechende Technik noch in den Kinderschuhen.

wünschten Weise verformt, damit die Bildschärfe wiederhergestellt wird. Die adaptive Optik ist eine komplizierte und teure Technik, doch sie ermöglicht es letztendlich, mit einem Teleskop auf der Erde zumindest ein ebenso scharfes Bild zu erhalten wie mit einem Teleskop im Weltraum. Teleskopspiegel, die größer als etwa 8 m sind, kann man nicht mehr aus einem Stück bauen.

Ios Vulkane **Mit seiner adaptiven Optik kann das Keck-Teleskop Vulkane auf dem Jupitermond Io sehen.**

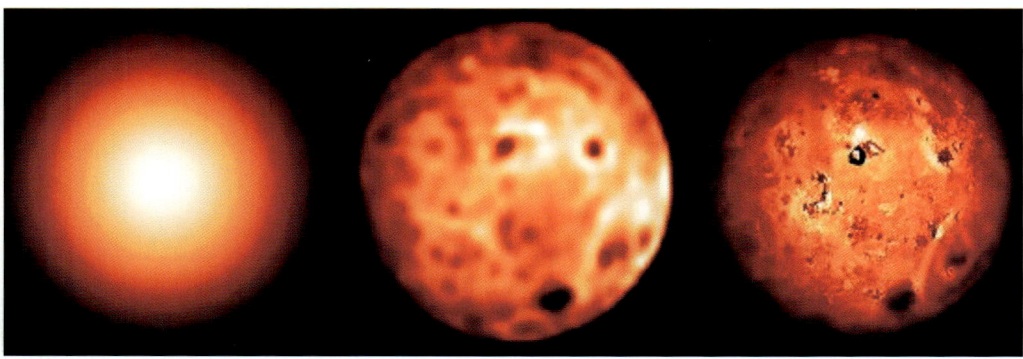

Große Teleskope auf der Erde

Im Jahr 2003 gibt es 13 Teleskope mit einem Spiegeldurchmesser von mehr als 6 m. Die beiden größten sind die zwei identischen Keck-Teleskope auf dem Mauna Kea, einem 4200 m hohen Vulkangipfel auf Hawaii. Sie wurden nach dem amerikanischen Ölmagnaten William Keck benannt, der den Bau weitgehend finanzierte. Beide Teleskope verfügen über einen segmentierten Spiegel mit einem Durchmesser von 10 m. In Zukunft sollen sie immer öfter wie ein 100 m großes Interferometer verwendet werden.

Die vier 8,2-m-Teleskope des europäischen Very Large Telescope (VLT) in Chile sind von Beginn an konstruiert, um als Interferometer zu dienen. Zusammen sind sie ebenso empfindlich wie ein Teleskop mit einem Durchmesser von 16,4 m und sehen ebenso scharf wie ein imaginäres Teleskop mit 120 m Durchmesser. Die Namen der vier Teleskope (s. Tabelle) sind einer chilenischen Indianersprache entnommen; sie bedeuten „Sonne", „Mond", „Kreuz des Südens" und „Sirius". Auf dem Mauna Kea befindet sich das japanische Subaru-Teleskop (8,3 m) und das internationale Gemini-North-Teleskop (8 m), das baugleich mit dem Gemini-South-Teleskop in Chile ist. Ebenfalls in Chile befinden sich die zwei 6,5-m-Teleskope des amerikanischen Magellan-Projekts. Die sechs relativ kleinen Spiegel des

DIE GRÖSSTEN TELESKOPE DER WELT		
TELESKOP	**SPIEGELDURCHMESSER**	**STANDORT**
Keck I	10 m	Mauna Kea, Hawaii
Keck II	10 m	Mauna Kea, Hawaii
Hobby-Eberly-Teleskop	9,2 m	Mt. Fowlkes, Texas
Subaru	8,3 m	Mauna Kea, Hawaii
Antu (VLT Unit Telescope 1)	8,2 m	Cerro Paranal, Chile
Kueyen (VLT UT2)	8,2 m	Cerro Paranal, Chile
Melipal (VLT UT3)	8,2 m	Cerro Paranal, Chile
Yepun (VLT UT4)	8,2 m	Cerro Paranal, Chile
Gemini North	8 m	Mauna Kea, Hawaii
Gemini South	8 m	Cerro Pachon, Chile
Multiple-Mirror-Teleskop	6,5 m	Mt. Hopkins, Arizona
Walter Baade (Magellan 1)	6,5 m	La Serena, Chile
Landon Clay (Magellan 2)	6,5 m	La Serena, Chile

Multiple-Mirror-Teleskops (MMT) in Arizona wurden im Jahr 2000 durch einen einzigen 6,5-m-Spiegel ersetzt.

Ein besonderes Teleskop ist das Hobby-Eberly-Teleskop in Texas mit einem 11 m großen segmentierten Spiegel. Durch die seltsame Konstruktion des relativ preiswerten Instruments erreicht der effektive Durchmesser jedoch „nur" 9,2 m. Außerdem kann das Teleskop nicht auf jeden Punkt am Himmel gerichtet werden und ist nicht optimal ausgestattet für die Anfertigung extrem detaillierter Fotos.

Segmentierte Spiegel Der 10-m-Spiegel des Keck-Teleskops auf Hawaii besteht aus 36 sechseckigen Segmenten.

Der Stolz Europas Das europäische Very Large Telescope in Chile besteht aus vier identischen 8,2-m-Teleskopen.

Teleskope im Weltall

Vielseitiges Instrument **Das Hubble-Weltraumteleskop kann die unterschiedlichsten Beobachtungen machen.**

Die Erdatmosphäre ist für Astronomen ein großer Störfaktor. Schwingungen in der Erdatmosphäre trüben das Bild des Weltalls, und die Atmosphäre behindert verschiedene Arten von Strahlung, wie z. B. ultraviolette Strahlen und Röntgenstrahlen. Kein Wunder, dass Astronomen bereits seit Beginn der Raumfahrt von einem großen Teleskop träumen, das sich in einer Umlaufbahn um die Erde befindet. Ein solches Weltraumteleskop hat außerdem den Vorteil, dass es von Lichtverschmutzung verschont bleibt und 24 Stunden rund um die Uhr Beobachtungen machen kann, denn im Weltraum gibt es weder Tag noch Nacht.

Zwischen 1960 und 1990 wurden schon einige kleine Weltraumteleskope in Umlaufbahnen gebracht, die oft auf einer ganz speziellen Wellenlänge arbeiteten oder die auf die Beobachtung eines bestimmten Himmelskörpers ausgerichtet waren (s. S. 42). Das Hubble-Weltraumteleskop, benannt nach dem amerikanischen Kosmologen Edwin Hubble, das im April 1990 in die Umlaufbahn gebracht wurde, war jedoch das erste Allround-Weltraumteleskop. Nach seiner Reparatur im Dezember 1993, die wegen eines Problems mit dem Hauptspiegel notwendig wurde, hat das Hubble-Teleskop auf jedem Teilgebiet der Astronomie seine Spuren hinterlassen. Teleskope im Weltraum sind erheblich teurer als terrestrische Teleskope, doch trotz ihrer relativ kleinen Ausmaße (Hubble-Teleskop: Spiegeldurchmesser 2,4 m) bringen sie in vielen Bereichen weit bessere Leistungen. Pläne für den Nachfolger des Hubble-Teleskops liegen bereits vor: Etwa im Jahr 2010 soll das James-Webb-Weltraumteleskop in eine Umlaufbahn gebracht werden. Es wird einen Spiegeldurchmesser von 6 m besitzen und insbesondere Infrarotbeobachtungen durchführen.

Vielen Menschen ist nicht bekannt, dass das Hubble-Weltraumteleskop zu 15% europäisch ist! Europa wird auch das zukünftige Webb-Teleskop mitfinanzieren.

Hubbles Nachfolger
Das James-Webb-Weltraumteleskop mit einem 6-m-Spiegel soll etwa 2010 gestartet werden.

Teleskope der Zukunft

Weltraumteleskope haben viele Vorteile, doch sie werden immer relativ klein bleiben. Zur Beobachtung der allerschwächsten Objekte im Weltraum ist ein Riesenteleskop auf der Erde unentbehrlich. Die Erfolge der heutigen Generation von Teleskopen mit Spiegeldurchmessern von 8 bis 10 m haben Anlass zu vielen neuen Projekten gegeben, von denen manche schon abgeschlossen sind. Inzwischen liegen bereits Bauzeichnungen für riesige Teleskope mit Ausmaßen von mehreren 10 m vor.

Wenn die zwei Keck-Teleskope zu einem Interferometer kombiniert werden, entsteht ein Instrument mit der Empfindlichkeit eines 14,6-m-Teleskops und der Bildschärfe eines 100-m-Fernrohrs. Das europäische Very Large Telescope Interferometer ist ebenso empfindlich wie ein 16,4-m-Instrument und sieht mit der gleichen Schärfe wie ein imaginäres 120-m-Teleskop. Mit beiden Interferometern wurden inzwischen erfolgreich Beobachtungen durchgeführt.

In Arizona steht der Bau des Large-Binocular-Teleskops kurz vor seiner Vollendung. Dieses Teleskop besteht faktisch aus zwei 8,4-m-Teleskopen auf einer einzigen kolossalen Montierung.

Zwillingsteleskop **Das Large-Binocular-Teleskop in Arizona ist mit zwei 8,4-m-Spiegeln ausgestattet.**

Die Spiegelfläche des 100-m-OWL-Teleskops ist größer als die Gesamtfläche aller Teleskopspiegel in der Geschichte der Astronomie zusammen.

Die zwei Spiegel leisten zusammen gleich viel wie ein 11,8-m-Instrument. Auf der Sternwarte von La Palma auf den Kanarischen Inseln schließt man die letzten Arbeiten an dem Gran Telescopio Canarias ab, das ebenso wie die Keck-Teleskope einen segmentierten Spiegel von 10 m Durchmesser erhält. Und in Südafrika entsteht eine Kopie des amerikanischen Hobby-Eberly-Teleskops mit einem effektiven Spiegeldurchmesser von 9,2 m. Alle diese Teleskope werden im Laufe des Jahres 2005 in Betrieb genommen.

Flüssige Spiegel

Kanadische Astronomen haben ein revolutionäres 6-m-Teleskop mit einem flüssigen Quecksilberspiegel konstruiert. Indem man einen Behälter mit Quecksilber rotieren lässt, entsteht aufgrund der Zentrifugalkraft eine gewölbte spiegelnde

Amerikanischer Traum **Entwurf des zukünftigen Thirty Meter Telescope.**

Oberfläche. Ein solcher flüssiger Spiegel kostet viel weniger als ein herkömmlicher Teleskopspiegel. Der einzige Nachteil ist natürlich, dass das Teleskop nur senkrecht nach oben ausgerichtet ist. Das Large Zenith Telescope gilt als Vorläufer des zukünftigen Large-Aperture Mirror Array (LAMA), das sich aus 18 solcher Quecksilberteleskope zusammensetzt, wobei jedes über einen Spiegeldurchmesser von 10 m verfügt. LAMA soll speziell für statistische Untersuchungen weit entfernter Sternsysteme eingesetzt werden. Ähnliche Forschungsziele verfolgt das zukünftige Large Synoptic Survey Telescope, ein extrem lichtstarkes Teleskop mit einem Spiegeldurch-

messer von 8,4 m. Dieses Instrument, auch als Dark-Matter-Teleskop bezeichnet, steht ganz weit oben auf der Wunschliste amerikanischer Astronomen, es soll auch für die Entdeckung von Planetoiden eingesetzt werden, die eine mögliche Bedrohung für die Erde darstellen (s. S. 166), und man will sich damit einen Überblick über die dunkle Materie im Weltall verschaffen (s. S. 198 und 211).

Monsterteleskope

In den Vereinigten Staaten und auch in Europa liegen Pläne für den Bau eines Monsterteleskops mit einem Spiegeldurchmesser von mehreren zehn Metern vor. Amerikanische Astronomen wollen ein übergroßes Keck-Teleskop mit einem segmentierten Spiegel von 30 m im Durchmesser bauen. Die ersten Zuschüsse für die Planung des Thirty Meter Telescope sind bereits geflossen. Europäische Astronomen haben eine Machbarkeitsstudie für den Bau eines 50-m-Teleskops in Auftrag gegeben, das vorerst noch Euro50 genannt wird.

Das bei weitem ehrgeizigste Projekt ist der Bau des OverWhelmingly Large Telescope (OWL) – ein gigantisches Instrument mit einem Spiegel von 100 m im Durchmesser. Bei der Europäischen Südsternwarte ESO (European Southern Observatory) glaubt man, ein derartiges Teleskop innerhalb von etwa zwölf Jahren für einen Betrag von etwa einer Milliarde Euro bauen zu können. Der Spiegel des OWL würde aus ungefähr 2000 identischen sechseckigen Segmenten bestehen; die Teleskopkonstruktion wäre genauso hoch wie die Cheops-Pyramide. Es ist noch nicht sicher, welche Projekte letztlich verwirklicht werden. Vielleicht wird bald ein einziges internationales Riesenteleskop mit einem Spiegeldurchmesser von 50 oder 70 m ins Auge gefasst.

Europäische Eule
Das OverWhelmingly Large Telescope (OWL) hat einen segmentierten Hauptspiegel von 100 m Durchmesser.

Das elektromagnetische Spektrum

Jahrtausendelang war die Astronomie eine visuelle Wissenschaft. Astronomen beobachteten, was sie mit eigenen Augen sehen konnten. Mit der Erfindung des Teleskops erhielten die Augen Unterstützung, doch immer noch drehte sich alles um sichtbares Licht. Im Laufe des 20. Jahrhunderts wurde jedoch klar, dass die optische Astronomie ein völlig schiefes und unvollständiges Bild vom Weltall vermittelt. Um den Kosmos in all seinen Facetten begreifen zu können, muss man das gesamte elektromagnetische Spektrum studieren und den Sternenhimmel auch in anderen Wellenlängenbereichen beobachten.

Im 17. Jahrhundert spekulierten die Physiker bereits über die wahre Beschaffenheit des Lichts. Isaac Newton glaubte, dass Licht aus einzelnen Teilchen bestehe; Christiaan Huygens nahm an, Licht sei eine Erscheinung von Wellen. Die Wirklichkeit liegt irgendwo in der Mitte. Licht besteht aus elektromagnetischen Feldern, die sich in den leeren Raum mit einer bestimmten Wellenlänge und Frequenz fortsetzen. Doch Licht besteht auch aus unteilbaren Energieteilchen (Photonen). Blaues Licht besitzt eine kurze Wellenlänge und eine hohe Frequenz und besteht aus energiereichen Photonen. Rotes Licht hat eine lange Wellenlänge und eine niedrige Frequenz, die roten Photonen weisen weniger Energie auf.

Breite Skala Neben sichtbarem Licht gelangen auch viele andere Arten Strahlung von den Himmelskörpern zu uns.

Genauso wie Hunde höhere Töne als der Mensch hören können, so können Bienen ultraviolettes Licht sehen – Strahlung mit einer höheren Frequenz als sichtbares Licht.

Das menschliche Auge ist nur für einen kleinen Wellenlängenbereich aufnahmefähig, doch das ist der Natur gleichgültig. Im Weltall wird auch elektromagnetische Strahlung produziert, die eine Wellenlänge aufweist, die länger ist als die von rotem Licht (infrarot) oder kürzer als die von violettem Licht (ultraviolett). Wer das Weltall nur in sichtbarem Licht wahrnimmt, verhält sich wie der Konzertbesucher, der nur Töne zwischen 400 und 410 Hertz hören kann – da bleibt wenig übrig vom Schlusschor in Beethovens 9. Symphonie!

Unsichtbares Licht

William Herschel wies als Erster darauf hin, dass es unsichtbare infrarote Strahlen gibt. Am Ende

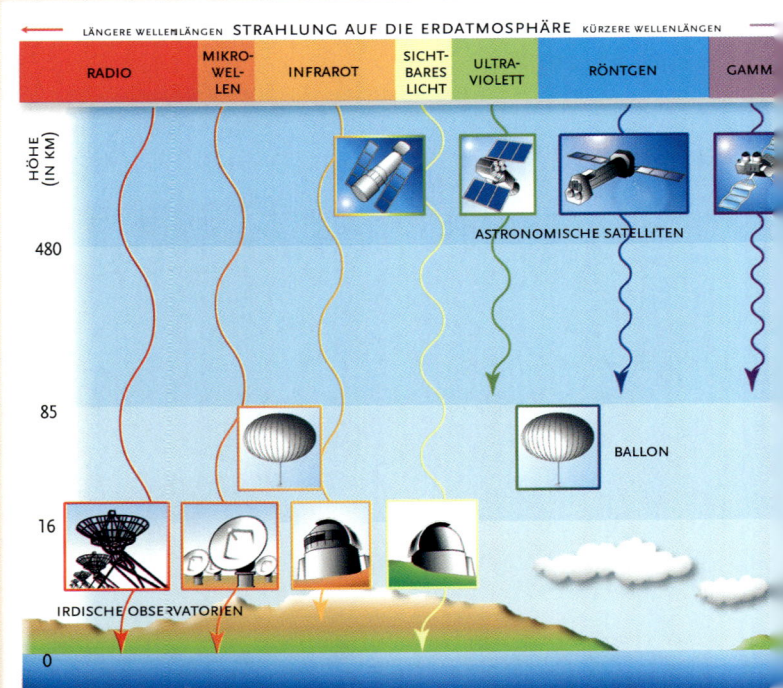

ELEKTROMAGNETISCHE STRAHLUNG

ART DER STRAHLUNG	WELLENLÄNGE	FREQUENZ	ENERGIE
Radiostrahlung	länger als 3 cm	niedriger als 10^{10} Hz	unter 3×10^{-5} eV**
Mikrowellenstrahlung	1 mm–3 cm	10^{10}–3×10^{11} Hz	3×10^{-5}–10^{-3} eV
Infrarotstrahlung	700 nm*–1 mm	3×10^{11}–$4,3 \times 10^{14}$ Hz	10^{-3}–ca. 2 eV
Sichtbares Licht	400–700 nm	$4,3 \times 10^{14}$–$7,5 \times 10^{14}$ Hz	ca. 2–ca. 3 eV
Ultraviolettstrahlung	10–400 nm	$7,5 \times 10^{14}$–3×10^{16} Hz	ca. 3–10^2 eV
Röntgenstrahlung	0,01–10 nm	3×10^{16}–3×10^{19} Hz	10^2–10^5 eV
Gammastrahlung	kürzer als 0,01 nm	höher als 3×10^{19} Hz	höher als 10^5 eV

1 nm = 1 Nanometer = ein Millionstel Millimeter
**1 eV = 1 Elektronenvolt = $1,62 \times 10^{-19}$ Joule*

Explosives Zentrum Schwarze Löcher und Supernovareste im Zentrum des Milchstraßensystems senden energiereiche Röntgenstrahlen aus.

Wellenlänge als sichtbares Licht – und Mikrowellenstrahlen und Radiostrahlen, die wiederum eine längere Wellenlänge besitzen. Es dauerte jedoch bis Mitte des 20. Jahrhunderts, dass man auch unsichtbares Licht aus dem Weltall erkennen konnte.

Das elektromagnetische Spektrum ist der Oberbegriff für all diese Arten von Strahlen. Grob gesagt kann man annehmen, dass Strahlung mit langer Wellenlänge und niedriger Frequenz durch kühle Objekte und Phänomene mit niedriger Energie produziert wird, während Strahlung mit kurzer Wellenlänge und hoher Frequenz von heißen Objekten und hochenergetischen Phänomenen stammt. So beobachtet der Astronom die Verteilung kalten Wasserstoffgases im Weltall mit einem Radioteleskop, benutzt jedoch zur Erforschung von Sternexplosionen ein Röntgenteleskop.

des 19. und zu Beginn des 20. Jahrhunderts wurden auch andere Formen unsichtbaren Lichts entdeckt: Ultraviolette Strahlen, Röntgenstrahlen und Gammastrahlen – alle besitzen eine kürzere

Die Erdatmosphäre bietet Schutz vor elektromagnetischer Strahlung aus dem Weltall. Das ist auch gut so, denn ultraviolette Strahlen, Röntgen- und Gammastrahlen sind wegen ihrer hohen Energie lebensbedrohend. Nur sichtbares Licht und nahezu alle Formen von Radiostrahlen dringen bis zur Erdoberfläche vor. Ein Teil der infraroten Strahlen aus dem Weltall kann auf hohen Berggipfeln wahrgenommen werden, doch für ultraviolette, Röntgen- und Gammaastronomie sind die Astronomen auf in einer Erdumlaufbahn befindliche Satelliten angewiesen.

Durchdringender Blick Ein Infrarotteleskop sieht Sterne in einer Staubwolke (rechts), die auf einem normalen Foto (links) nicht zu sehen sind.

Spektroskopie

Isaac Newton entdeckte, dass weißes Sonnenlicht mithilfe eines Prismas in die Farben des Regenbogen zerlegt werden kann. Ein solches Farbband wird Spektrum genannt. Die Forschung bezüglich des Spektrums eines Himmelskörpers (Spektroskopie) gibt Aufschluss darüber, wie viel Strahlung auf jeder einzelnen Wellenlänge ausgesandt wird. Heute wird der Begriff „Spektrum" meist für eine grafische Darstellung verwendet, in der die Strahlungsintensität der Wellenlänge gegenübergestellt wird.

Jeder Gegenstand mit einer bestimmten Temperatur strahlt ein kontinuierliches Spektrum aus.

„Spektrum" aus dem Lateinischen bedeutet „in der Vorstellung bestehende Erscheinung".

Die Wellenlänge, auf der die meiste Strahlung produziert wird, ist abhängig von der Temperatur: Kühle Objekte senden mehr langwellige Radiostrahlen mit niedriger Energie aus; heiße Gegenstände jedoch mehr kurzwellige energiereiche Röntgenstrahlen.

Befindet sich zwischen Lichtquelle und Beobachter ein kühleres Gas, dann werden bestimmte Wellenlängen durch das Gas absorbiert. Im Farbband entstehen dann schmale Absorptionslinien: dunklere Linien auf ganz besonderen Wellenlängen, die von der chemischen Zusammensetzung

des Gases abhängen. In einer Grafik, in der die Strahlungsintensität als Funktion der Wellenlänge dargestellt wird, sind diese Linien als tiefe „Täler" sichtbar.

Ist das Gas heiß und flüchtig, so sendet es selbst Strahlung auf genau denselben Wellenlängen aus. So entsteht ein Emissionsspektrum, das aus einigen schmalen, klaren Linien besteht oder eine Grafik mit einer relativ kleinen Zahl scharfer Zacken. Das Spektrum eines Himmelskörpers enthält wertvolle Informationen – nicht nur zur chemischen Zusammensetzung, sondern auch zu Temperatur, Druck und Bewe-

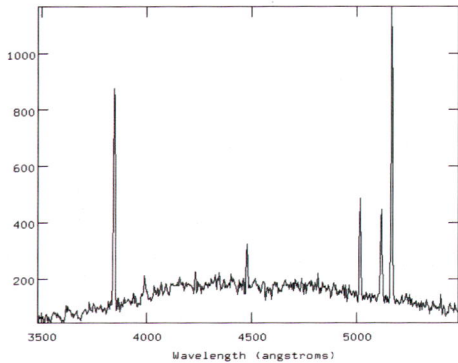

Bizarre Grafik Ein modernes Spektrum ist eine Kurve, in der die Helligkeit mit der Wellenlänge bezeichnet wird.

gungszustand des beobachteten Objekts. Zur Zerlegung des Sternenlichts verwenden Astronomen auch so genannte Gitterspektroskope: Glasplatten mit einem sehr feinen Muster paralleler Linien. Mit Glasfasertechniken ist es heute möglich, von Hunderten von Objekten gleichzeitig die Spektren zu bestimmen.

Farben und Linien Sterne und Gaswolken produzieren jeweils ein eigenes Spektrum.

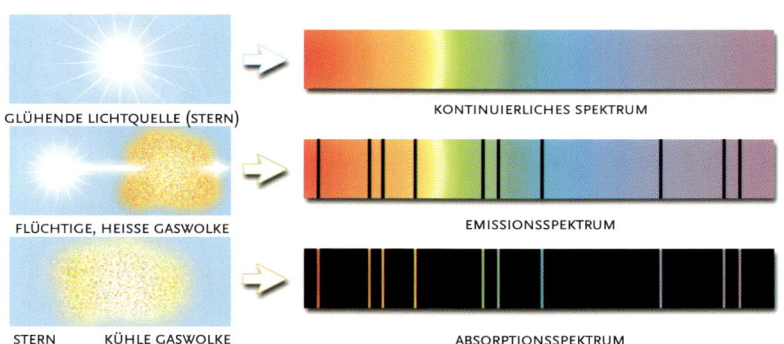

Radioastronomie

Riesenohr **Das Very Large Array in Neumexiko besteht aus 27 Radioschüsseln.**

Der amerikanische Radiotechniker Karl Jansky (1905–1950) entdeckte im Jahr 1931 mit einer großen rotierenden Antenne die aus dem All kommende Radiostrahlung. Inspiriert durch die Entdeckung Janskys baute Grote Reber (1911–2002) 1937 die erste parabolförmige Schüsselantenne mit einem Durchmesser von 9 m. Damit stellte er 1941 die erste Radiokarte des Himmels her.

1944 verkündete der Niederländer Henk van de Hulst (1918–2000), dass kühles Wasserstoffgas Radiostrahlen auf einer Wellenlänge von 21 cm aussendet. Diese 21-cm-Strahlung wurde 1951 nachgewiesen und wird heute benutzt, um die Wasserstoffverteilung im All aufzuzeichnen. Van de Hulsts Lehrmeister Jan Oort (1900–1992)

erkannte schon früh die große Bedeutung der Radioastronomie und war Initiator der niederländischen Radioteleskope in Dwingeloo (1956) und Westerbork (1970). Wegen der langen Wellen muss ein Radioteleskop um einiges größer sein als ein optisches Teleskop, um eine vergleichbare Bildschärfe erzielen zu können. Glücklicherweise werden geringere Ansprüche an die Oberflächengenauigkeit des Parabolreflektors gestellt. Interferometrie – die Kombination einzelner Teleskope zur Steigerung der Bildschärfe – ist bei Radiowellen auch viel ein-

Eine elektrische Baumkerze würde nicht einmal eine Minute mit der Energie an Radiostrahlung brennen, die in 50 Jahren mit terrestrischen Teleskopen aufgefangen wurde.

facher. Die bekanntesten Radiointerferometer sind das Very Large Array (VLA) in Neumexiko und das Westerbork-Synthese-Radioteleskop (WSRT) in Drenthe.

Die meisten Radioteleskope sind geeignet für Strahlungen mit einer Wellenlänge von 3 bis 50 cm. In Chile wird ein großes Radiointerferometer für kurze Mikrowellen (ca. 1 mm) gebaut: das Atacama Large Millimeter Array (ALMA). In Europa wurde mit dem Bau eines sehr weitläufigen Antennenparks für Radiostrahlen mit einer Wellenlänge von einigen Kilometern begonnen: das Low Frequency Array (LOFAR). LOFAR ist der Vorläufer des zukünftigen Square Kilometer Array (SKA), einem Radioteleskop mit einer Antennenfläche von einem Quadratkilometer.

Schüsselpark **In Chile wird das ALMA-Observatorium gebaut, das aus 64 Schüsselantennen besteht.**

Infrarotastronomie

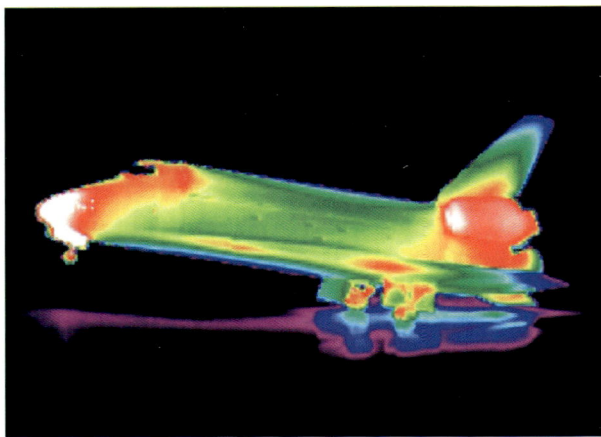

Heißes Shuttle Infrarotfoto des Space-shuttles während der Landung auf der Erde.

Infrarotstrahlung ist eigentlich eine Wärmestrahlung. Vor allem Objekte mit Temperaturen von mehreren Dutzend Grad senden viel Infrarotstrahlung aus. Staubwolken im All, die von innen durch neu entstandene Sterne beschienen werden, weisen z. B. solche Temperaturen auf. Außerdem wird die Strahlung durch Staub nicht abgeschirmt. Infrarotstrahlung ist daher auch vorzüglich zur Beobachtung des Entstehungsvorgangs von Sternen geeignet (s. S. 182). Der größte Teil der Infrarotstrahlung aus dem All wird durch Wasserdampf in der Atmosphäre absorbiert. Nur von hohen Berggipfeln oder aus einer Erdumlaufbahn lässt sich Infrarotastronomie betreiben. Bevor es empfindliche Infrarotkameras gab, benutzten Astronomen eine Art Wärmestrahlenmesser, mit denen die Herkunft kosmischer Infrarotstrahlung nicht genau zu bestimmen war. Erst seit den 1980er Jahren gibt es elektronische Detektoren, die scharfe Infrarotaufnahmen von den Himmelskörpern liefern.

Mit dem amerikanisch-niederländischen IRAS (Infrarot-Astronomie-Satellit) verschaffte man sich im Jahr 1983 erstmals einen Überblick über den gesamten Himmel mit Infrarotwellen. In den 1990er Jahren machte man viele detaillierte Beobachtungen mit dem europäischen ISO (Infrared Space Observatory) und mit der Infrarotkamera des Hubble-Weltraumteleskops. Im Frühjahr 2003 wurde das amerikanische Spitzer Space Telescope gestartet. Auch die großen terrestrischen Teleskope sind nahezu alle mit empfindlichen Infrarotdetektoren ausgestattet. Sie müssen allerdings ständig bis beinahe zum absoluten Nullpunkt gekühlt werden, damit die eigene Wärmestrahlung nicht störend wirkt.

Geburt im Bild

Mit einem Infrarotteleskop kann man die Geburt von Gestirnen beobachten. Sterne entstehen in dunklen Wolken von Gas und Staub. Mit einem herkömmlichen Teleskop kann man das nicht sehen, die Infrarotstrahlung durchdringt jedoch den Staub. Zudem beginnt der Staub selbst, Infrarotstrahlen auszusenden.

Infraroter Pionier Der amerikanisch-niederländische Satellit IRAS untersuchte als Erster die Infrarotstrahlung im All.

Tipp für Sterngucker
Versuchen Sie mit einer modernen Videokamera mit Nachtaufnahme-Funktion, die Welt um Sie herum einmal in Infrarot festzuhalten. Je wärmer, umso heller!

Auch bei der Suche nach Planeten bei anderen Sternen (s. S. 230) werden Infrarot-detektoren eingesetzt: Die meisten Sterne sind auf Infrarotwellen schwächer als

Der nächste europäische Infrarot-Satellit heißt Herschel, nach dem Entdecker der Infrarotstrahlung. Herschel soll 2007 gestartet werden.

Tiefgekühlter Satellit Ohne starke Kühlung könnte das amerikanische Spitzer Space Telescope die schwache Wärmestrahlung im All nicht aufspüren.

in sichtbarem Licht; die meisten Planeten hin-gegen heller, so dass sie besser ins Auge fallen. Infrarotastronomie ist unverzichtbar zur

Erforschung von interstellaren Molekülen. Die Spektrallinien der meisten Moleküle (s. S. 38) befinden sich nicht im sichtbaren Teil des Spektrums, sondern im infraroten Teil. Mit dem europäischen ISO-Satelliten wurde beispielsweise gründlich nach der Entstehung organischer Moleküle und Kristalle in der Nähe alter Riesen-sterne geforscht.

Schließlich ist die Infrarotastronomie auch wichtig zur Erforschung der frühen Evolution des Weltalls. Durch die Ausdehnung des Weltalls und die dazugehörige Rotverschiebung (s. S. 220) kommt die ultraviolette Strahlung und das sichtbare Licht von weit entfernten Sternsystemen auf der Erde als Infrarotstrahlung an. Die am weitesten entfernten Galaxien, die wir so sehen, wie sie kurz nach dem Urknall aussahen, können also am besten mit Infrarot-teleskopen beobachtet werden.

Transparente Wiege Mit großen Infrarotteleskopen auf der Erde kann man Protosterne in staubigen Stern-bildungsgebieten sehen.

Ultraviolett-, Röntgen- und Gammastrahlenastronomie

Die meiste Strahlung mit einer Wellenlänge, die unter etwa 400 nm liegt, wird durch die Erdatmosphäre abgehalten. Glücklicherweise, denn es handelt sich hierbei um gefährliche Strahlen, die lebende Zellen zerstören, Krebs verursachen und tödlich sind. Im Weltall wird diese Strahlung von extrem heißen Objekten und von energiereichen oder explosiven Phänomenen erzeugt: von heißen Weißen Zwergen, Pulsaren und Neutronensternen, Schwarzen Löchern, Quasaren, Supernovae und Gammablitzen.

Auch unsere Sonne versendet ultraviolette Strahlung (UV-Strahlung): Dies ist die unsichtbare Strahlung, die die Haut bräunt, wenn man lange in der Sonne sitzt, und die Verbrennungen verursachen kann. Die Ozonschicht der Erdatmosphäre verhindert glücklicherweise ein Durchdringen des Großteils der UV-Strahlen. Sterne, die heißer als die Sonne sind, senden entsprechend mehr UV-Strahlen aus. Auch Galaxien, in denen die Geburtswellen von jungen heißen Sternen entstehen, erzeugen viel UV-Strahlung, ebenso wie flüchtiges Gas, das eine Temperatur von einigen hunderttausend Grad hat. Röntgenstrahlen besitzen noch mehr Energie, und sie werden von Gasen mit einer Temperatur von mindestens einer Million Grad erzeugt. Derart heißes Gas gibt es in der flüchtigen Atmosphäre der Sonne (der Korona, s. S. 126), doch

Der erste Röntgensatellit wurde in Kenia am 12. Dezember 1970 (Unabhängigkeitstag) gestartet. Er hieß Uhuru, was in Suaheli „Freiheit" bedeutet.

Röntgenteleskop Der amerikanische Chandra-Satellit macht scharfe Röntgenaufnahmen vom All.

auch im direkten Umfeld Schwarzer Löcher, die Materie aus ihrer Umgebung auffangen (s. S. 187). Gammastrahlen schließlich sind die energiereichs-

Goldene Spiegel Der europäische Satellit XMM-Newton besitzt Goldspiegel zur Bündelung kosmischer Röntgenstrahlen.

ten Strahlen, die es gibt. Ebenso wie Röntgenstrahlen werden sie bei starken Sternexplosionen freigesetzt, wie z. B. Supernovae und Gammablitzer (s. S. 185 und 187). Auch bei radioaktiven Vorgängen und bei der Annihilation von Materie und Antimaterie werden Gammastrahlen freigesetzt. Alle diese energiereichen Strahlungsarten können ausschließlich mit Instrumenten beobachtet werden, die sich in einer Erdumlaufbahn befinden, wie z. B. der International Ultraviolet Explorer (IUE), das amerikanische Chandra X-ray Observatory (*x-ray* ist die englische Bezeichnung für Röntgenstrahlen), der europäische Röntgensatellit XMM-NEWTON und der ebenfalls europäische Gammasatellit Integral.

Flammende Sonne Explosionen auf der Sonnenoberfläche tragen viel UV- (links) und Röntgenstrahlung (rechts) in den Weltraum.

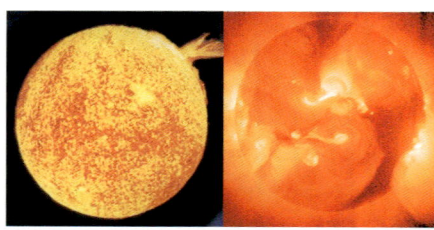

Kosmische Strahlung, Neutrinos und Gravitationswellen

Atomkerne in der kosmischen Strahlung besitzen so viel Bewegungsenergie wie ein kraftvoll geschlagener Tennisball!

Die Astronomie ist eine seltsame Wissenschaft: Der Astronom kann sein Forschungsobjekt nicht mit ins Labor nehmen und vor Ort Messungen vornehmen. Wer mehr über Struktur und Evolution des Weltalls erfahren möchte, ist vollständig auf die Informationen aus dem Kosmos angewiesen, die auf der Erde ankommen. Im Weltall

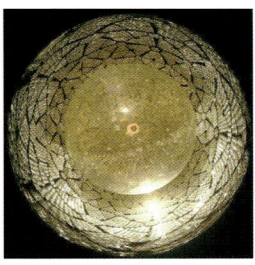

Sauberes Wasser
Ein großer unterirdischer Tank mit ultrasauberem Wasser in Sudbury, Kanada, dient als Detektor für Neutrinos.

entsteht jedoch nicht nur elektromagnetische Strahlung. Phänomene in Entfernungen von Millionen oder Milliarden Lichtjahren hinterlassen auch in anderer Weise ihre Spuren. Kosmische Strahlung ist der Oberbegriff für alle elektrisch geladenen Teilchen, die aus dem Universum auf die Erde gelangen: sich schnell bewegende Elektronen, Protonen (Kerne von Wasser-

stoffatomen) und andere Atomkerne. Die Herkunft dieser energiereichen Teilchen ist nicht immer klar, doch im Allgemeinen nimmt man an, dass sie von Supernovae oder nahe gelegenen aktiven Galaxien stammen. Sie verursachen minimale Lichtblitze in der Atmosphäre oder in einem Wassertank; auf diese Weise werden sie untersucht.

Neutrinos sind elektrisch neutrale Teilchen mit unwesentlich kleiner Masse, die kaum einer Wechselwirkung mit normaler Materie unterliegen. Sie sind in großen Mengen während des Urknalls (s. S. 215) entstanden, doch werden

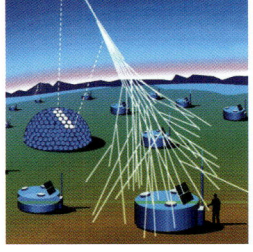

Unsichtbarer Regen
Detektoren des Pierre-Auger-Observatoriums in Argentinien fangen kosmische Teilchenstrahlung aus dem All auf.

sie auch bei Supernova-Explosionen und Kernfusionsreaktionen im Sonneninnern gebildet. Zur Beobachtung von Neutrinos baut man gigantische unterirdische Detektoren, z. B. das Sudbury-Neutrino-Observatorium in Kanada. Gravitationswellen schließlich sind winzige Störungen in der Struktur der Raumzeit, hervorgerufen durch große Massen, die starken Beschleunigungen unterliegen. Sie konnten noch nie beobachtet werden, doch ihre Existenz ist laut Einsteins Relativitätstheorie gesichert. In den Vereinigten Staaten wurde 2002 das Laser Interferometer Gravitational-wave Observatory (LIGO) in Betrieb genommen; im Jahr 2008 soll die amerikanisch-europäische Laser Interferometer Space Antenna (LISA) in eine Erdumlaufbahn gebracht werden.

Minimale Erschütterung Mit Laserstrahlen in kilometerlangen Vakuumröhren versucht man Schwerkraftwellen einzufangen.

Wissenschaftliche Satelliten

Schwere Jungs Das amerikanische Compton-Gamma-Ray-Observatorium war einer der bisher schwersten wissenschaftlichen Satelliten.

Die Astronomie kommt nicht mehr ohne die Raumfahrt aus. Ein Großteil unserer heutigen Kenntnisse über den Weltraum haben wir wissenschaftlichen Kunstmonden (Satelliten) zu verdanken, die von einer Erdumlaufbahn aus For-

schungen in Wellenbereichen vornehmen, die von der Erde aus nicht wahrnehmbar sind. Schon unmittelbar nach der Entsendung des ersten Sputniks im Jahr 1957 wurde an der Entwicklung und dem Bau von Satelliten zur Erforschung der Erde, de

Magnetosphäre, der Sonne und der Sterne gearbeitet. Hierbei spielte die amerikanische NASA (National Aeronautics and Space Administration) von Beginn an eine führende Rolle. Noch heute ist die NASA (gegründet 1958) der wichtigste Finanzier nationaler und internationaler Raumforschung, auch wenn der Löwenanteil des NASA-Budgets für die bemannte Raumfahrt verwendet wird. Die zweite Hauptrolle spielt die European Space Agency (ESA), die 1973 aus der ESRO (European Space Research Organisation) und der ELDO (European space vehicle Launcher Development Organisation) entstand. Die ESA ist eine Organisation zur Zusammenarbeit 15 europäischer Staaten. Auch Japan verfügt über ein eigenes Raumforschungsprogramm, viele andere Staaten wiederum haben wissenschaftliche Satelliten mit amerikanischen, russischen oder europäischen Raketen ausgesetzt. Raumforschung ist ungeheuer teuer. Selbst der Bau eines einfachen kleinen Satelliten kostet bereits einige zehn Millionen Euro. Die wissenschaftlichen Messinstrumente müssen aller-

Abheben Der europäische Infrarotsatellit ISO wurde mit einer Ariane-4-Rakete ins All geschossen.

höchsten Qualitätsansprüchen genügen, damit sie jahrelang unter den extremen Bedingungen des Weltraums funktionieren. Auch die Starts und die Bodenstationen kosten viel Geld. Insgesamt summieren sich die Kosten für einen wissenschaftlichen Satelliten schnell zu mehreren hundert Millionen Euro – erheblich mehr als für ein großes terrestrisches Teleskop erforderlich ist. Die allerteuersten Satelliten kosten sogar mehr als eine Milliarde Euro.

Schwere Jungs

Die ersten wissenschaftlichen Satelliten waren relativ klein und meist auf ein spezielles Forschungsobjekt ausgerichtet, wie z. B. das magnetische Feld der Erde oder die Sonneneruptionen. In den 1970er Jahren wurden die ersten einfachen Ultraviolett-, Röntgen- und Gammasatelliten zur Erforschung von Gestirnen und Sternsystemen ausgesetzt; der erste erfolgreiche Infrarotsatellit (IRAS) folgte 1983. Die Entwicklung starker Trägerraketen und des amerikanischen Spaceshuttles eröffneten den Weg zum Bau größerer und schwererer Satelliten – auch ständig größere Weltraumteleskope schweben den Astronomen vor.

Die NASA und ESA bauten zusammen das erfolgreiche Hubble-Weltraumteleskop (gestartet

1990), das über einen Spiegeldurchmesser von 2,4 m verfügt und Beobachtungen in sichtbarem Licht und in infraroten und ultravioletten Wellenbereichen macht. Andere große amerikanische wissenschaftliche Satelliten sind das Compton-Gamma-Ray-Observatorium (CGRO, 1991–2000), das Chandra Xray Observatory (CXO, 1999) und das Spitzer Space Telescope (SST, 2003). Einige große europäische Satelliten sind der XMM-New-

> *In jeder klaren Nacht kann man schon mit bloßem Auge Satelliten sehen. Als kleine Sternchen ziehen sie über den Himmel – kurz nach der Abenddämmerung gut zu beobachten.*

ton (1999; XMM steht für „X-ray Multi Mirror") und das International Gamma-Ray Astrophysical-Laboratory (INTEGRAL, 2002).

Auch für die Zukunft stehen zahlreiche große wissenschaftliche Satelliten auf dem Programm, wie z. B. der europäische Infrarotsatellit Herschel und das internationale James-Webb-Weltraumtelekop, das einen Spiegeldurchmesser von 6 m erhalten soll. Außerdem werden auch regelmäßig kleinere, relativ kostengünstige Satelliten ausgesetzt, die manchmal erstaunliche Ergebnisse liefern. Einige schöne Beispiele sind: der amerikanische Cosmic Background Explorer (COBE, 1989–1994), der die kosmische Hintergrundstrahlung aufzeichnete (s. S. 228) und der italienisch-niederländische Röntgen- und Gammasatellit Beppo-SAX (1996–2002), der revolutionäre Forschungen an Gammablitzen (s. S. 187) vornahm.

Planetenjagd Mit der Raumsonde Kepler wird in einigen Jahren nach Planeten bei anderen Sternen gesucht.

Computer in der Astronomie

Neben der Aufschlüsselung des elektromagnetischen Spektrums und dem Aufkommen der Raumfahrt gibt es noch eine dritte Säule, auf der die moderne Sternkunde ruht – den Computer. Was bis zu einem gewissen Maß für jede Wissenschaft wichtig ist, gilt insbesondere für die Astronomie: Ohne superschnelle Computer wären die meisten Entwicklungen und Entdeckungen der letzten 20 Jahre nicht möglich gewesen. Natürlich benutzen Astronomen Computer, um ihre Berichte zu schreiben und untereinander E-Mails zu verschicken. Wichtiger ist jedoch der Anteil des Computers an der Beobachtung. Revolutionäre Techniken wie die adaptive Optik und die Interferometrie (s. S. 30) sind ohne die

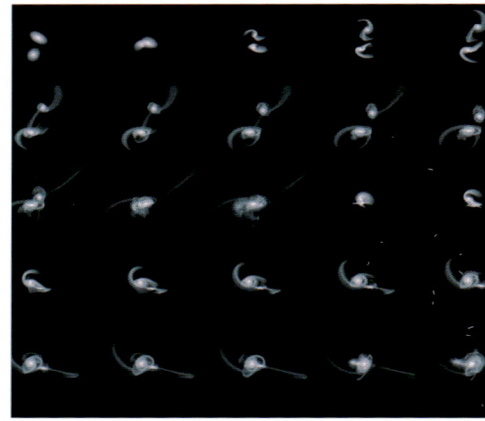

Kosmische Kollision Computersimulation eines Zusammenstoßes von zwei Galaxien.

Der Sloan Digital Sky Survey, ein elektronischer Himmelsatlas, wird bei seiner Fertigstellung im Jahr 2006 15 Terabytes an Daten enthalten – genug für 25 000 CD-ROMs.

extrem leistungsfähigen Computer undenkbar. Zudem werden nahezu alle Messungen heutzutage mit elektronischen Detektoren gemacht. Und für die Analyse der Messergebnisse sind Computer dann wieder unentbehrlich.

Das gilt auch für die Speicherung und Archivierung der enormen Datenmengen. Astronomen der ganzen Welt arbeiten gemeinsam an der Entwicklung eines „virtuellen Observatoriums", in dem bereits die Datenbestände zusammengetragen wurden und ohne Schwierigkeiten genutzt werden können. So wird es bald möglich sein, mit einem einfachen Knopfdruck jede verfügbare Information über ein bestimmtes Sternsystem abzurufen oder in der gigantischen Datenbank nach seltenen Objekten mit ganz speziellen Eigenschaften zu suchen. Schließlich machen auch Theoretiker intensiven Gebrauch von Computern: Sie simulieren kosmische Erscheinungen wie die Explosion eines Stern oder den Zusammenprall zweier Galaxien mit fortschrittlicher Software, um die Ergebnisse solcher Modelle anschließend mit der beobachteten Wirklichkeit zu vergleichen. Da die meisten Prozesse im Weltraum sehr langsam ablaufen oder nicht ausreichend im Detail betrachtet werden können, ist eine detaillierte Computersimulation oft die einzige Chance, zu mehr Wissen zu gelangen.

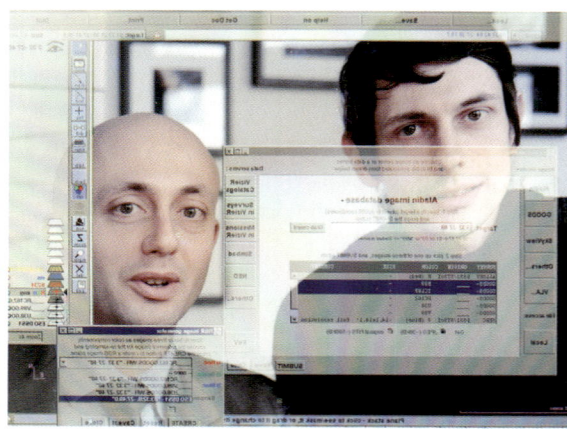

Virtuelle Wirklichkeit Marco Leoni (links) und Markus Dolensky (rechts) sind die geistigen Väter der europäischen virtuellen Sternwarte.

ASTRONOMIE ALS WISSENSCHAFT

Astronomie und Quantenphysik

Astronomie ist die Wissenschaft vom Allergrößten. Dennoch besteht eine intensive Wechselbeziehung zur Quanten- oder Teilchenphysik – der Wissenschaft vom Allerkleinsten. Tatsächlich kann von diesen beiden Wissenschaftsgebieten keines ohne das andere auskommen. Wer den Makrokosmos kennen lernen möchte, kommt nicht ohne den Mikrokosmos aus und umgekehrt. Die Teilchenphysik gewinnt immer größere Bedeutung in der Weltraumforschung. Das ist nicht schwer zu verstehen, denn elementare Teilchen bilden die Grundbausteine aller Planeten, Sterne

Superhaufen von Galaxien – die allergrößten Strukturen im Weltall – sind wahrscheinlich aus winzigen Quantenschwankungen kurz nach dem Urknall entstanden.

Bedingungen untersuchen. Viele Prozesse laufen nur bei außergewöhnlich hohen Temperaturen und Dichten ab. In einem terrestrischen Labor sind derartige Experimente nicht möglich, im All hingegen liegen solche Bedingungen vor. Teilchenphysiker verwenden Neutronensterne, Quasare und sogar den Urknall faktisch als natürliche Laboratorien.

Erst im Verlauf der 1960er Jahre wurde allmählich immer deutlicher, wie viel Querverbindungen zwischen der Astronomie und der Quantenphysik bestehen. Heute spricht man von einer fruchtbaren Symbiose zwischen diesen beiden Wissenschaftsdisziplinen, und regelmäßig werden interdisziplinäre Kongresse organisiert, auf denen insbesondere Schwarze Löcher, Sternexplosionen, seltsame Objekte wie Quarksterne und der Urknall im Zentrum des Interesses stehen. Makro- und Mikrokosmos beziehen sich nun einmal auf dasselbe Weltall.

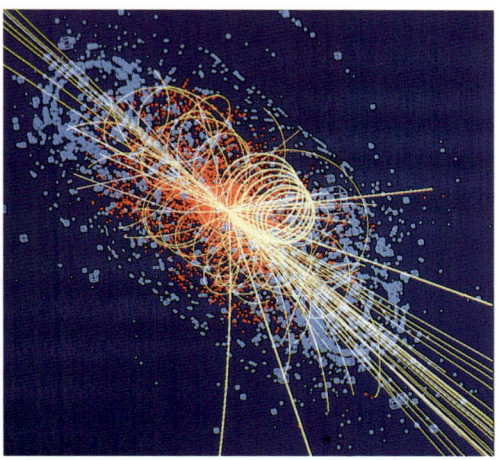

Elementarteilchen In Teilchenbeschleunigern auf der Erde testen Physiker dieselben Prozesse, die auch im Weltraum eine Rolle spielen.

Kosmische Teilchenbeschleuniger Bei Supernova-Explosionen werden Atomkerne mit rasender Geschwindigkeit ins All geblasen.

und Galaxien im Kosmos. Die Entstehung der ersten chemischen Elemente nach dem Urknall, die Kernfusionen im Innern von Sternen, die Wechselwirkung des Sonnenwindes mit dem magnetischen Feld der Erde, die wahre Beschaffenheit der mysteriösen dunklen Materie – ohne eine fundierte Kenntnis der Teilchenphysik sind sie gar nicht erst verständlich.

Umgekehrt gilt, dass die Teilchenphysiker das Universum als Labor benötigen. Wer dem Verhalten der Elementarteilchen auf den Grund gehen will, muss sie unter den extremsten

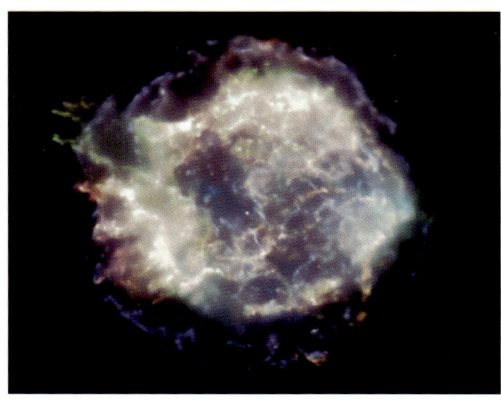

2 Der Sternenhimmel

Orientierung am Sternenhimmel

Wenn wir in einer klaren Nacht draußen stehen, sehen wir den Sternenhimmel, der sich wie eine Kuppel über uns wölbt. Zunächst scheint es uns, als seien alle Sterne gleich weit von uns entfernt, wie kleine Lichter, die an dieser schwarzen Himmelskuppel befestigt sind. In Wirklichkeit befinden sich die Sterne in ganz unterschiedlichen Entfernungen von uns, denn die dritte Dimension ist unsichtbar. Um den sichtbaren Sternenhimmel zu beschreiben, verwenden die Astronomen daher dankbar die imaginäre Himmelskugel, in deren Mittelpunkt der Beobachter auf der Erde steht. Natürlich kann man von der Erde aus nur eine Hälfte der Himmelskugel sehen: und zwar nur jene Sterne, die oberhalb des Horizonts stehen. Die andere Hälfte der Himmelskugel liegt unterhalb des Horizonts. So entsteht das Bild einer vollständigen Himmelskugel, auf der alle Sterne fixiert sind, durchschnitten von einer ebenen Fläche (der Horizont-Ebene) mit dem Beobachter im Zentrum. Der Beobachter sieht lediglich den Teil der Himmelskugel, der sich oberhalb des Horizonts befindet.

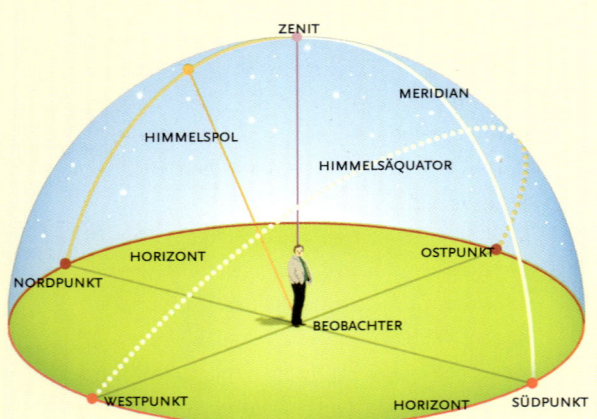

Imaginäre Kugel Den Mittelpunkt einer imaginären Himmelskugel als Modell formen.

Der Punkt am Horizont, der exakt in Richtung Norden liegt, heißt der Nordpunkt. Ebenso gibt

> *Das Wort „orientieren", das wir im täglichen Leben benutzen, hat eigentlich mit der Himmelskugel zu tun. Es bedeutet wörtlich übersetzt „den Osten suchen".*

es auch einen Ostpunkt, Südpunkt und Westpunkt. Dies sind die wichtigsten Kompasspunkte am Horizont. Der Punkt an der Himmelskugel, der sich senkrecht über unserem Kopf befindet, heißt Zenit (Scheitelpunkt). Genau gegenüber dem Zenit, also senkrecht unter unseren Füßen auf der unsichtbaren Hälfte der Himmelskugel, befindet sich der Nadir (Fußpunkt). Rechtwinkl[...] zum Horizont kann man einen zweiten großen Kreis ziehen, der den Nadir, Südpunkt, Zenit u[...] Nordpunkt miteinander verbindet. Das ist der Himmelsmeridian (Mittagslinie), der den Sternenhimmel in eine östliche und eine westliche Hälfte teilt.

> ### Tipp für Sterngucker
> Betrachtet man die Himmelskugel vom Meer oder Flachland aus, erscheint sie abgeflacht: Der Zenit scheint uns näher zu sein als der Horizont. Das ist aber eine optische Täuschung.

Orion geht auf Nur eine Hälfte des Sternenhimmels ist z[...] sehen, die andere liegt unterhalb des Horizonts.

Tag und Nacht

Die imaginäre Himmelskugel existiert natürlich auch tagsüber. Nur dann ist sie nicht schwarz, sondern himmelblau, und daher sind auch keine Sterne zu sehen. Auch tagsüber stehen die Sterne am Himmel, jedoch werden sie vollständig vom Tageslicht überstrahlt.

Tageslicht ist verstreutes Sonnenlicht. Der rote und der gelbe Teil des Sonnenlichts dringt direkt zu uns, doch der blaue Teils des Lichts, der eine kürzere Wellenlänge besitzt, wird von den Luftmolekülen in alle Richtungen reflektiert. Infolge dieser Lichtstreuung erscheint die Sonne etwas gelber als sie tatsächlich ist und der (wolkenlose) Himmel ist blau. In großer Höhe über der Erdoberfläche, wo die Erdatmosphäre viel dünner ist, ist diese Lichtstreuung geringer und der Himmel viel dunkler. Außerhalb der Atmosphäre, z. B. in einer Umlaufbahn um die Erde oder um den Mond, gibt es überhaupt keine Lichtstreuung mehr und der Himmel ist einfach schwarz, auch wenn sich die Sonne oberhalb des Horizonts befindet. Hier sind auch am Tag die Sterne zu sehen.

Infolge der Lichtstreuung erfolgt der Übergang von der Nacht zum Tag nicht plötzlich. Schon

DREI DÄMMERUNGSZEITEN		
BEZEICHNUNG	MAXIMALER STAND DER SONNE UNTER DEM HORIZONT	DURCHSCHNITTLICHE DAUER IN DEUTSCHLAND
Bürgerliche Dämmerung	6°	40 Minuten
Nautische Dämmerung	12°	80 Minuten
Astronomische Dämmerung	18°	120 Minuten

> **Tipp für Sterngucker**
> Farbänderungen bei Sonnenuntergang:
> Die Sonne wird immer roter, da bei einer niedrigen Position über dem Horizont auch gelbes Licht gestreut wird.

geraume Zeit, bevor die Sonne am Horizont auftaucht, beginnt es heller zu werden, und die schwächsten Sterne sind nicht mehr zu sehen. Auch bei Sonnenuntergang dauert es ein Weilchen,

> *Da rotes Licht kaum von den Luftmolekülen gestreut wird, sind Nebelschlusslampen von Autos immer rot. Ein blauer Scheinwerfer ist aus großer Entfernung im Nebel nicht zu sehen.*

bis es vollkommen dunkel wird. Astronomen empfinden es erst als vollständig dunkel, wenn die Sonne 18 Grad (s. S. 52) unterhalb des Horizonts steht. In Deutschland geschieht das in den Sommermonaten sogar mitten in der Nacht nicht; die Astronomen sprechen dann von den „grauen Nächten".

Tagesanbruch In der Morgendämmerung färbt sich der Himmel orange und gelb durch gestreutes Sonnenlicht.

Schwarzer Himmel Auf dem Mond gibt es keine Luft, so dass der Himmel auch tagsüber schwarz ist.

Der veränderliche Sternenhimmel

In Deutschland sieht man einen anderen Teil des Sternenhimmels als in Neuseeland auf der anderen Seite der Erde. Nie sehen wir das Kreuz des Südens; für unsere Antipoden erscheint der Große Bär nie über dem Horizont. Doch auch vom selben Punkt auf der Erde sieht der Sternenhimmel oft anders aus. Dieses wechselnde Himmelsbild wird verursacht durch die tägliche Drehung der Erde um ihre eigene Achse und durch die jährliche Bahn der Erde um die Sonne.

Sterne und Strichspuren Bei langer Fotobelichtung ist zu erkennen, dass sich der Sternenhimmel langsam dreht.

Die tägliche Bewegung des Sternenhimmels kennen wir alle von der Sonne her. Die Sonne geht morgens im Osten auf, erreicht in der Tagesmitte ihre größte Höhe über dem südlichen Horizont und geht abends wieder im Westen unter. Mond, Sterne und Planeten beteiligen sich auch an dieser täglichen Bewegung. Tatsächlich bewegt sich nur die Himmelskugel, die sich um den Beobachter herum zu drehen scheint. Hierbei handelt es sich natürlich nur um eine scheinbare Drehung: In Wirklichkeit dreht sich die Erde um ihre eigene Achse. Infolge dieser Erdrotation sieht der Sternenhimmel nachts ständig anders aus. Wenn man um zehn Uhr abends nach dem Stand der Sterne schaut und dann wieder eine Stunde später, sieht man, dass im Osten neue Sterne über dem

Westliche Drehung Durch die Erdrotation bewegen sich die Sterne von Ost nach West über den Himmel.

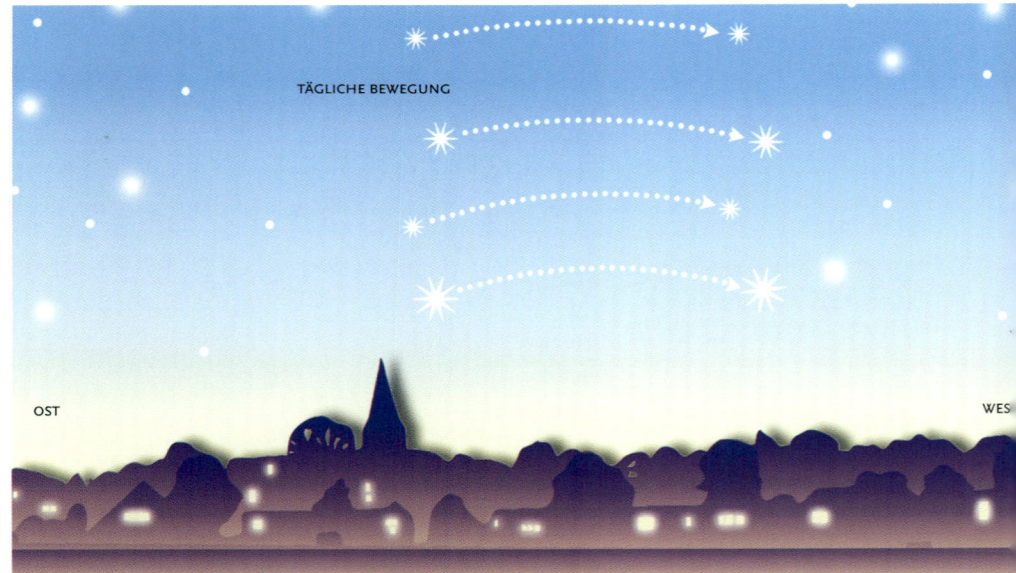

TÄGLICHE BEWEGUNG

OST

WES

> *Eine einfache Sternenuhr aus Pappe kann man auf das richtige Datum einstellen, um dann die Zeit aus dem Stand des Großen Bären abzulesen.*

Tipp für Sterngucker
Messen Sie einmal aus, um welche Uhrzeit ein heller Stern genau über einem Baum steht. Wiederholen Sie dies eine Woche später von derselben Position aus. Wie groß ist der Unterschied?

Horizont aufgetaucht sind, während im Westen Sterne untergegangen sind, die früher am Abend noch zu sehen waren. Auf diese Weise kann man den Sternenhimmel zur Zeitbestimmung nutzen. Natürlich tun wir dies am Tage auch: An der Position der Sonne am Himmel kann man erkennen, ob es Morgen, Mittag oder Abend ist.

Veränderungen im Jahresverlauf

Der Anblick des Sternenhimmels wird jedoch nicht nur von dem Zeitpunkt der Beobachtung, sondern auch vom Datum bestimmt. Am 30. Mai sieht der Sternenhimmel um zwölf Uhr nachts vollkommen anders aus als am 30. November. Diese Veränderungen im Jahresverlauf kommen durch den Lauf der Erde um die Sonne zustande. Schaut man sich etwa um Mitternacht die Sterne an, dann sieht man den Teil der Himmelskugel, der der Sonne gegenüberliegt. Da die Erde sich im Laufe eines Jahres einmal um die Sonne dreht, sehen wir die Sonne immer in einer anderen Richtung, und ebenso verändert sich auch der Teil des Himmels, den wir nachts sehen.

Am 30. Mai steht die Sonne im Sternbild Stier. Dieses Sternbild ist dann also nicht sichtbar: Es steht am Taghimmel und alle Sterne werden von der Sonne überstrahlt. Etwa um Mitternacht sieht man die Sternbilder an der gegenüberliegenden Himmelshälfte: Herkules, Schlangenträger und Skorpion.

Am 30. November steht die Sonne im Sternbild Skorpion. Nachts sind dann Stier, Fuhrmann und Orion zu sehen.

Will man den ganzen Sternenhimmel kennen lernen, so ist man damit mindestens ein Jahr beschäftigt. Und selbst dann kennt man auch nur den Teil des Himmels, der von unserer eigenen Beobachtungsposition aus sichtbar ist.

Wechselnder Anblick **Da die Erde die Sonne umkreist, ist im Jahresverlauf immer ein anderer Teil des Sternenhimmels zu sehen.**

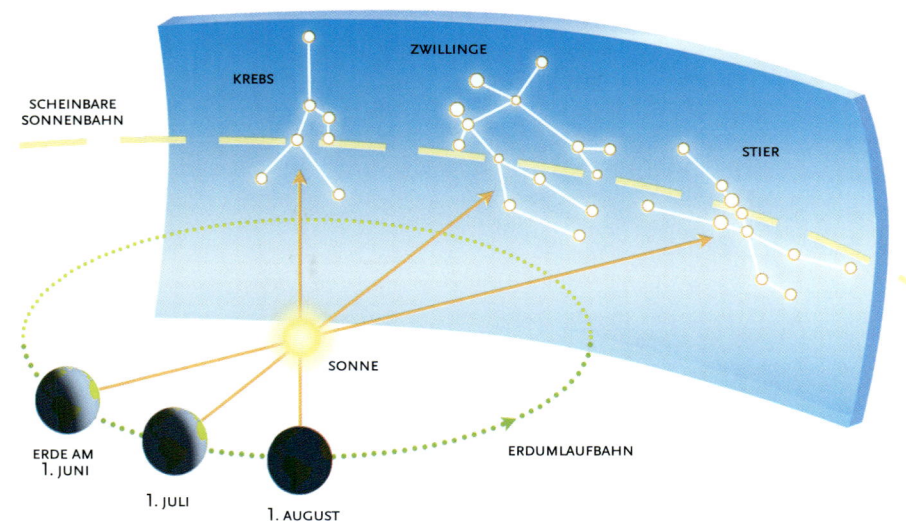

SCHEINBARE SONNENBAHN

ZWILLINGE

KREBS

STIER

SONNE

ERDE AM 1. JUNI

1. JULI

1. AUGUST

ERDUMLAUFBAHN

Die Polhöhe bestimmen

Um am Sternenhimmel ablesen zu können, wie spät es ist, muss man das Datum kennen. Um das Datum nach dem Stand der Himmelskörper ermitteln zu können, muss man wiederum wissen, wie spät es ist. Nur eine Angabe ist immer aus dem Anblick des Himmels abzuleiten: die geografische Breite unserer Position auf der Erde. Auf dem Nordpol steht man wie auf der sich um sich selbst drehenden Erde. Die scheinbare Bewegung der Sterne erfolgt dann parallel zum Horizont. Der Punkt senkrecht über dem Kopf in der Verlängerung der Erdachse scheint still zu stehen, sodass sich alle Sterne um diesen Punkt

> *Der Ausdruck „die Polhöhe bestimmen"*
> *stammt aus der Seefahrt: Anhand der Höhe*
> *des Polarsterns konnten die Seefahrer*
> *ihren Breitengrad auf der Erde bestimmen.*

herum zu bewegen scheinen. Dieser Punkt ist der nördliche Himmelspol: der Schnittpunkt der (verlängerten) Erdachse mit der Himmelskugel. Zufällig steht in der Nähe des nördlichen Himmelspols ein recht heller Stern, der logischerweise Polarstern genannt wird.

Am Nordpol der Erde sieht man den Polarstern also senkrecht über sich stehen, im Zenit also. Alle anderen Sterne scheinen sich im Laufe der Nacht um den Polarstern herum zu drehen, parallel zum Horizont. Vom Äquator aus gesehen befindet sich der Polarstern am Horizont (beim Nordpunkt) und bewegen sich alle Sterne im Laufe der Nacht senkrecht zum Horizont. Irgendwo auf halbem Weg, z. B. in Deutschland, steht der Polarstern etwa in der Mitte zwischen dem Nordpunkt und dem Zenit und die Sterne beschreiben schiefe Bahnen in Bezug auf den Horizont. Die Höhe des Polarsterns über dem nördlichen Horizont (oder genau gesagt: die Höhe des nördlichen Himmelspols) entspricht exakt der nördlichen Breite des Beobachtungsortes. Auf der südlichen Erdhalbkugel gilt Ähnliches: Die Höhe des südlichen Himmelspols über dem südlichen Horizont entspricht der südlichen Breite.

> *Tipp für Sterngucker*
> Achten Sie einmal auf die Position des Polarstern (s. S. 62) während einer Reise nach Südfrankreich, Spanien oder Italien. Der Polarstern steht dort eindeutig niedriger als in Deutschland.

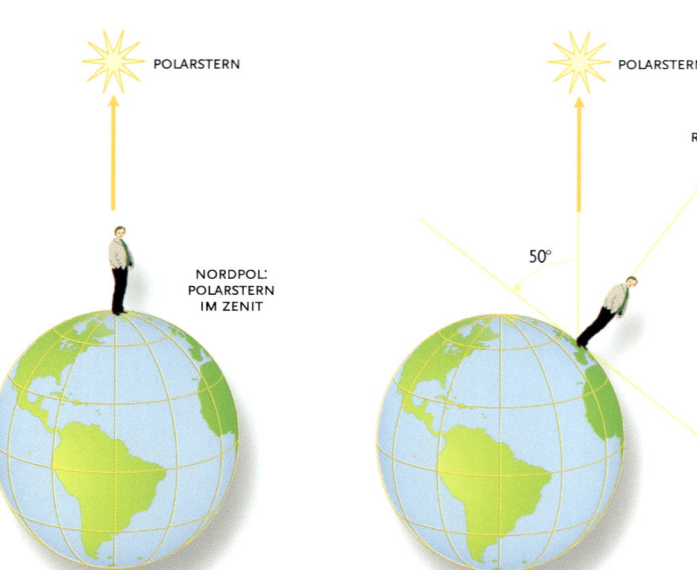

POLARSTERN

POLARSTERN

RICHTUNG ZENIT

NORDPOL: POLARSTERN IM ZENIT

50°

> *Höhe und Breite*
> Die Höhe des Polarsterns über dem Horizont entspricht der nördlichen Breite des Beobachtungsortes.

Sonnenzeit und Sternzeit

Die Erde dreht sich in 24 Stunden einmal um ihre eigene Achse. Oder vielleicht doch nicht? In Wirklichkeit schafft unser Planet in 23 Stunden, 56 Minuten und 4 Sekunden eine vollständige Umdrehung! Dieser Zeitraum wird siderische Rotationszeit der Erde oder kurz der Sterntag genannt. Wenn sich ein bestimmter Stern exakt über dem südlichen Horizont befindet, steht er nach 23 Stunden, 56 Minuten und 4 Sekunden wieder genau im Süden.

Warum hat unser Tag dann 24 Stunden? Das rührt von der Bewegung der Erde um die Sonne her. Infolge dieser Bahnbewegung sehen wir, dass die Sonne im Laufe der Zeit sehr langsam ihre Stellung im Vergleich zu den Sternen verändert. Jeden Tag bewegt sich die Sonne ungefähr ein Grad ostwärts. Wenn die Sonne zu einem bestimmten Zeitpunkt im Süden steht und man wartet 23 Stunden, 56 Minuten und 4 Sekunden (eine vollständige Erdrotation), dann dauert es noch knapp vier Minuten, bis die Sonne wiederum genau oberhalb des südlichen Horizonts steht. Anders gesagt: Der Sonnentag ist etwa vier Minuten länger als der Sterntag.

> *Es gibt tatsächlich Uhren zu kaufen, die die Sternzeit an Stelle der Sonnenzeit angeben. Schön für Astronomen; unpraktisch im täglichen Leben!*

> **Tipp für Sterngucker**
> *Die Sonnenbewegung ist etwas unregelmäßig. Mit einer Sonnenuhr und einer Uhr kann man nachweisen, dass die Sonne Anfang November viel früher im Süden steht als Mitte Februar.*

Eine Sonnenuhr gibt die Sonnenzeit an: Steht die Sonne genau im Süden, dann ist es zwölf Uhr echter lokaler Sonnenzeit. Astronomen arbeiten außerdem auch mit der Sternzeit. Diese gibt genau an, welche Sterne zu einem bestimmten Augenblick

Schattenzeit Eine Sonnenuhr zeigt immer genau die echte örtliche Sonnenzeit an.

exakt im Süden stehen. Nur ein einziges Mal im Jahr, zu Herbstbeginn (meist 22. September), sind Sternzeit und Sonnenzeit gleich.

Übrigens ist die scheinbare Bewegung der Sonne etwas ungleichmäßig, unter anderem weil die Erdbahn kein echter Kreis ist. Im Gegensatz zu den Sonnenuhren geben normale Uhren dann auch keine wahre Sonnenzeit, sondern die mittlere Sonnenzeit wieder.

00ᴴ 00ᴹ 00ˢ
STERN IM SÜDEN
SONNE IM SÜDEN

23ᴴ 56ᴹ 04ˢ
STERN WIEDER
IM SÜDEN

00ᴴ 00ᴹ 00ˢ
SONNE WIEDER
IM SÜDEN

> *Lahme Sonne* Die Erde dreht sich in 23 Stunden, 56 Minuten und 4 Sekunden um ihre Achse, doch erst einige Minuten später steht die Sonne im Süden.

Winkel am Himmel

Winkel und Entfernungen am Sternenhimmel werden in Graden angegeben (nicht in Graden eines Thermometers, sondern in Graden eines Gradbogens oder eines Geodreiecks). Eine andere Möglichkeit gibt es nicht: Für die (scheinbare) Entfernungsmessung zwischen zwei Sternen am Himmel kann man weder Zenti-

Dank der Interferometrie (s. S. 28) können große Radioteleskope kleine Winkel am Sternenhimmel messen, die kleiner sind als eine Zehntausendstel Bogensekunde.

meter, Kilometer noch Lichtjahre verwenden, sondern man wendet die Winkel zwischen den Sichtlinien zu zwei Sternen an.

Wenn zwei Linien senkrecht aufeinander stehen, dann bilden sie einen Winkel von 90 Grad (90°). Der Winkel zwischen Zenit und Horizont ist also auch 90°. Ein solcher rechter Winkel ist eigentlich ein Viertel des vollständigen Kreises (360°). Der sichtbare Teil des Himmelsmeridians (vom Südpunkt über den Zenit zum Nordpunkt) umfasst 180° oder einen halben Kreis.

Ein Grad ist der Winkel, unter dem man einen Eurocent aus einer Entfernung von 93 cm sieht. Der scheinbare Durchmesser des Vollmondes beträgt ein halbes Grad. Um kleinere Winkel zu beschreiben, wird ein Grad in 60 Bogenminuten (60') eingeteilt und jede Minute wieder in Bogensekunden (60"). Eine Bogensekunde ist der Winkel, unter dem man einen Eurocent aus einer Entfernung von etwa drei Kilometern sieht. Mit ausgestrecktem Arm sieht man die Dicke eines Fingers etwa wie 2° am Sternenhimmel, eine Faust etwa 8° und eine ausgestreckte Hand, vom Daumen bis zum kleinen Finger, etwa 20°. Auf diese Weise sind Winkelgrade am Sternenhimmel leicht zu schätzen.

> *Tipp für Sterngucker*
> *Vergleichen Sie die Größe des Vollmondes einmal mit der eines armweit ausgestreckten Eurocents. Dann fällt auf, wie klein der Mond am Himmel ist.*

Praktische Winkel Mit Fingern, Faust und ausgestreckter Hand kann man Winkel am Sternenhimmel messen.

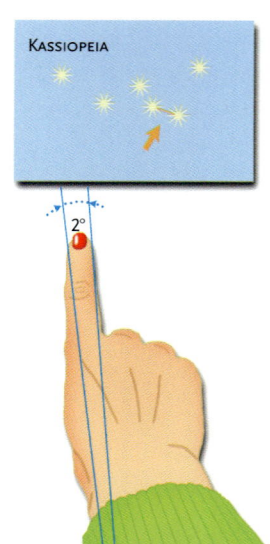

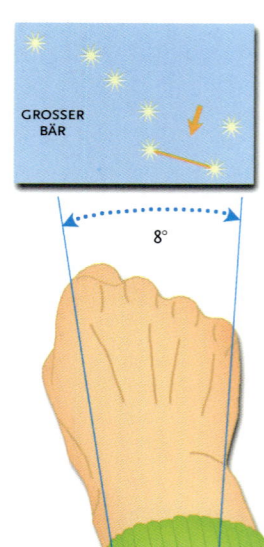

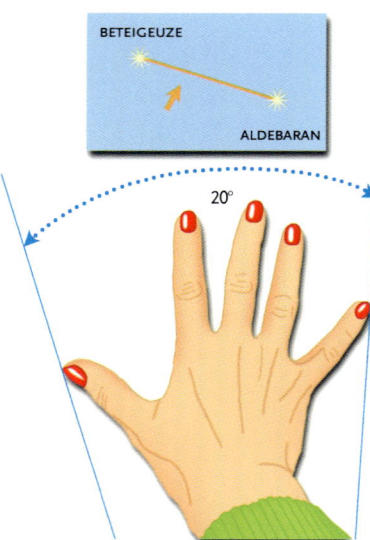

4

Höhe und Azimut

Ausgehend von den Orientierungspunkten an der Himmelskugel (s. S. 50) und gerüstet mit dem Wissen über Grade, Bogenminuten und Bogensekunden (s. S. 56) ist es ganz einfach, die Position eines Sterns oder eines anderen Himmelskörpers genau anzugeben. Für jeden Stern am Himmel gilt, dass er auf einer bestimmten Höhe über dem Horizont in einer bestimmten Kompassrichtung steht. Mit diesen beiden Angaben kann jede Position an der Himmelskugel bezeichnet werden.

Die Kompassrichtung (Azimut genannt, arabisch „der Weg") wird von dem Nordpunkt aus über den Ostpunkt, Südpunkt und Westpunkt gemessen. Der Nordpunkt hat einen Azimut von 0°, der Ostpunkt von 90°, der Südpunkt von 180° und der Westpunkt von 270°. Die Höhe oberhalb des Horizonts wird auch in Graden ausgedrückt: Ein Stern am Horizont besitzt eine Höhe von 0°, der Zenit hat eine Höhe von 90°.

Mit diesen beiden Himmelskoordinaten kann jeder Punkt an der Himmelskuppel definiert werden. Das topozentrische Koordinatensystem von Azimut und Höhe ist z. B. praktisch, wenn man wissen möchte, ob eine seltene Himmelserscheinung wie z. B. eine Mondfinsternis von einem bestimmten Beobachtungsplatz aus zu sehen ist oder ob sie hinter Bäumen oder Häusern versteckt stattfindet.

Der Nachteil dieser Methode ist natürlich, dass Höhe und Azimut eines Himmelskörpers sich ständig infolge der täglichen Bewegung des Sternenhimmels ändern. Geht ein Stern genau im

> *Der Polarstern ist der einzige Stern, dessen Azimut und Höhe sich kaum verändern: der Azimut ist 0°; die Höhe (für einen Beobachter in Nordrhein-Westfalen) 52°.*

Westen auf, ist sein Azimut 90° und seine Höhe 0°; in den folgenden Stunden steigen beide Koordinaten; nach der Meridianpassage im Süden nimmt der Azimut weiterhin zu, doch die Höhe sinkt wieder. Azimut und Höhe eines Himmelskörpers hängen also von Datum, Zeitpunkt und Beobachtungsposition auf der Erde ab.

Horizontal und vertikal Das Koordinatensystem von Azimut und Höhe orientiert sich am Horizont. Azimut und Höhe eines Himmelskörpers verändern sich ständig.

STERN

HÖHE

HORIZONT

NORDPUNKT   AZIMUT

DER STERNENHIMMEL

Rektaszension und Deklination

Das Koordinatensystem von Azimut und Höhe (s. S. 57) ist praktisch auf den Horizont fixiert. Die Horizont-Ebene ist die Bezugsfläche des Systems, der Nordpunkt ist der Bezugspunkt und der Zenit ist der „Pol" des Koordinatensystems. Um die Position eines Himmelskörpers unabhängig vom Zeitpunkt und dem Beobachtungsort angeben zu können, braucht man ein Koordinatensystem, das in Bezug auf den rotierenden Sternenhimmel fixiert ist. Dies nennt man das äquatoriale Koordinatensystem. Die Bezugsfläche des äquatorialen Systems ist die Äquatorfläche der Erde. Diese Fläche teilt

> *Da die Erdachse wie ein Kreisel taumelt (s. S. 73), verändern sich Rektaszension und Deklination eines Himmelskörpers sehr langsam im Laufe vieler Jahre.*

die Himmelskugel und bildet dort den Himmelsäquator. Der Ort auf dem Himmelsäquator, wo die Sonne zu Beginn des Frühlings steht (Frühlingsäquinoktium), ist der Bezugspunkt des Systems, die Pole sind der nördliche und südliche Himmelspol.

Statt der östlichen oder westlichen Längen verwenden Astronomen die so genannte Rektaszension, die vom Frühlingspunkt aus in östlicher Richtung gemessen wird. Da die Rotation des Sternenhimmels eng mit unserer Zeitrechnung verknüpft ist, wird der Himmelsäquator meist nicht in 360° sondern in 24 Stunden aufgeteilt, die jeweils wiederum aus 60 Minuten mit jeweils 60 Sekunden bestehen.

Statt der nördlichen und südlichen Breite verwenden Astronomen die so genannte Deklination. Diese ist positiv, wenn ein Himmelskörper sich nördlich des Himmelsäquators befindet und negativ, wenn er südlich davon ist. Der nördliche Himmelspol besitzt also eine Deklination von +90°. Der Frühlingspunkt besitzt eine Rektaszension von 00^h 00^m 00^s und eine Deklination von 0°. In einem Sternkatalog wird zu jedem Stern die Rektaszension und die Deklination angegeben. Damit liegt die Position des Sterns am Himmel fest, ebenso wie eine Position auf der Erde auf der Basis der geografischen Länge und Breite festliegt.

Mitdrehende Koordinaten Rektaszension und Deklination orientieren sich am Himmelsäquator.

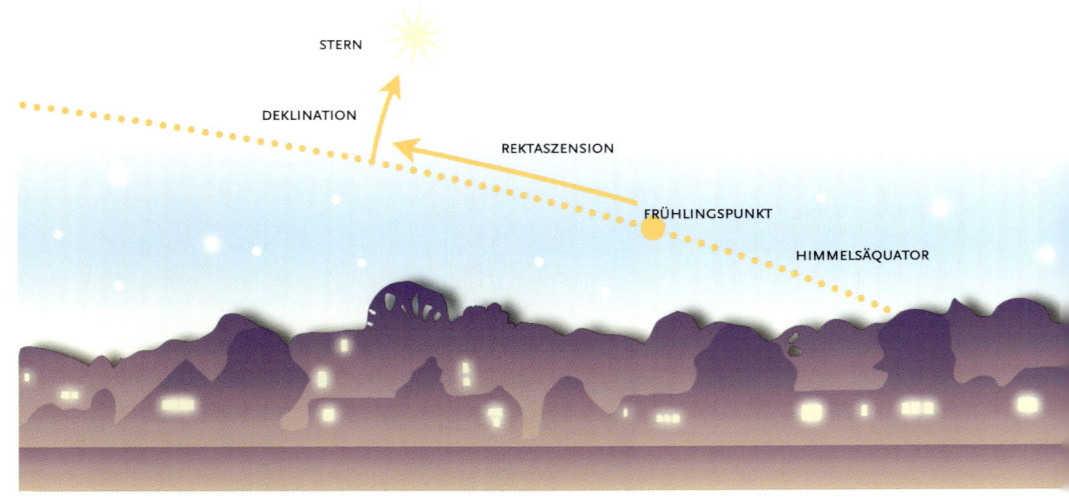

STERN

DEKLINATION

REKTASZENSION

FRÜHLINGSPUNKT

HIMMELSÄQUATOR

Lichtverschmutzung

Damit man die Sterne gut sehen kann, muss es dunkel sein. Am Tage „ertrinken" die schwachen Sterne im Tageslicht, und selbst bei Vollmond sind viel weniger schwache Sterne zu sehen als in einer mondlosen Nacht. Auch Kunstlicht aus der direkten Umgebung des Beobachters stört den Anblick des Sternenhimmels. Lichtverschmutzung ist eines der größten Probleme für die Astronomie, an den meisten Orten auf der Erde wird es einfach nicht mehr richtig dunkel. Wenn man den Sternenhimmel aus der Nähe einer Straßenlaterne oder einer anderen Lichtquelle betrachtet, können die Augen sich nicht vollständig an die Dunkelheit anpassen und außerdem gelangt ein störendes „Streulicht" auf die Netzhaut. Sogar mitten in einer Großstadt kann man sehr viel mehr Sterne sehen,

> ## Tipp für Sterngucker
> Blickt man in der Stadt durch eine leere Papprolle nach einem hellen Stern und zählt dabei die erkennbaren schwächeren Sterne, stellt man einen Unterschied gegenüber dem Land fest.

Störendes Licht In städtischen Gebieten ist der Sternenhimmel wegen der Lichtverschmutzung kaum noch sichtbar.

Nächtliches Europa Auf Satellitenfotos sind die größten Ballungsgebiete klar erkennbar. Es wird fast nirgends mehr richtig dunkel.

wenn man sich an einen dunklen Platz stellt, der nicht direkt von Straßenbeleuchtung oder anderen Lichtquellen beschienen wird. Doch was in der Stadt immer störend wirkt, ist der Einfluss des gesamten Kunstlichts auf die Klarheit des Himmels über uns. Über jeder Stadt schwebt ein orangefarbener Schein, in dem die meisten Sterne ertrinken. Sogar viele Kilometer außerhalb einer Großstadt ist der Einfluss dieser

> *Tschechien ist das erste Land, in dem Lichtverschmutzung (seit Sommer 2002) gesetzlich unterbunden wird. Bußgelder bis zu 5000 Euro sind möglich.*

„Lichtkuppel" spürbar. Vereine wie die Initiative Dark Sky der Vereinigung der Sternfreunde verschaffen sich Einblick in das Problem der Lichtverschmutzung und versuchen, etwas dagegen zu unternehmen, indem sie die Behörden dazu bewegen, die öffentliche Beleuchtung so anzupassen, dass möglichst wenig Licht nach oben strahlt.

Was ist ein Sternbild?

Die Sterne sind recht willkürlich über den Himmel verteilt. Manchmal stehen einige helle dicht beieinander, wodurch sie besonders als Gruppe auffallen. Mit viel Fantasie kann man in einer solchen Gruppe von Sternen ein Tier, einen Menschen oder Gegenstand erkennen. So entstanden vor Jahrtausenden die ersten Sternbilder. Im Sternkatalog von Claudius Ptolemäus (s. S. 14) wurden die Sterne bereits in 48 Sternbilder unterteilt, z.B. der Große Bär, Löwe, Orion, Herkules, Schwan und Drache. Diese antiken Sternbilder sind noch heute gebräuchlich. Früher waren die Sternbilder nicht genau abgegrenzt. „Orion" war einfach der Name eines Gebiets am Sternenhimmel; „Stier" der Name für ein angrenzendes Gebiet. Ob ein Stern irgendwo halb zu Orion oder halb zum Stier (oder vielleicht zu keinem von beiden) gehörte, war nicht klar, ebenso wie es

Tipp für Sterngucker
Einige Sternbilder bestehen aus schwachen Sternen und sind schwer zu erkennen. Versuchen Sie anhand der Sternkarten in diesem Buch die Giraffe zu finden!

schwierig ist zu sagen, ob Wesel im Ruhrgebiet liegt oder nicht.

1930 wurden die Grenzen der Sternbilder jedoch von der International Astronomical Union exakt festgelegt. Ähnlich wie Deutschland ganz genau in zahlreiche seltsam umrissene Gemeindegebiete eingeteilt ist, so ist auch der Sternenhimmel sehr genau in 88 bizarr geformte Sternbilder eingeteilt. Und ebenso wie von jedem Haus in Deutschland bekannt ist, in welcher Gemeinde es steht, ist für jeden Stern am Himmel festgelegt, in welchem Sternbild er steht.

Die verschiedenen Sterne eines Sternbilds haben

Neben den Sternbildern gibt es auch inoffizielle „Sterngruppen", wie z. B. das Sommerdreieck, das sich aus hellen Sternen verschiedener Sternbilder zusammensetzt.

übrigens oft nichts miteinander zu tun. Das Einzige, was zählt, ist die Position am Himmel. Eine sehr weit entfernte Galaxie kann am Himmel in der Nähe eines schwachen nahe gelegenen Zwergsterns stehen und folglich zum selben Sternbild gehören.

Stier aus Sternen Abbildung aus der Aratea, einem karolingischen Manuskript aus dem 9. Jahrhundert.

Genaue Grenzen Moderne Wiedergabe des Sternbildes Stier. Die Grenzen der Sternbilder sind genau definiert.

Sternbilder bei anderen Völkern

Ägyptisches Relief Ansicht des Sternenhimmels
auf einem Relief aus dem Tempel von Dendera.

VARIATIONEN ZU ORION	
VOLK, KULTUR	**BEZEICHNUNG DES STERNBILDES ORION**
Griechen	Orion (Jäger und Krieger)
Ägypter	Osiris (Gott des Lichtes)
Taulipang-Indianer	Zilikawai (verwundeter Mann)
Chimu-Indianer (Peru)	Verbrecher mit vier Geiern
Chinesen	Tsan (militärischer Führer)
Hindi	Prajápati (erlegter Hirsch)
Bewohner der Marshall-Inseln	Oktopus mit Fischen
Dayak (Borneo)	Tierfell
Bororo-Indianer (Brasilien)	Jabuti (Schildkröte)
Maori (Neuseeland)	Kanu von Tamarereti

Bei den Ägyptern trugen einige Sternbilder bereits einen anderen Namen als bei den Griechen. Der Drache wurde von den Ägyptern beispielsweise als ein Nilpferd gesehen; die hellsten Sterne des Großen Bären bildeten eine Rinderhüfte. So kennt jede Kultur ihre eigenen Sternbilder. Leider sind viele Informationen darüber im Laufe der Zeit verloren gegangen.

In China wurde der Große Bär (auch als *Stieltopf* und Großer Wagen bekannt) *beidou* (der „Nördliche Löffel") genannt. Einige sehr schwache Sterne in dem „Topf" des Großen Bären bildeten zusammen *Tian li* – das „Zentrum der Weisheit". Die Hinterpfoten des Bären wurden *Tianlao* genannt, das „himmlische Gefängnis". Die chinesischen Sternbilder sind viel kleiner und zahlreicher als die griechischen; im *Lingtai Yixiang Zhi*

> *Julius Schiller wollte den Sternenhimmel im 17. Jahrhundert mit biblischen Sternbildern wie den zwölf Aposteln und den Weisen aus dem Morgenland christianisieren.*

(„Annalen des Kaiserlichen Observatoriums"), das im 17. Jahrhundert auf der Grundlage alter chinesischer Quellen zusammengestellt wurde, sind Angaben zu mehr als 1129 Sternen in wohlgemerkt 259 Sternbildern verzeichnet.

Die Indianer in Südamerika wiederum kannten eine vollkommen andere Einteilung des Sternenhimmels. Sie kannten den Jaguar (*Kaitusiyuman*, identisch mit der Nördlichen Krone und einem Teil des Sternbildes Bootes), die Feuerstelle (*Siritjo sura-richting*, identisch mit dem Mittelteil des Pegasus) und den Kiefer des Tapirs (*Maipuriyuman*, die Sterne in der direkten Umgebung des hellen Sterns Aldebaran im Sternbild Stier). Außerdem kannten viele Indianerstämme auch „dunkle" Sternbilder: auffallende dunkle Wolken im hellen Band der Milchstraße. Einige dieser „dunklen" Sternbilder sind die Kröte, der Fuchs, das Lama und das Lamajunge.

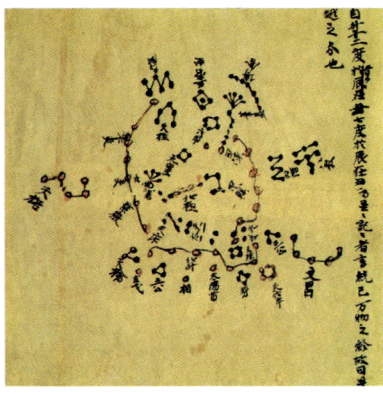

Der Himmel im Osten Chinesische Sternkarte aus dem 10. Jahrhundert. Der Große Wagen (unten) hieß bei den Chinesen der Nördliche Löffel.

Der Große Bär und der Polarstern

Der Große Bär ist mit Abstand das bekannteste Sternbild. Und das zu Recht: Es zählt sieben helle Sterne (die zusammen den berühmten Großen Wagen bilden) und ist von Deutschland aus in jeder klaren Nacht zu sehen. Ebenso wie das w-förmige Sternbild Kassiopeia befindet sich der Große Bär nahe beim Polarstern. Es verschwindet daher nie hinter dem Horizont. Solche Sternbilder wer-

den Sternen Merak und Dubhe an der Seite des Wagens weist in die Richtung des Polarsterns. Der Polarstern ist nicht der hellste Stern am Himmel, wie oft angenommen wird; er ist etwa ebenso hell wie die sieben Sterne des Großen Wagens. Der Polarstern bildet die Schwanzspitze des Kleinen Bären. Auf der anderen Seite des Polarsterns, etwa gegenüber vom Schwanz des Großen

den zirkumpolare Sternbilder genannt. Die sieben hellen Sterne des Großen Wagens bilden praktisch nur Schwanz und Unterleib des Großen Bären. Die Sterne, die den Kopf und die Tatzen des Bären darstellen, sind viel schwächer. In einer dunklen mondlosen Nacht sind sie jedoch gut zu finden. Kennt man den Großen Bären, ist der Polarstern einfach zu finden. Die imaginäre Verbindungslinie zwischen

Bären befindet sich das w-förmige Sternbild Kassiopeia, das ebenfalls zu den zirkumpolaren Sternbildern gehört. Andere bekannte zirkumpolare Sternbilder sind Kepheus und der Drache, ebenso Kassiopeia.

Geht nie unter Die Sternbilder um den nördlichen Himmelspol sind zirkumpolar: sie versinken nie unter den Horizont.

ANDROMEDA · EIDECHSE · M39 · Deneb · SCHWAN · 6826 · KASSIOPEIA · Doppelsternhaufen · PERSEUS · Kapella · KEPHEUS · GIRAFFE · FUHRMANN · LEIER · DRACHE · Polarstern · +90° · +80° · KLEINER BÄR · LUCHS · HERKULES · M81 · +70° · BOÖTES · +60° · M101 · M51 · JAGDHUNDE · GROSSER BÄR · +50°

Sternbilder der südlichen Halbkugel

Ebenso wie die Sternbilder, die in Deutschland nie hinter dem Horizont verschwinden, gibt es auch Sternbilder, die in unseren Regionen nie zu sehen sind, wie z.B. der Zentaur, der Pfau, das Schiff und natürlich das Kreuz des Südens. Um diese Sternbilder sehen zu können, muss man in südliche Länder reisen, am besten auf die

südliche Sternhimmel kennt mehr helle Sterne, schöne Nebel und Sternhaufen als der nördliche Himmel. Auch der südliche Teil der Milchstraße ist heller und eindrucksvoller als der nördliche Teil, da wir hier mehr oder weniger in Richtung Zentrum des Milchstraßensystems schauen.

Außerdem sind auf der südlichen Halbkugel die Magellanschen Wolken zu sehen: zwei kleine Begleiter des Milchstraßensystems. Das Kreuz des Südens ist das bekannteste Sternbild am süd-

südliche Halbkugel. Die europäischen Seefahrer brachten im 16. und 17. Jahrhundert den südlichen Sternenhimmel erstmals auf Bitten von Astronomen genau zu Papier. Insbesondere der deutsche Astronom Johann Bayer hat viele „neue" Sternbilder eingeführt. Er benannte sie nach exotischen Tieren: Paradiesvogel, Fliegender Fisch, Tukan usw. Der

lichen Himmel. Es setzt sich aus einer kleinen Gruppe von vier hellen Sternen zusammen, die eigentlich eher einem Drachen ähnelt als einem Kreuz. Im März und April steht es um Mitternacht hoch am Himmel. Der lange Balken des Kreuzes zeigt in Richtung des südlichen Himmelspols, der leider nicht durch einen auffallenden Stern gekennzeichnet ist.

Nie zu sehen Die Sternbilder rund um den südlichen Himmelspol sind von Europa aus nie zu sehen.

DER STERNENHIMMEL

Der Sternenhimmel im Frühjahr

Wie ein Schöpflöffel Die sieben hellsten Sterne des Großen Bären (der Große Wagen) stehen im Frühjahr hoch am Himmel, fast im Zenit.

Tipp für Sterngucker
Zwischen Zwillingen und Löwe liegt das unauffällige Sternbild Krebs. Hier kann man mit einem Fernglas auf die Suche nach dem offenen Sternhaufen Krippe (M 44) gehen.

Im Frühjahr steht der Große Bär abends hoch am Himmel, beinahe im Zenit. Das Sternbild Kassiopeia ist dann ziemlich niedrig über dem Horizont im Norden zu finden. Rechts oberhalb von Kassiopeia liegt Kepheus, ein anderes zirkumpolares Sternbild. Der lang gestreckte Drache windet sich zwischen dem Großen und dem Kleinen Bären hindurch, mit seinem kleinen auffallenden Kopf oberhalb des nordöstlichen Horizonts.

Sowohl im Nordosten als auch im Nordwesten befindet sich ein heller Stern. Wega im Sommersternbild Leier findet man direkt unter dem Kopf des Drachen; Kapella im Wintersternbild Fuhrmann dominiert am nordwestlichen Himmel. Oberhalb des westlichen Horizonts sind noch mehr helle Wintersterne zu sehen: Prokyon im Sternbild Kleiner Hund, Kastor und Pollux in den Zwillingen und niedrig über dem Horizont – Beteigeuze im Sternbild Orion. Die drei auffallendsten Frühlingssternbilder über dem süd-

Königliches Sternbild Der Löwe ist das auffälligste Sternbild am Frühlingssternhimmel.

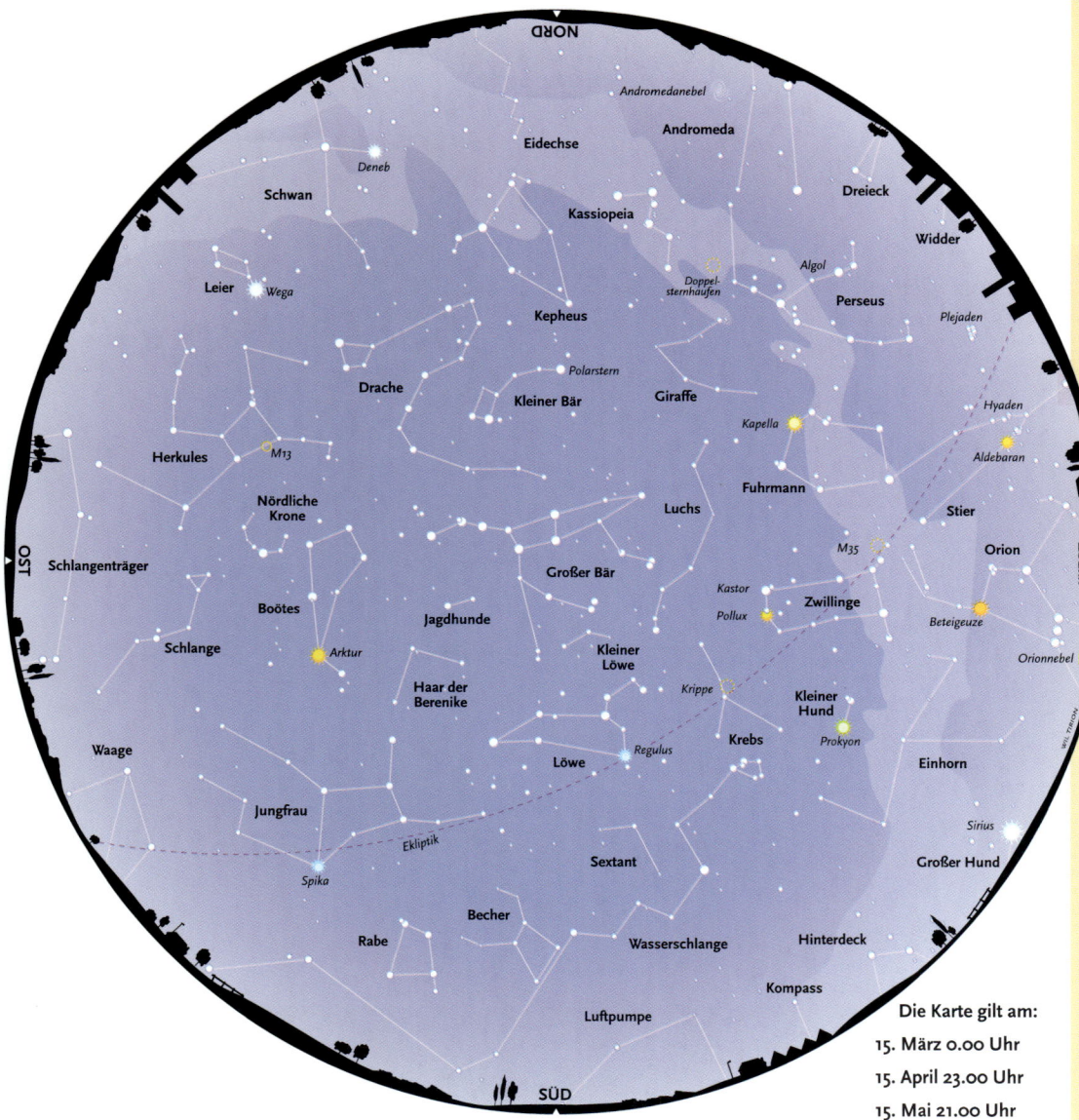

Die Karte gilt am:
15. März 0.00 Uhr
15. April 23.00 Uhr
15. Mai 21.00 Uhr

lichen Horizont sind Löwe, Jungfrau und Bootes (Bärenhüter). Wer den Bogen des Schwanzes vom Großen Bären in Gedanken verlängert, gelangt zu dem orangefarbenen Stern Arktur im Sternbild Bootes, dann zu einem blauweißen Stern namens Spika im Sternbild Jungfrau.

> *Die Wasserschlange ist, was die Fläche betrifft, das größte Sternbild am Himmel; es umfasst 1303 Quadratgrad. Das kleinste ist das Kreuz des Südens mit 68 Quadratgrad.*

Regulus ist der hellste Stern im Sternbild Löwe. Weniger auffallende Sternbilder sind Nördliche Krone und Herkules (im Osten) und die lang gestreckte Wasserschlange, die sich über den südlichen Horizont legt. Das kleine Sternbild Rabe, ziemlich niedrig im Süden gelegen, fällt gerade deshalb auf, weil sich wenig andere Sterne in der Nähe befinden.

Die Milchstraße liegt im Frühling tief über dem nordwestlichen Horizont und ist nicht gut zu sehen. Auffallende Meteorschwärme in den Frühlingsmonaten sind die Virginiden (mit ihrem Höhepunkt um den 25. März) und die Lyriden (22. April).

DER STERNENHIMMEL

Der Sternenhimmel im Sommer

Sommerlicher Schwan Ein heller Meteor vor dem Sternbild Schwan. Diese lang belichtete Aufnahme entstand mit Normalobjektiv.

Der hellste Stern am nächtlichen Sommerhimmel ist die Wega im Sternbild Leier. Die Wega steht sehr hoch oben am Himmel, beinahe im Zenit. Sie bildet einen der Eckpunkte des auffallenden Sommerdreiecks; die anderen beiden Ecksterne sind Deneb im Sternbild Schwan und Atair im Sternbild Adler.

Im Südwesten sind die Frühlingssterne Arktur und Spika noch sichtbar, während über dem östlichen Horizont das Herbst- oder Pegasusquadrat schon

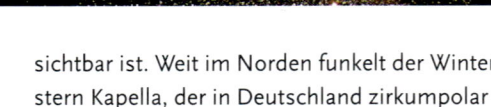

> **Tipp für Sterngucker**
> *Lohnend ist die Suche nach dem Delfin, einem kleinen, jedoch sehr auffallenden Sternbild genau im Osten (links) des Sterns Atair im Sternbild Adler.*

sichtbar ist. Weit im Norden funkelt der Winterstern Kapella, der in Deutschland zirkumpolar is und somit niemals unter den Horizont taucht. Der Große Bär muss nur hoch im Westnordwester gesucht werden. Noch höher am Himmel steht der Drache mit dem kleinen Kopf genau im Zeni Kassiopeia befindet sich im Nordosten, darunter die auffallenden Sterne von Andromeda. Hoch oben am südlicher

Sommerlicher Schütze Knap über dem Horizont steht das Sternbild Schütze. Die Milchstraße ist hier besonders hell

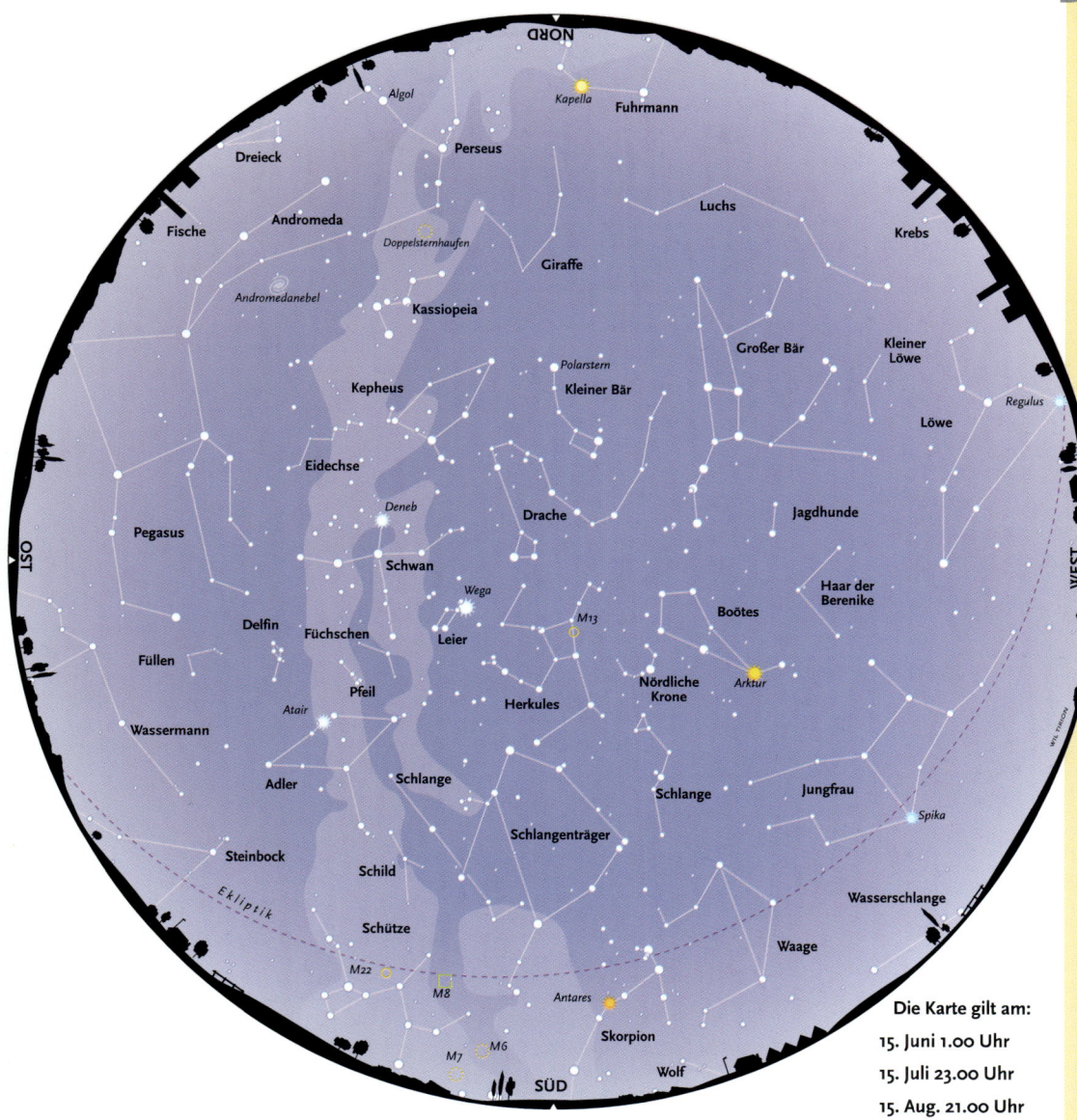

Die Karte gilt am:
15. Juni 1.00 Uhr
15. Juli 23.00 Uhr
15. Aug. 21.00 Uhr

Himmel zeigen sich die typischen Sommersternbilder Herkules und Schlangenträger. Sie bestehen aus nicht sehr vielen hellen Sternen, die mit einer Sternkarte am Himmel aufzuspüren sind. Dasselbe gilt auch für die Tierkreissternbilder Waage (niedrig im Südwesten) und Steinbock (niedrig im Südosten).

Viel auffallender sind der Skorpion mit dem hellen orangefarbenen Stern Antares und der Schütze. Leider stehen diese herrlichen Sternbilder nur sehr niedrig über dem Horizont.

In einer mondlosen Sommernacht ist die Milchstraße hoch über dem östlichen Horizont ausgezeichnet zu sehen. Von den vielen Meteorschwärmen im Sommer (s. S. 162) sind die Perseiden, mit dem Höhepunkt etwa am 12. August, bei weitem die spektakulärsten.

> *Deneb und Wega leuchten etwa gleich hell. In Wirklichkeit ist Deneb jedoch 60-mal so weit entfernt von der Erde; er strahlt also viel mehr Energie aus als Wega.*

DER STERNENHIMMEL

67

Der Sternenhimmel im Herbst

In den Herbstmonaten steht der Große Bär abends niedrig über dem nördlichen Horizont. Kassiopeia und Kepheus stehen dagegen hoch am Himmel; Kassiopeia befindet sich fast im Zenit. Der Drache schwebt hoch oben im Nordwesten; zwischen dem Kopf des Drachen und dem westnordwestlichen Horizont steht das Sternbild Herkules.

Ziemlich hoch über dem westlichen Horizont ist das Sommerdreieck noch sehr gut zu sehen: Deneb im Sternbild Schwan, Wega in der Leier und Atair im Adler. Im Osten erscheinen nun schon die Wintersternbilder: der Fuhrman mit seinem Hauptstern Kapella, der Stier mit Aldebaran und den Plejaden und – tiefer über dem Horizont – Orion und die Zwillinge.

Das charakteristische Herbstviereck oder Pegasusquadrat steht hoch oben im Süden. Es ist Bestandteil des Sternbilds Pegasus, obwohl die

Tipp für Sterngucker
In einer mondlosen Herbstnacht kann man sich in dunkler Umgebung auf die Suche nach der Andromeda-Galaxie machen, das am weitesten entfernte Objekt, das ohne Fernglas sichtbar ist (s. S. 204).

Himmlischer Held Das Sternbild Perseus, benannt nach einem Helden der griechischen Mythologie, steht im Herbst hoch am Himmel.

linke obere Ecke des Pegasusquadrats offiziell zu Andromeda gehört, einem lang gezogenen Sternbild, das sich zum Osten hin erstreckt.

Zwischen Andromeda und Fuhrmann befindet sich das Sternbild Perseus, das einen schönen Bogen von Kassiopeia zu den Plejaden

Fliegendes Pferd Das Herbstviereck bildet das Zentrum des Sternbildes Pegasus, das fliegende Pferd aus der griechischen Mythologie.

5

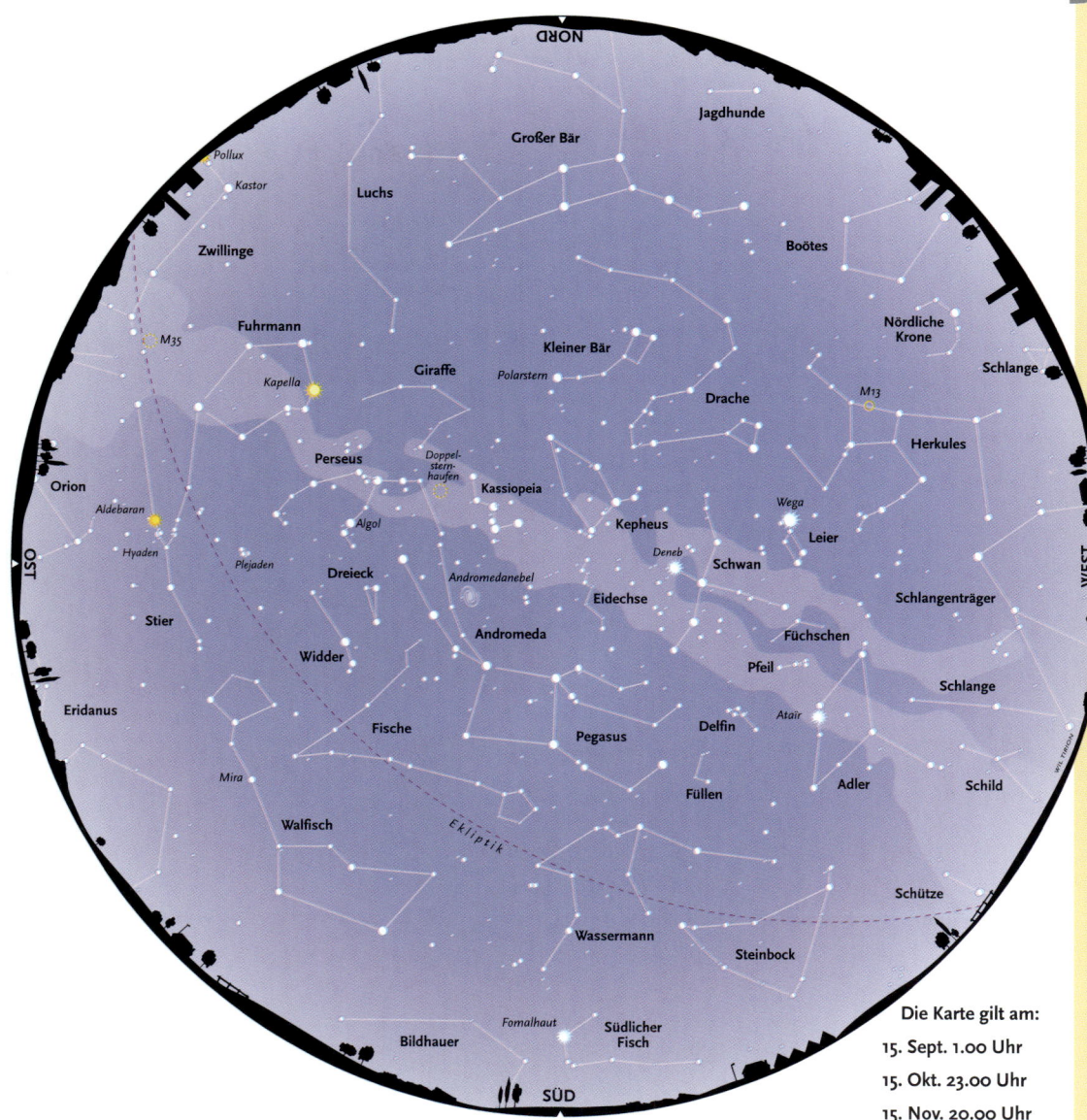

beschreibt. Perseus und Kassiopeia liegen mitten in der Milchstraße, die sich von Osten nach Westen über die Himmelskuppel erstreckt. Neben dem Stern Fomalhaut im Südlichen Fisch, sehr niedrig am Himmel zu sehen, stehen

Im Sternbild Pegasus wurde 1995 zum ersten Mal ein Planet bei einem anderen Stern entdeckt. Dieser Stern, 51 Pegasi, ist gerade noch mit bloßem Auge zu sehen (s. S. 242).

wenig helle Sterne am südlichen Horizont. Einige Ausnahmen sind Hamal im Sternbild Widder (hoch im Südosten), Deneb Kaitos im Walfisch (ziemlich niedrig im Süden) und Enif im Pegasus im Südwesten.

Die schönsten Sternschnuppenschwärme im Herbst sind die Orioniden mit ihrem Maximum um den 22. Oktober, die Tauriden (6. November), die Leoniden (17. November) und der besonders reichhaltige Strom der Geminiden (14. Dezember).

DER STERNENHIMMEL

Der Sternenhimmel im Winter

Im Winter ist der Sternenhimmel am allerschönsten. Hoch über dem südlichen Horizont sind unzählige helle Sterne sichtbar, unter ihnen auch die Sterne des Wintersechsecks: Rigel im Sternbild Orion, Aldebaran (Stier), Kapella (Fuhrmann), Kastor (Zwillinge), Prokyon (Kleiner Hund) und Sirius (Großer Hund). Sirius ist der hellste Stern am ganzen Nachthimmel.

Mehr oder weniger in der Mitte des Wintersechsecks befindet sich der orangerote Stern Beteigeuze, der die Schulter des Orion markiert. Auf halber Strecke zwischen Beteigeuze und Rigel sind die drei Gürtelsterne des Orion zu sehen. Aldebaran zeigt auch einen

Sternhaufen im Stier Im Winter sind die Plejaden (rechts oben) und die Hyaden (links unten) gut zu sehen – zwei offene Sternhaufen im Sternbild Stier.

orangenen Farbton, Rigel und Sirius dagegen sind etwas blauer. Der gelbe Stern Kapella steht fast im Zenit. Rechts über Aldebaran stehen die Plejaden (das Siebengestirn), ein prächtiger offener Sternhaufen, der mit bloßem Auge zu sehen ist. Hoch im Westen ist Perseus zu finden: ein Sternenbogen, der sich von den Plejaden bis fast zu dem W-förmigen Sternbild Kassiopeia ausdehnt, das oben im Nordwesten steht.

Im Norden steht der Drache mit dem Kopf sehr nahe am Horizont. Der Große Bär ist hoch oben im Nordoster zu finden; der Schwanz zeigt in

Strahlender Jäger Der Jäger Orion ist das schönste Sternbild am Winterhimmel. Links unten steht der helle Stern Sirius.

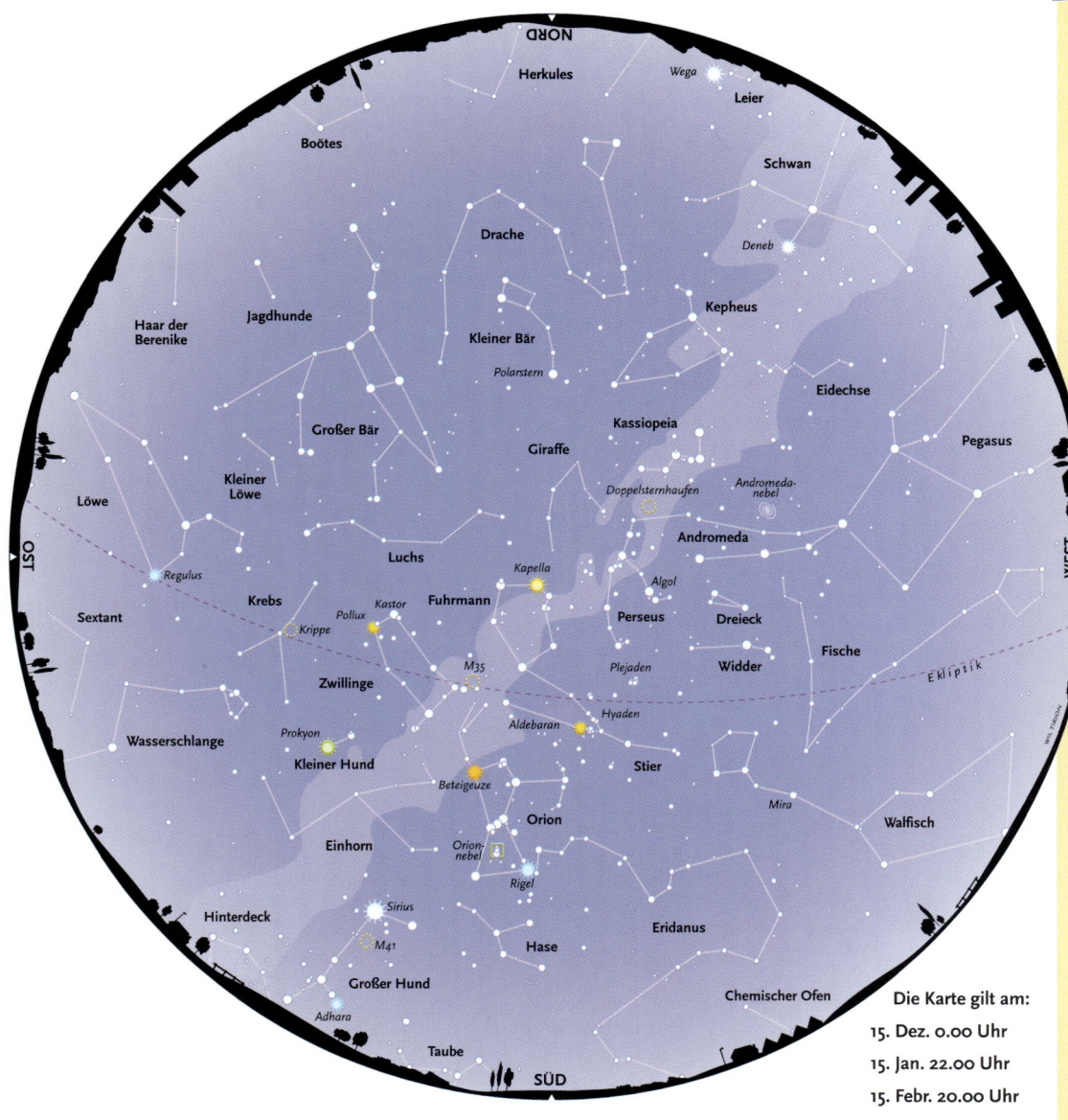

Die Karte gilt am:
15. Dez. 0.00 Uhr
15. Jan. 22.00 Uhr
15. Febr. 20.00 Uhr

Richtung Horizont. Sehr niedrig im Nordwesten ist der Stern Deneb zu sehen, der zum Sommerdreieck gehört. Das Herbst- oder Pegasusquadrat ist tief unten im Westen noch sichtbar, während im Osten das Frühlingssternbild Löwe

Nur acht Sterne stehen näher bei der Sonne als der Sirius, doch sie alle haben weniger Leuchtkraft. Das Licht von Sirius braucht etwa neun Jahre, bis es die Erde erreicht.

schon zum Vorschein kommt. Auffallende Meteorströme sind die Ursiden mit dem Maximum um den 23. Dezember und die Quadrantiden (4. Januar).

Tipp für Sterngucker
In einer klaren mondlosen Winternacht bietet die Milchstraße, die sich vom Südosten zum Nordwesten erstreckt, einen besonders eindrucksvollen Anblick.

DER STERNENHIMMEL

71

Was ist der Tierkreis?

Jeder kennt die zwölf Sternbilder des Tierkreises: Widder, Stier, Zwillinge, Krebs, Löwe, Jungfrau, Waage, Skorpion, Schütze, Steinbock, Wassermann und Fische. Fast jeder kennt sein eigenes „Sternzeichen". Doch viele wissen nicht, dass diese zwölf Sternbilder auch leicht am Sternenhimmel zu finden sind.

Der Tierkreis – auch Zodiak genannt – ist ein Gürtel von Sternbildern, in denen Sonne, Mond und die Planeten zu sehen sind. Alle diese Himmelskörper in unserem Sonnensystem befinden sich mehr oder weniger auf einer Ebene. Schaut man von der Erde aus zu Sonne, Mond

> *Da die Bahn des entfernten Planeten Pluto ziemlich schief verläuft, ist Pluto der einzige Planet, der sich ab und zu außerhalb des Tierkreises befindet.*

und Planeten, dann schaut man also immer auf diese Ebene um sich herum. Die Sternbilder, die man in dieser Richtung um sich herum sieht, sind die Sternbilder des Tierkreises.

Die zwölf Tierkreissternbilder sind schon aus der griechischen Antike bekannt; das Wort Zodiak besitzt dieselbe Herkunft aus dem Griechischen wie das Wort „Zoo" für Tierpark. Doch Zwillinge, Jungfrau, Waage und Wassermann sind keine Tiere, auch der Schütze – ein Zentaur – ist zur Hälfte Mensch. Und natürlich gibt es viele Sternbilder, die Tiere darstellen,

Astroglyphen Jahrhundertealte Symbole der zwölf Sternbilder des Tierkreises.

aber nicht zum Tierkreis gehören, wie z.B. die Eidechse, der Große Hund, die Taube und der Luchs.

Da sich die Erde in einem Jahr um die Sonne dreht, sehen wir die Sonne durch die Tierkreissternbilder wandern. So steht die Sonne Ende August im Sternbild Löwe, nahe beim hellen Stern

> **Tipp für Sterngucker**
> *Bei Mondschein ortet man die hellen Sterne, die sich in Mondnähe befinden. So kann man im Laufe eines Jahres die Tierkreissternbilder kennen lernen.*

Regulus. Der Löwe ist also Ende August nicht am Sternenhimmel zu sehen. Ein halbes Jahr später, etwa am 1. März, steht das Sternbild jedoch mitten in der Nacht hoch am südlichen Himmel.

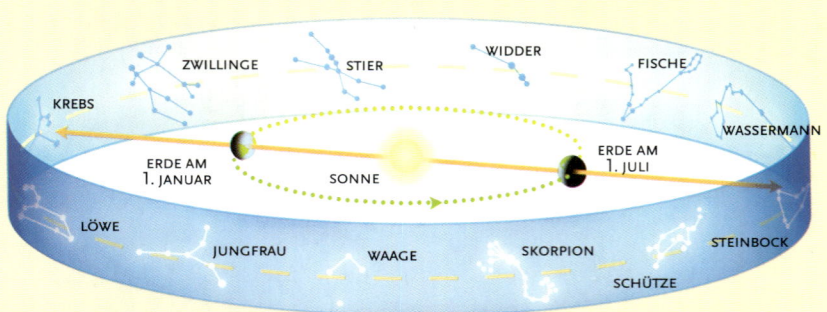

Sonnige Bahn
Die Erde kreist ur[?] die Sonne. Daher sehen wir, wie die Sonne sich im Laufe eines Jahres durch die zwölf Sternbilder des Tierkreises bewegt.

Präzession

Vor mehreren Jahrtausenden, als die Sternbilder noch keine festen Grenzen hatten, wurde die scheinbare Bahn der Sonne am Himmel (die Ekliptik) in zwölf gleiche Teile zu je 30° aufgeteilt. Diese Teile stimmten mehr oder weniger mit den Tierkreissternbildern überein. Sie wurden die „Zeichen" des Tierkreises genannt. Vom 21. März (Frühlingsanfang) bis zum 21. April steht die Sonne beispielsweise im Zeichen des Widders, vom 21. April bis zum 21. Mai im Zeichen des Stiers.

Durch diese willkürliche Einteilung der Ekliptik in zwölf Teile braucht die Sonne immer genau einen Monat, um ein Tierkreiszeichen zu durchlaufen, auch wenn die Sternbilder der Tierkreiszeichen nicht alle gleich groß sind. Der Widder ist z. B. ein viel kleineres Sternbild als der Stier. Bei der Bestimmung des eigenen Sternzeichens wird das Tierkreiszeichen zugrunde gelegt, in dem die

Die scheinbare Bahn der Sonne am Himmel nennt man Ekliptik, da nur auf diesem Kreis an der Himmelskuppel Sonnen- und Mondfinsternisse (Eklipsen) vorkommen.

Sonne zum Zeitpunkt der Geburt stand. Wer zwischen dem 21. März und dem 21. April geboren ist, ist also ein Widder.

Tatsächlich steht die Sonne während dieser Periode größtenteils gar nicht im Sternbild Widder, sondern im Sternbild Fische. Zwischen

Tipp für Sterngucker
Wer sein eigenes Sternbild sehen möchte, der sollte sieben Monate nach seinem Geburtstag um Mitternacht zum südlichen Himmel schauen. Das klappt immer.

Wandernder Polarstern Auf einer lange belichteten Aufnahme sieht man, dass die Erdachse nicht direkt zum Polarstern weist. In der Zukunft wird diese Abweichung noch größer sein.

dem 19. April und dem 14. Mai befindet sich die Sonne innerhalb der Grenzen des festgelegten Sternbildes Widder. Mit anderen Worten: Innerhalb von einigen tausend Jahren hat eine Verschiebung zwischen den Zeichen und den Sternbildern der Tierkreiszeichen stattgefunden. Diese Verschiebung ist eine Folge der Präzession: einer sehr trägen Positionsänderung der Erdachse. In Zukunft wird diese Verschiebung sich noch verstärken. Die Präzession ist auch die Ursache dafür, dass die Erdachse in Zukunft nicht mehr in Richtung des Polarsterns zeigt.

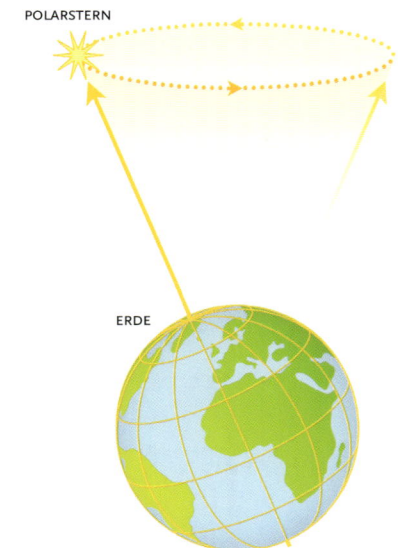

POLARSTERN

ERDE

Schwankender Planet Die Position der Erdachse verändert sich sehr langsam. Heutzutage zeigt sie zufällig in Richtung des Polarsterns.

Widder, Stier und Zwillinge

Widder Der Widder (lateinisch: Aries) ist ein kleines Sternbild, das sich links unterhalb der hellen Sterne von Andromeda befindet. Die drei hellsten Sterne des Widders bilden eine markante Gruppe, doch die übrigen Sterne dieses Sternbildes sind alle recht schwach. Der Widder ist am besten gegen Herbstende zu sehen. Hamal (Alpha Arietis, α Ari, s. S. 80 in der Übersicht über das griechische Alphabet) ist ein gelber Riesenstern mit einer Helligkeit von $2^m_{.}0$ in einer Entfernung von 85 Lichtjahren (LJ). Sheratan (β Ari) steht mehr in unserer Nähe mit einer Entfernung von 46 LJ, doch er strahlt trotz seiner höheren Oberflächentemperatur weniger Licht ab, wodurch er am Himmel etwas schwächer erscheint: in der Größenklasse $2^m_{.}6$. Mesarthim schließlich (γ Ari) ist 160 LJ entfernt. Mit einem kleinen Teleskop kann man sehen, dass dieser Stern der Größenklasse $3^m_{.}9$ in Wirklichkeit aus zwei einzelnen Sternen besteht: Er ist also ein Doppelstern (s. S. 178).

Stier Der Stier (Taurus) ist eines der größten Tierkreissternbilder. An den Umrissen dieses Sternbilds sind Schnauze und Hörner eines Stiers leicht zu erkennen. Der Stier ist am besten zu Winterbeginn zu sehen, wenn er abends hoch oben am südlichen Himmel steht. Aldebaran (Alpha Tauri, α Tau) stellt das blutunterlaufene Auge des Stiers dar. Er ist ein Roter Riese der Größenklasse $0^m_{.}9$ in 68 LJ Entfernung. Al Nath (β Tau) ist auch eine Riesenstern, doch seine Färbung ist blau. Die Helligkeit liegt bei $1^m_{.}7$; die Entfernung beträgt 130 LJ. Al Nath stellt eines der Hörner des Stiers dar.

Funkelnde Sterne Das Siebengestirn (die Plejaden) ist der bekannteste offene Sternhaufen am Himmel. Darunter stehen die Planeten Jupiter und Saturn.

Die Plejaden (M 45, auch das Siebengestirn genannt) sind der schönste offene Sternhaufen am Himmel (s. S. 180). Mit bloßem Auge sind sechs bis zehn Sterne zu sehen; mit einem Fernglas erheblich mehr. Die Entfernung zum Sternhaufen beträgt 385 LJ. Etwas näher, in einer Entfernung von 151 LJ, befinden sich die Hyaden: eine v-förmige Gruppe von Sternen direkt rechts neben Aldebaran, der übrigens nicht dazu gehört. Ganz in der Nähe des Sterns Zeta Tauri (ζ Tau) befindet sich der Krabben-Nebel (M 1), die nebligen Überreste einer Sternexplosion, die im Jahr 1054 stattfand. Diese Reste einer Supernova (s. S. 194) sind nur mit einem Teleskop zu sehen. Der Stier ist das Sternbild, in dem William Herschel im Jahr 1781 den Planeten Uranus entdeckte. In dem Sternbild befindet sich auch der Fluchtpunkt des Meteorschwarms Tauriden, der jedes Jahr um den 6. November zu sehen ist (s. S. 162).

Zwillinge Ebenso wie der Stier sind die Zwillinge (Gemini) ein großes auffallendes Sternbild. Mitten im Winter ist es optimal zu sehen. Das Sternbild erscheint als großes Rechteck am Himmel; die zwei hellen Sterne links stellen die Köpfe der Zwillingsbrüder Kastor und Pollux dar. Kastor (Alpha Geminorum, α Gem) ist ein blau-

Welcher Stern ist nun Kastor und welcher Pollux? Dies vergisst man nie, wenn man sich merkt, dass sie in alphabetischer Reihenfolge am Himmel stehen: Das K steht über dem P.

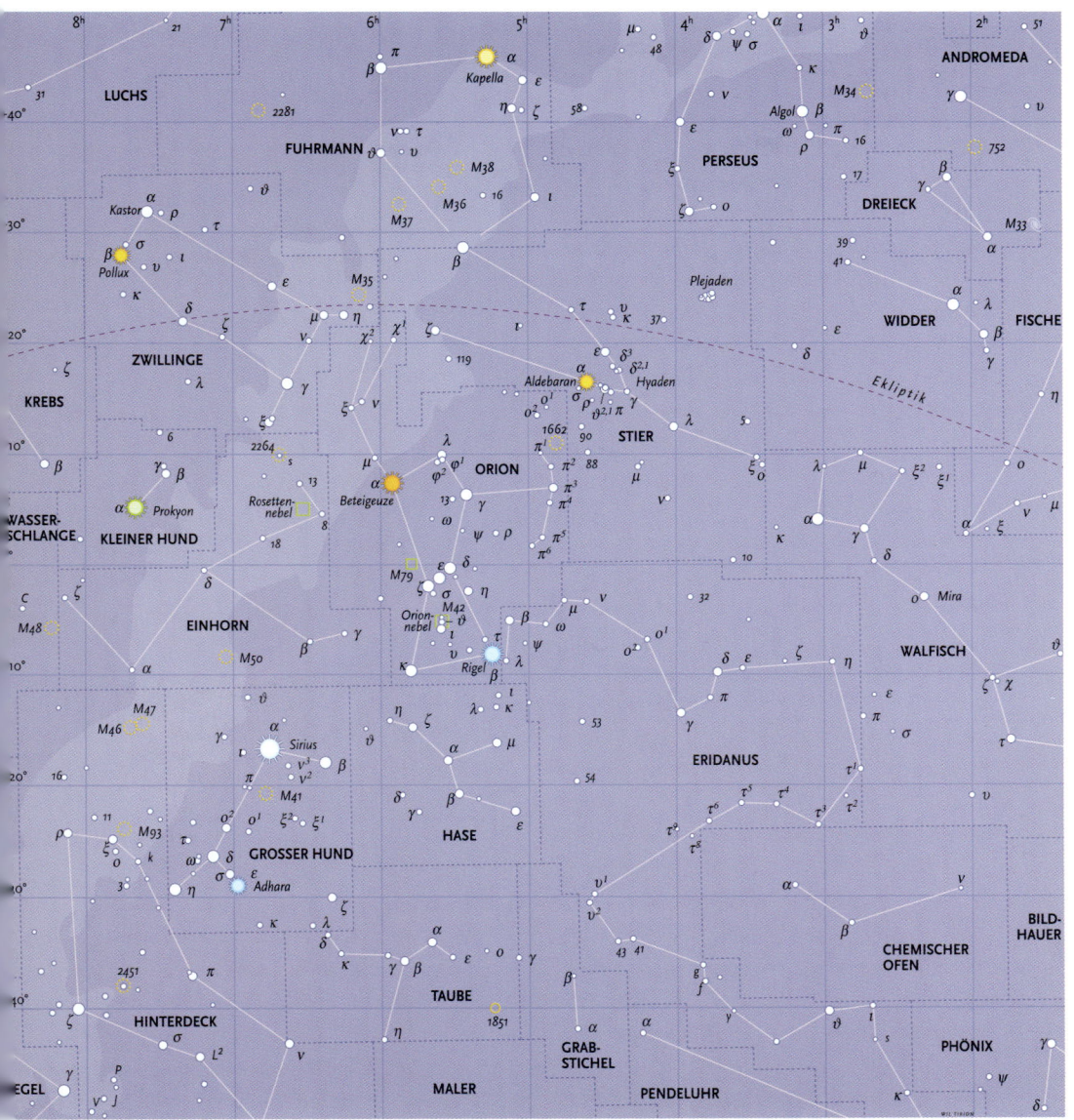

Winterliches Schauspiel Widder, Stier und Zwillinge stehen in den Wintermonaten hoch über dem südlichen Horizont. Auch Fuhrmann, Orion und Großer Hund sind gut zu sehen.

weißer Stern der Größenklasse 1^m6 in einer Entfernung von 45 LJ. Mit einem Teleskop kann man erkennen, dass Kastor aus drei einzelnen Sternen besteht. Sie sind alle drei wiederum Doppelsterne, sodass Kastor tatsächlich ein Sechsfachsternsystem ist. Pollux (β Gem) ist mit einer Helligkeit von 1^m1 heller als Kastor und verdient eigentlich die Bezeichnung Alpha. Pollux ist ein orangefarbener Riesenstern in 36 LJ Entfernung. Der schönste offene Sternhaufen im Sternbild

Zwillinge ist M 35, nahe der Grenze zum Sternbild Stier. In einer klaren mondlosen Winternacht ist der Sternhaufen mit bloßem Auge als verschwommener Lichtfleck sichtbar; mit einem Fernglas sind einzelne Sterne zu unterscheiden. Im Sternbild Zwillinge entdeckte Clyde Tombaugh 1930 den Planeten Pluto. In dem Sternbild befindet sich auch der Fluchtpunkt der Geminiden, einem Meteorschwarm, der jedes Jahr um den 14. Dezember zu beobachten ist.

Krebs, Löwe und Jungfrau

Krebs Von allen Sternbildern des Tierkreises ist der Krebs (lateinisch: Cancer) das unscheinbarste. Es setzt sich aus mehreren schwachen Sternen zusammen, etwa in der Mitte zwischen Kastor und Pollux in den Zwillingen und dem hellen Stern Regulus im Sternbild Löwe. Der Krebs ist am Ende des Winters am besten zu sehen. Der hellste Stern im Krebs, Akubens (Alpha Cancri, α Cnc) ist ein weißer Stern in 100 LJ Entfernung mit einer Helligkeit von $4{,}^m 3$ – zu schwach, um ihn von einer großen Stadt aus mit bloßem Auge sehen zu können.
Mitten im Sternbild, zwischen den Sternen Asellus Borealis (γ Cnc) und Asellus Australis (δ Cnc) liegt der offene Sternhaufen M 44, der auch Praesepe, Krippe oder Bienenkorb genannt wird. Unter günstigen Beobachtungsbedingungen ist der Sternhaufen mit bloßem Auge sichtbar, doch mit dem Fernglas gibt es da keine Probleme.

Löwe Der Löwe (Leo) ist ein schönes auffallendes Sternbild, das zu Beginn des Frühlings am besten zu sehen ist. Die rechte Seite des Sternbildes besteht aus sechs Sternen in der Form eines umgekehrten Fragezeichens: der so genannten Sichel des Löwen. Der Stern ganz links stellt den Schwanz des Löwen dar.

Die drei hellen Sterne Regulus, Spika und Arktur (im Bärenhüter) werden zusammen im Allgemeinen das Frühlingsdreieck genannt.

Regulus (Alpha Leonis, α Leo) ist mit der Größenklasse $1{,}^m 4$ der hellste Stern im Sternbild. Der blauweiße Stern ist 85 LJ entfernt. Mit einem starken Fernrohr ist zu erkennen, dass Regulus einen schwachen Begleiter hat. Denebola (β Leo) ist der Erde näher (42 LJ), er ist jedoch nicht viel heller als Größenklasse $2{,}^m 1$. Algieba (γ Leo) ist ein funkelnder Doppelstern, der jedoch mit einem Teleskop zu unterscheiden ist. Im Sternbild Löwe sind zahlreiche schwache, weit entfernte Galaxien zu sehen (s. S. 214). Die zwei hellsten sind M 65 und M 66, etwas südlich vom Stern Theta Leonis (θ Leo). Mit einem kleinen Teleskop sind sie als kleine, verschwommene Lichtflecken zu erkennen. Sie liegen etwa 20 Millionen Lichtjahre entfernt.
Innerhalb der Grenzen des Sternbilds Löwe liegt auch der Fluchtpunkt der Leoniden, eines Meteorschwarms, der jedes Jahr etwa am 17. November sichtbar wird (s. S. 162).

Jungfrau Die Jungfrau (Virgo) ist das größte Tierkreissternbild. Mitten im Frühling steht es abends am südlichen Horizont. Das Sternbild weist keine besonders auffällige Form auf.
Spika (Alpha Virginis, α Vir) ist ein blauweißer Riesenstern der Größenklasse $1{,}^m 0$ in einer Entfernung von 260 LJ. Beta Virginis (β Vir) steht zur Erde beinahe achtmal so nahe (33 LJ), ist jedoch zehnmal so schwach (Größenklasse $3{,}^m 6$), was bedeutet, dass

Deep sky In Richtung des Sternbildes Jungfrau sind zahlreiche Galaxien zu sehen, **Dutzende von Millionen Lichtjahre entfernt.**

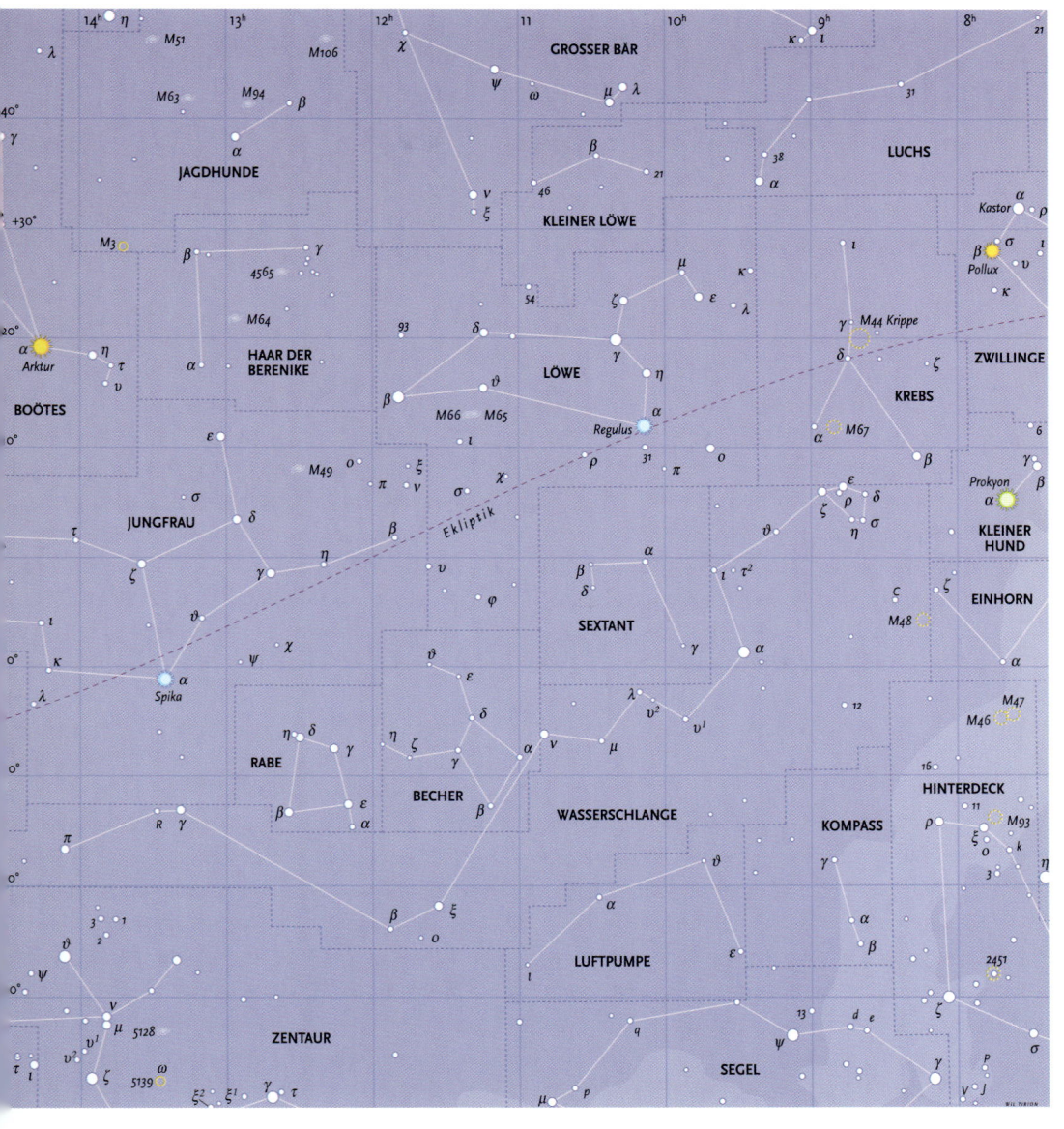

Jungfräuliche Schönheit Krebs, Löwe und Jungfrau stehen im Frühling über dem südlichen Horizont, ebenso
Wasserschlange, Rabe, Becher und Jagdhunde.

der Stern etwa sechshundertmal so wenig Licht
ausstrahlt wie Spika. Porrima (γ Vir) ist ein
Doppelstern in 36 LJ Entfernung und mit einer
Helligkeit von 2ᵐ8 ebenso hell wie Vindemiatrix
(ε Vir), ein gelber Riesenstern in einer Entfernung von 100 LJ.
Im Sternbild Jungfrau befindet sich einer der
größten Galaxienhaufen am gesamten Himmel:
der Virgo-Haufen (s. S. 208). Dieser Haufen
mit seinen mehreren tausend Galaxien liegt

ca. 65 Millionen Lichtjahre entfernt; die einzelnen Sternsysteme sind nur mit einem
starken Teleskop zu erkennen. Ausnahmen
sind M 49 und M 87, die mit einem kleinen
Teleskop zu sehen sind. In der Jungfrau
finden wir auch den hellsten Quasar, 3C 273
(s. S. 219).
In dem Sternbild liegt der Fluchtpunkt der
Virginiden, eines Meteorstroms, der jedes Jahr
etwa am 25. März zu sehen ist.

Waage, Skorpion und Schütze

Waage Die Waage (lateinisch: Libra) ist eines der unauffälligsten Sternbilder des Tierkreises. Es ist auch das jüngste Sternbild der Tierkreiszeichen; bis zum Zeitalter der Römer war es ein Teil des Skorpions. Das ist noch zu erkennen an den zwei hellsten Sternen; sie bedeuten „nördliche Schere" und „südliche Schere". Zubenelgenubi (Alpha Librae, α Lib) ist ein schöner weiter Doppelstern, der mit einem einfachen Fernglas zu erkennen ist. Der blauweiße Hauptstern der Größenklasse $2^m_.8$ hat einen weißen Begleiter der Größenklasse $5^m_.2$. Die Sterne befinden sich 72 LJ von der Erde entfernt. Zubeneschamali (β Lib) steht weiter weg (120 LJ), er ist jedoch heller als α Lib: Größenklasse $2^m_.6$.

Skorpion Der Skorpion (lateinisch: Scorpius) ist vielleicht das schönste Sternbild der Tierkreiszeichen, wenn nicht sogar das schönste überhaupt. Er liegt mitten in der Milchstraße und zu ihm gehören viele helle Sterne, Sternhaufen und Nebel. Leider steigt er bei uns nicht sehr hoch über den Horizont; der südlichste Teil des Sternbildes ist von unseren Breiten aus nie zu sehen. Am besten sieht man den Skorpion zu Beginn des Sommers.

Antares (Alpha Scorpii, α Sco) ist ein roter Superriese, der aus einer Entfernung von 330 LJ mit wechselnder Helligkeit um $1^m_.0$ leuchtet. Der Name bedeutet „Rivale des Mars" und weist auf die auffallende Farbe des Sterns hin. Graffias (β Sco) steht 530 LJ entfernt und besitzt eine Helligkeit von $2^m_.6$. Mit einem kleinen Teleskop kann

Strahlendes Zentrum In Richtung der Sternbilder Skorpion und Schütze blicken wir in das helle Zentrum de[s] Milchstraßensystems.

man erkennen, dass dies ein kleiner Doppelster[n] ist. Shaula (λ Sco), im Schwanz des Skorpions, ist mit $1^m_.6$ der zweithellste Stern im Sternbild. Er ist 910 LJ weit entfernt.

Von den unzähligen Nebeln und Sternhaufen im Skorpion sind M 4, M 6 und M 7 die hellste[n] und am besten sichtbaren. M 4 ist ein Kugelsternhaufen (s. S. 196) in einer Entfernung von 7500 LJ, am Himmel direkt rechts neben Antare[s] zu sehen. M 6 und M 7 sind offene Sternhaufe[n] (s. S. 190) in Entfernungen von 1300 und 800 L[J] M 7 ist der hellste; er ist sogar mit bloßem Aug[e] sichtbar.

Schütze Beinahe ebenso schön wie der Skorpi[on] ist das Sternbild Schütze (lateinisch: Sagittarius), das ebenfalls mitten in der Milchstraße liegt. Im Hochsommer ist es am besten zu sehen, doch es steht immer tief über dem Horizont. Der hellste Teil des Sternbilds ähnelt etwas einer altmodischen Teekanne. Seltsamerweise zeigt die (griechische) Buchstabenfolge der Sterne im Schützen wenig Bezug zu deren Helligkeit.

Kaus Australis (Epsilon Sagitarii, ε Sgr) ist mit $1^m_.9$ der hellste Stern. Er ist blauweiß und befin[det] sich 85 LJ entfernt.

Vom 30. November bis zum 18. Dezember wandert die Sonne durch den südlichsten Teil des Sternbilds Schlangenträger, das offiziell nicht zu den Tierkreiszeichen gehört.

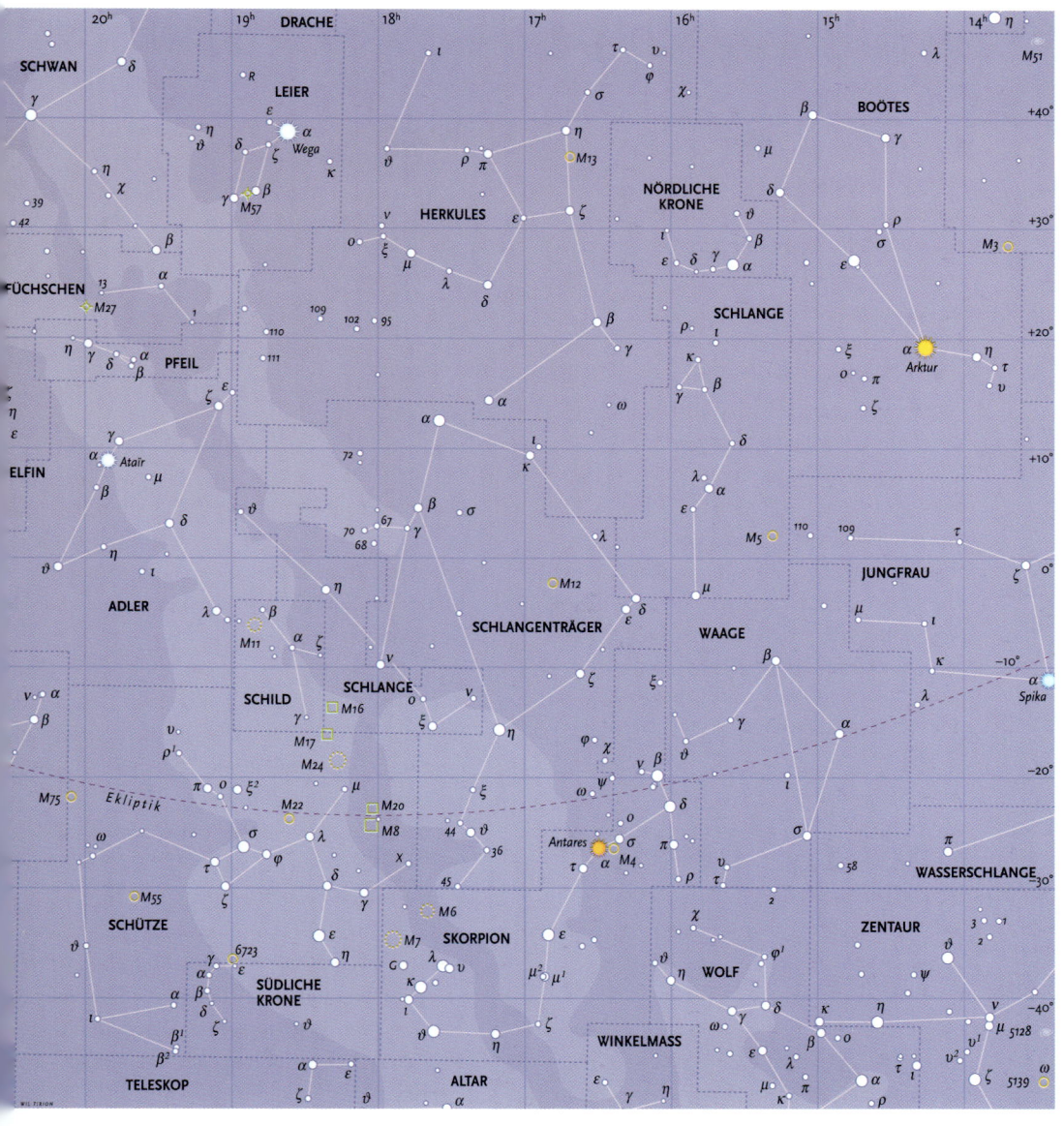

Sommerpracht am Horizont Waage, Skorpion und Schütze stehen im Sommer niedrig im Süden. Höher am Himmel sind Schlangenträger, Herkules und Leier zu finden.

Nunki (σ Sgr) ist etwas schwächer (2ᵐ0), strahlt aber in Wirklichkeit viel mehr Licht aus: Er steht 210 LJ entfernt. Rukbat (α Sgr) ist ein recht unauffälliges Sternchen mit einer Helligkeit von 4ᵐ0, das kaum den Horizont übersteigt.

Das gilt auch für das schöne Duo Arkab Prior und Arkab Posterior (β¹ und β² Sco) – einen weit entfernten optischen Doppelstern (s. S. 178).

Mit bloßem Auge sind schon viele Nebel und Sternhaufen im Schützen zu finden; mit einem Fernglas kann man bei weitem nicht alles beobachten. Die schönsten Objekte sind der Kugelsternhaufen M 22, in der Nähe des Sterns Kaus Borealis (λ Sgr); der offene Sternhaufen M 23, ganz in der rechten Ecke des Sternbildes, und die Gasnebel M 8, M 17 und M 20, die bekannt sind als Lagunen-Nebel, Omega-Nebel und Trifid-Nebel.

Steinbock, Wassermann und Fische

Steinbock Der Steinbock (lateinisch: Capricornus) sieht aus wie eine Ziege mit einem Fischschwanz. Das Sternbild ist am besten gegen Ende des Sommers zu beobachten. Es weist wenige helle Sterne auf und hat auch keine auffallende Form.

Mit bloßem Auge kann man bereits erkennen, dass Algedi (Alpha Capricorni, α Cap) ein weiter Doppelstern ist (s. S. 178). Die zwei Sterne haben jedoch nichts miteinander zu tun: α^1 befindet sich 1600 LJ entfernt und weist eine Helligkeit von $4^{m}\!.2$ auf; α^2 ist $3^{m}\!.6$ hell und befindet sich 120 LJ von uns entfernt. Übrigens

Infolge der Präzession (s. S. 73) verschiebt sich der Frühlingspunkt, in dem die Sonne am 21. März steht, in Zukunft vom Sternbild Fische in das Sternbild Wassermann.

sind diese beiden Sterne selbst auch wieder Doppelsterne. Auch Dabih (β Cap) ist ein schöner Doppelstern, der bereits mit dem Fernglas als solcher zu erkennen ist. Links vom Stern ζ Cap liegt der Kugelsternhaufen M 30,

DAS GRIECHISCHE ALPHABET					
α	Alpha	ι	Jota	ρ	Rho
β	Beta	κ	Kappa	σ	Sigma
γ	Gamma	λ	Lambda	τ	Tau
δ	Delta	μ	Mü	υ	Ypsilon
ε	Epsilon	ν	Nü	φ	Phi
ζ	Zeta	ξ	Xi	χ	Chi
η	Eta	o	Omikron	ψ	Psi
θ	Theta	π	Pi	ω	Omega

der mit einem Fernglas zu sehen ist. Der Kugelhaufen (s. S. 196) befindet sich in einer Entfernung von 40 000 LJ.

Im Steinbock liegt der Fluchtpunkt der Alpha-Capricorniden, ein Meteorschwarm (s. S. 162), der jedes Jahr um den 30. Juli erscheint.

Wassermann Zu Beginn des Herbstes erkennt man das ausgedehnte Sternbild Wassermann am besten (lateinisch: Aquarius). Viel gibt es allerdings nicht zu sehen: Das Sternbild enthält keine auffallenden Sterne und ist auch recht schwer am Himmel auszumachen.

Sadalmelik (Alpha Aquarii, α Aqr) ist ein gelber Superriese mit einer Helligkeit von $3^{m}\!.0$ in einer Entfernung von 950 LJ. Zusammen mit den Sternen γ, ζ und η bildet er eine auffallende Gruppe am Sternenhimmel. Sadalsuud (β Aqr) ist mit $2^{m}\!.9$ eine Idee heller. Auch er ist ein gelber Superriese in 980 LJ Entfernung.

Im Sternbild Wassermann befindet sich außerdem der schöne Kugelsternhaufen, M 2, in 50.000 LJ Entfernung, der mit einem Fernglas gut zu sehen ist. Schwieriger zu beobachten sind die planetarischen Nebel NGC 7009 (der Saturn-Nebel) und NGC 7293 (der Helix-Nebel) Innerhalb des Sternbilds liegen die Fluchpunkte von zwei Meteorströmen: die Eta-

Sterbender Stern Der Helix-Nebel im Sternbild Wassermann wurde von einem Stern ausgeblasen, der sein Lebensende erreicht hat.

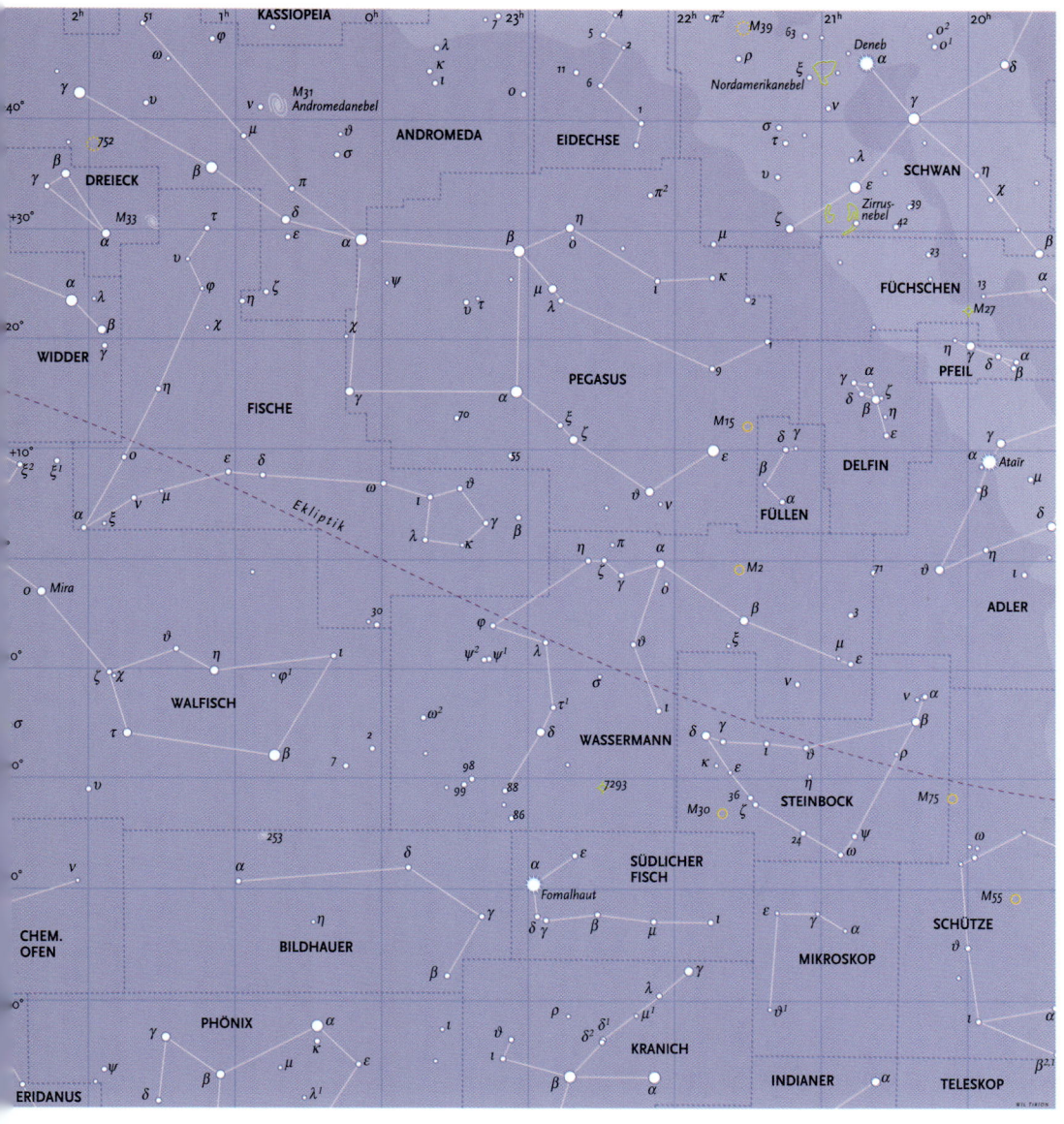

Unauffällige Sternbilder Steinbock, Wassermann und Fische enthalten wenige helle Sterne. Am südlichen Herbsthimmel sind Pegasus und Andromeda auffallender.

Aquariden, mit ihrem Maximum am 5. Mai und die Delta-Aquariden, die jedes Jahr etwa am 28. Juli zu sehen sind.

Fische Das letzte Sternbild ist das der Fische (lateinisch: Pisces), das man mitten im Herbst am besten sieht. Das ausgedehnte Sternbild hat die Form des großen Buchstaben V, dessen einer Arm sich in Richtung des Sternbildes Andromeda ausstreckt, während der andere sich

unter dem Herbstviereck des Pegasus befindet. Mit einer Helligkeit von $4^m\!,2$ ist Alrescha (Alpha Piscium, α Psc) der hellste Stern des Sternbildes. Mit einem großen Teleskop kann man erkennen, dass es sich um einen engen Doppelstern handelt. Er befindet sich 98 LJ entfernt. In einiger Entfernung rechts von Alrescha, direkt unterhalb des Herbstquadrats, ist der „Kreis der Fische" zu sehen – ein ziemlich auffallendes Fünfeck aus schwachen Sternen.

Astrologie

Die meisten Menschen kennen die Sternbilder des Tierkreises nur aus der Astrologie. Diese Pseudowissenschaft verwendet übrigens nicht die sichtbaren Sternbilder, sondern zwölf gleichartige Zeichen (s. S. 69). Das Zeichen, in dem die Sonne im Augenblick der Geburt steht (das Sonnenzeichen), soll etwas über den Charakter des Menschen aussagen. Auch das Tierkreiszeichen, das zum Zeitpunkt der Geburt gerade im Osten aufgeht, der so genannte Aszendent, soll eine Rolle spielen, ebenso wie die Positionen des Mondes und der Planeten.

Die Astrologie war vor Jahrtausenden die wichtigste Motivation für die Ausweitung der astronomischen Beobachtungen, bei den Babyloniern und auch bei den Chinesen. In dieser Hinsicht hat die Astronomie der Sterndeuterei viel zu verdanken. Gegenwärtig findet sich allerdings kein Astronom, der die Behauptungen der Astrologie ernst nimmt. Gründliche Forschungen zur Zuverlässigkeit astrologischer Voraussagen haben auch nie konkrete Ergeb-

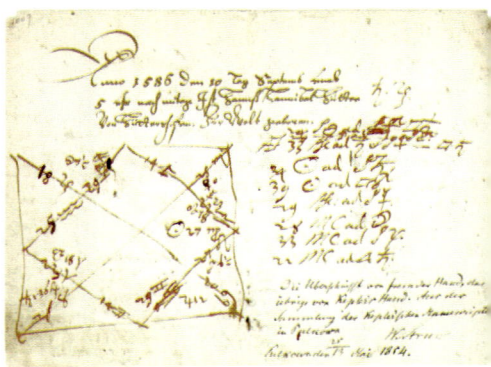

Keplers Weissagung Der Astronom Johannes Kepler erstellte im 17. Jh. Horoskope am deutschen Kaiserhof.

nisse erbracht. Astrologie wird allgemein als ein Art Aberglauben betrachtet.

Viele Menschen halten trotzdem daran fest, das die Himmelskörper einen Einfluss auf die Ereignisse auf der Erde haben sollen. Ebbe und Flut (s. S. 99) werden ja auch durch Sonne und Mon verursacht. Wer jedoch von einem messbaren

> *Die chinesische Astrologie arbeitet auch mit Tieren, jedoch in einem Zyklus von zwölf Jahren Ratte, Ochse, Tiger, Hase, Drache, Schlange, Pferd, Ziege, Affe, Hahn, Hund und Schwein.*

physikalischen Effekt ausgeht, kann nicht erklären, warum Astrologen den fernen Planeten Neptun und Pluto einen ebenso wichtigen Einfluss zuschreiben wie den Planeten, die sich viel näher bei der Erde befinden. Und wer behauptet, dass astrologische Einflüsse unabhängig von der Entfernung eines Planeten sind muss sich fragen, warum die Planeten anderer Sterne (s. S. 242) dann keine Rolle bei der Erstellung eines Horoskops spielen.

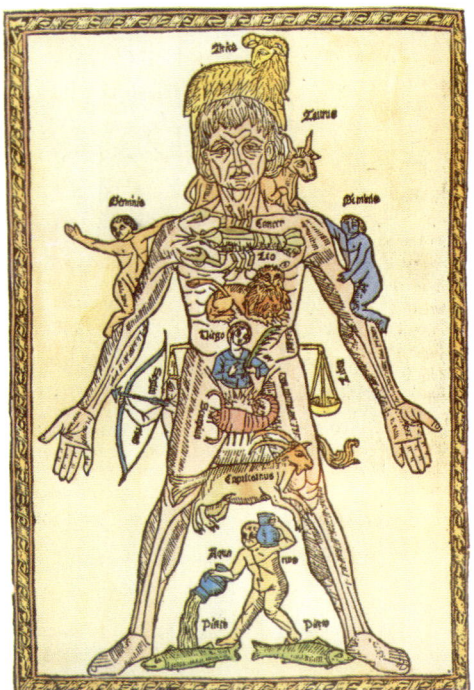

Kosmische Bindung Alte astrologische Vorstellung, auf der die Beziehung zwischen dem menschlichen Körper und den Sternbildern der Tierkreiszeichen dargestellt ist

Bedeckungen und Konjunktionen

Planetenduo Schöne Konjunktion der hellen Planeten Jupiter und Venus am Abendhimmel.

BEDECKUNGEN VON STERNEN UND PLANETEN 2005–2011			
DATUM	OBJEKT	BEGINN (MEZ)*	ENDE (MEZ)*
4. Februar 2005	Antares	05:11	05:25
27. April 2005	Antares	–	01:03
2. März 2007	Saturn	03:42	04:12
30. März 2007	Regulus	04:33	05:20
22. Mai 2007	Saturn	20:22	21:29
1. Dezember 2008	Venus	17:02	18:24

* Diese Zeiten gelten genau genommen für Stuttgart

> **Tipp für Sterngucker**
> *Wer eine Skizze über die Konjunktion vom Mond und einem Planeten oder einem Stern anfertigt und dies einige Stunden später wiederholt, sieht, wie der Mond seine Position verändert hat.*

> *Eine sehr enge Konjunktion der hellen Planeten Saturn und Jupiter im Jahre 6 v. Chr. ist vielleicht die Erklärung für den Stern von Bethlehem aus der biblischen Geschichte.*

Sonne, Mond und Planeten befinden sich immer in einem der Sternbilder des Tierkreises. Die Sonne durchwandert die zwölf Tierkreiszeichen einmal im Jahr; der Mond einmal im Monat, und die Planeten besitzen alle ihre eigene Geschwindigkeit und Bewegungsmuster. Bei so starkem Verkehr auf der himmlischen Schnellstraße begegnen sich die Himmelskörper natürlich regelmäßig. Eine totale Sonnenfinsternis (s. S. 106) ist das spektakulärste Beispiel für solch ein Zusammentreffen. Tatsächlich wird von einer Bedeckung gesprochen: Die Sonne ist für einen Augenblick unsichtbar, da sie vom Mond bedeckt wird. Auch Planetentransite (s. S. 141) sind besondere Erscheinungen, obwohl sie nicht so leicht zu beobachten sind. Bei einem Transit wandern Merkur oder Venus als schwarzer Punkt vor der Sonne her. Bedeckungen heller Sterne oder Planeten durch den Mond (Tabelle oben) sind recht selten, doch im Jahr 2007 werden sie zufällig häufig auftreten, vor allem beim Planeten Saturn und dem Stern Regulus im Sternbild Löwe. Solche Bedeckungen sollte man mit einem Fernglas oder einem kleinen Teleskop betrachten, da der Stern oder Planet sonst vom Mond überstrahlt wird. Konjunktionen von Mond, Planeten und Sternen kommen regelmäßig vor. Aldebaran, Kastor und Pollux, Regulus, Spika und Antares sind die hellsten Sterne der Tierkreiszeichen, und wenn einer dieser Sterne Besuch von einem Planeten oder dem Mond bekommt, ist das immer ein schöner Anblick. In astronomischen Jahrbüchern wie dem *Kosmos Himmelsjahr* werden solche Konjunktionen schon lange vorher angekündigt.

Flüchtiges Etwas Drei Bilder einer Saturnbedeckung durch den Mond.

Das Auge und das Fernglas

Die Astronomie ist eine der wenigen Wissenschaften, in der Amateure eine wichtige Rolle spielen können. Zahlreiche neue Kometen und Supernovae werden von Amateur- und Hobby-Astronomen entdeckt, und manch erfahrene Amateure liefern sogar Beiträge zu professionellen Forschungsprojekten, wie z. B. bei der Suche nach Gammablitzen (s. S. 187).

Natürlich kann das Studium astronomischer Forschungsarbeiten oder das Beobachten des Sternenhimmels auch eine normale Liebhaberei ohne wissenschaftliche Ambitionen sein. In der

> *In Fotogeschäften gibt es Halterungen zu kaufen, mit denen man ein Fernglas auf ein Fotostativ montieren kann, so treten weniger Schwingungen auf.*

ganzen Welt richten Hunderttausende von Menschen regelmäßig ein Fernglas oder Teleskop auf den Mond, die Planeten oder die Sterne, um die stille Pracht der Himmelskörper zu genießen.

Eigentlich braucht man dafür nicht einmal ein optisches Hilfsmittel. Das menschliche Auge ist eine hoch entwickelte „kleine Kamera" mit automatischem Fokus, automatischer Belichtung, vielseitiger Verwendbarkeit und annehmbarer Tiefenschärfe und Empfindlichkeit.

Das bloße Auge

Wer den Sternenhimmel ohne optische Hilfsmittel betrachtet, macht Beobachtungen mit dem „bloßen" oder „unbewaffneten" Auge. Schon Jahrtausende vor der Erfindung des Teleskops (s. S. 24) war dies der einzige Weg, das Weltall zu betrachten. All das Wissen über den Kosmos, über das man zu Beginn des 17. Jahrhunderts verfügte, wurde durch sorgfältige Beobachtungen mit dem bloßem Auge erworben – eine gewaltige Leistung!

Ebenso wie die Linse einer Kamera ein Abbild des fotografierten Objekts auf den fotografischen Film projiziert, so projiziert die Augenlinse das Abbild der wahrgenommenen Welt auf die Netzhaut, die als Detektor dient. Die Scharfeinstellung wird mit einem Ringmuskel reguliert, der die Linse etwas abflachen oder wölben kann. Die Belichtung wird durch die Pupille geregelt, die als Blende dient und automatisch kleiner wird, wenn viel Licht einfällt. Die sensible Optik des Auges wird geschützt durch die durchsichtige Hornhaut.

Die Netzhaut enthält lichtempfindliche Zellen: Stäbchen und Zäpfchen. Die Stäbchen sind seh empfänglich für kleine Lichtmengen, doch sie können keine Farben unterscheiden. Die Zäpfchen sehen zwar Farben, doch sie funktionieren erst richtig, wenn ausreichend Licht vorhanden ist. Hier liegt auch die Quelle des Sprichworts „Nachts sind alle Katzen grau". Das menschliche Auge besitzt sogar die Fähigkeit, etwa eine Bogenminute zu trennen (Bildschärfe, s. S. 56).

Große Augen

Ein Fernglas (auch Feldstecher oder Binokular genannt) besteht eigentlich aus zwei kleinen Teleskope deren Lichtweg mit Prismen „zu-

Stabiles Bild Moderne Ferngläser verfügen oft über einen eingebauten Stabilisator, sodass das Bi nicht zittert, wenn man das Fernglas in der Hand hält.

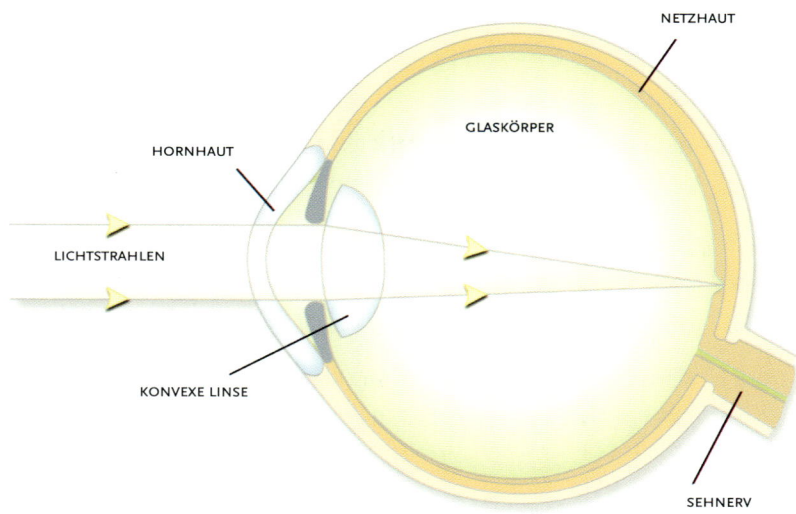

NETZHAUT

GLASKÖRPER

HORNHAUT

LICHTSTRAHLEN

KONVEXE LINSE

SEHNERV

Natürliche Kamera
**Das menschliche
Auge arbeitet wie
eine Kamera: die
Augenlinse projiziert
wahrgenommene
Objekte auf die
Netzhaut.**

sammengefaltet" wurde. Das gesamte Licht, das auf die Linsen des Betrachters fällt, gelangt dann in konzentrierter Form in die Augen. Dadurch werden viele schwächere Objekte sichtbar, und die Bildschärfe ist auch besser als beim bloßen Auge.

Die Lichtstärke und die Trennschärfe eines Fernglases sind, wie bei einem normalen Teleskop, ganz von dem Durchmesser des Objektivs (der Hauptlinse, die auf das wahrgenommene Objekt gerichtet ist) abhängig. Die Okulare (die Augenlinsen) des Feldstechers bestimmen die Vergrößerung: Durch ein Fernglas betrachtet, nimmt das Bild des Mondes einen viel größeren Teil der Netzhaut ein, als man mit bloßem Auge sehen könnte.

Jedes Fernglas trägt Angaben wie 10 x 40 oder 7 x 50. Die erste Zahl ist die Vergrößerung; die zweite Zahl der Objektivdurchmesser in Millimetern. Teilt man den Objektivdurchmesser durch die Vergrößerung, so erhält man das Maß für die Lichtstärke des Fernglases. Ein Fernglas von 7 x 50 ist also lichtstärker als ein 10 x 40 Fernglas (50/7 ist größer als 40/10), auch wenn es eine geringere Vergrößerung besitzt.

> *Tipp für Sterngucker*
> *Brillenträger sollten ihre Brille beim Beobachten besser absetzen. Die notwendige Augenkorrektur ist auch mit der Scharfeinstellung des Fernglases möglich.*

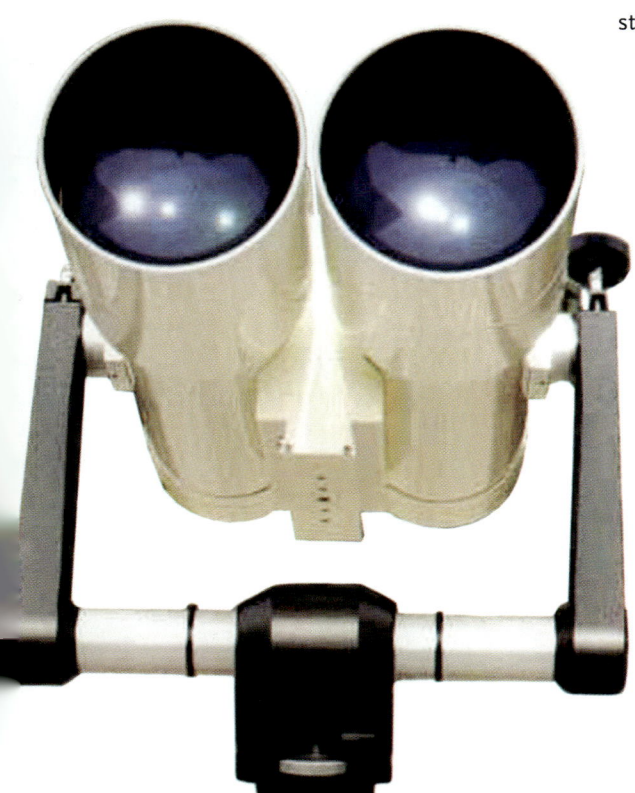

Doppeltes Teleskop **Große Binokulare sind ideal für astronomische Beobachtungen. Sie müssen allerdings erschütterungssicher aufgebaut werden.**

DER STERNENHIMMEL

7

Linsenfernrohre

Jedes Teleskop, auch ein Fernglas, arbeitet nach demselben Prinzip. Das Objektiv bündelt die einfallenden Lichtstrahlen in einem Brennpunkt (man denke an ein Vergrößerungsglas, das das Sonnenlicht so stark bündelt, dass damit ein Stück Papier in Brand gesetzt werden kann) und schafft eine kleine Abbildung des wahrgenommenen Ausschnittes des Sternenhimmel im Brennpunkt. Mit dem Okular (einer Art Lupe) wird das Bild im Detail angeschaut.

Ein Linsenfernrohr besitzt ein Objektiv mit einer konvexen Linse – eigentlich ein normales Vergrößerungsglas – und es werden parallele Lichtstrahlen in einen Brennpunkt durch Lichtbrechung

> *Die preiswertesten kleinen Teleskope aus einem Versandhauskatalog weisen bereits eine bessere Qualität auf als das erste Linsenteleskop, mit dem Galilei seine Entdeckungen gelangen.*

(Refraktion) in dieser Linse zusammengefasst. Ein Linsenfernrohr wird deshalb auch oft Refraktor genannt. Da die Lichtbrechung nicht für jede Farbe des Lichts genau gleich ist, besteht das Objektiv oft aus zwei Linsen verschiedener Glassorten, die die jeweiligen Bildfehler möglichst gut aufheben. Linsenfernrohre haben meist

Lichtstarke Kanone Dieses kompakt gebaute Linsenfernrohr hat eine kurze Brennweite und ist daher besonders lichtstark.

eine relativ große Brennweite, wodurch recht starke Vergrößerungen möglich sind. Sie sind insbesondere zur Wahrnehmung kleiner Einzelheiten geeignet, z. B. von Oberflächenstrukturen auf Mond und Planeten oder zum Trennen von eng zusammen stehenden Doppelsternen.

Das größte Linsenfernrohr der Welt befindet sich in der Yerkes-Sternwarte in den Vereinigten Staaten, es verfügt über einen Objektivdurchmesser von 102 cm (s. S. 28). Berufsastronomen machen kaum mehr Gebrauch von Linsenfernrohren, doch bei Amateuren sind sie immer noch sehr beliebt. Da Refraktoren wegen der großen Brennweite eine lange Röhre (Tubus) besitzen, sind sie empfindlich gegen Erschütterungen. Bei der Anschaffung eines Linsenfernrohres ist es daher wichtig, sehr auf die Stabilität des Stativs und die Festigkeit der eigentlichen Montierung zu achten – die beiden senkrecht aufeinander stehenden Drehachsen, mit denen man das Teleskop auf jeden gewünschten Punkt am Himmel richten kann.

> *Tipp für Sterngucker*
> *Bei der Benutzung des Linsenfernrohres ist die Ausrichtung des Bildes zu beachten. Benutzt man kein Zenitprisma, sieht man alles auf dem Kopf!*

LICHTSTRAHLEN

OBJEKTIV

BRENNPUNKT

OKULAR

AUGE

Konvexe Linse Das Objektiv eines Linsenfernrohrs ist eine konvexe Linse, die die Lichtstrahlen in einem Brennpunkt bündelt.

Spiegelfernrohre

Parallele Lichtstrahlen können nicht nur durch Lichtbrechung in einer konvexen Linse gebündelt werden, man kann auch einen Hohlspiegel verwenden. Ein Hohlspiegel ist ein (konkav) geschliffener Spiegel, dessen Mittelpunkt tiefer liegt als der Außenrand, wie bei einem Rasierspiegel. Ein Rasierspiegel kann also auch als Brennglas benutzt werden. Teleskope, die einen Hohlspiegel als Objektiv haben, werden Spiegelfernrohre oder Reflektoren genannt. Das Problem des Spiegelfernrohrs liegt darin, dass sich der Brennpunkt vor dem Teleskopobjektiv befindet. Will man das Bild im Brennpunkt mit einem Okular betrachten, dann ist also der

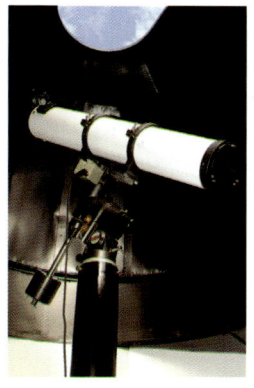

Seitenblick Bei einem klassischen Newton-Spiegel befindet sich das Okular seitlich in dem Fernrohrtubus.

Manche Hobby-Astronomen bauen ihren Reflektor selbst. Der Teleskopspiegel wird aus einem Stück Glas geschliffen, danach poliert und mit Aluminium bedampft.

Kopf des Beobachters im Weg. Dafür hat man verschiedene Lösungen gefunden. Isaac Newton setzte ein kleines diagonales Spiegelchen in den Lichtweg, so dass das Strahlenbündel seitlich abgelenkt wurde. William Herschel setzte den Hauptspiegel etwas schräg ein, sodass der Brennpunkt

neben das einfallende Lichtbündel verlagert wurde. Nicolas Cassegrain verwendete ein kleines, stark gewölbtes Spiegelchen (konvex), um dieses Lichtbündel wieder in Richtung des Hauptspiegels zu lenken; über ein Loch in der Mitte des Hauptspiegels kann das Bild dann betrachtet werden. Das Herschel-Teleskop wird nicht häufig verwendet, doch Newton-Teleskope und Cassegrain-Teleskope sind sehr beliebt in der Amateurastronomie. Auch viele professionelle Spiegelteleskope funktionieren nach dem Cassegrain-Prinzip, es wird aber auch eine Kombination verschiedener Techniken verwendet. Spiegelteleskope besitzen oft einen etwas größeren Objektivdurchmesser als Linsenteleskope derselben Preisklasse. Der Abstand des Brennpunktes ist meist geringer, wodurch sie lichtstärker sind und besser geeignet zur Beobachtung von lichtschwachen, ausgedehnten Objekten wie beispielsweise von Nebeln und Galaxien. Mit ihrem kompakten Bau – der Lichtweg wird praktisch zusammengefaltet – sind Cassegrain-Teleskope zudem weniger erschütterungsanfällig und einfacher zu transportieren.

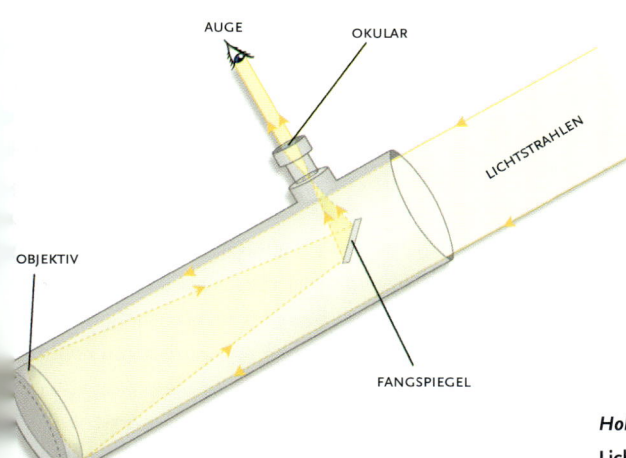

AUGE
OKULAR
LICHTSTRAHLEN
OBJEKTIV
FANGSPIEGEL

Hohlspiegel In einem Spiegelfernrohr werden die Lichtstrahlen durch einen konkaven Spiegel gebündelt und dann durch einen flachen Fangspiegel abgelenkt.

DER STERNENHIMMEL

Moderne Teleskope für Amateure

Mit der Amateur-Astronomie ist es wie mit jedem anderen Hobby: Man kann dafür so viel Geld ausgeben, wie man möchte. Mit einem preiswerten kleinen Linsenfernrohr ist schon vieles am Sternenhimmel zu sehen, doch wer gut gewappnet zu Werke gehen will, der kauft ein halbprofessionelles Instrument und baut sich eine kleine Sternwarte im Garten hinterm Haus. Wer ernsthaft die Anschaffung eines Qualitätsteleskops erwägt, muss mit einem Preis von 1000 bis 2000 Euro rechnen und tut gut daran, sich gründlich von astronomischen Vereinigungen und Herstellern informieren zu lassen. Da dieses Buch sich insbesondere an angehende Hobby-Astronomen wendet, bietet es keine umfassende Beschreibung der verschiedenen Beobachtungsinstrumente, die auf dem Markt angeboten werden (Einzelheiten dazu s. Literaturtipps auf S. 256), doch die wichtigsten Teleskoparten führen wir hier kurz auf. Linsenfernrohre sind und bleiben die einfachsten und besten Teleskope. Ein billiges Instrument mit Plastiklinsen oder Objektive mit nur einem Linsenelement sollte man nicht kaufen. Man sollte sich vornehmlich für eine achromatische

Spiegelgigant Ein großes Schmidt-Cassegrain-Fernrohr auf einer schweren parallaktischen Montierung.

Linse, die aus zwei Linsenelementen besteht, entscheiden oder besser für eine apochromatische Linse, die aus drei Elementen besteht und praktisch keine Bildfehler aufweist. Für ernsthafte astronomische Beobachtungen ist ein Objektivdurchmesser von mindestens 75 mm erforderlich.

Großes Angebot

Eine viel größere Auswahl gibt es bei Spiegelfernrohren, vom einfachen Newton-Teleskop bis hin zu teureren, halb-professionellen katadioptrischen Systemen. Dabei handelt es sich um Spiegelfernrohre mit einer speziellen Korrektionsplatte vor der Öffnung der Röhre, die die Bildfehler des optischen Systems möglichst gut kompensiert. Eine solche Schmidt-Platte

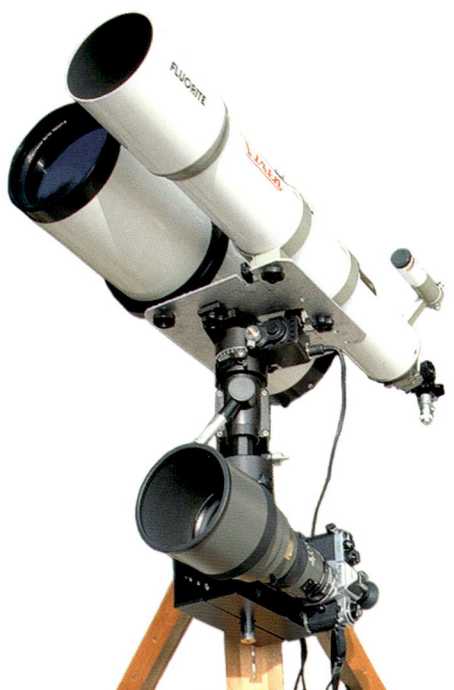

Astropaparazzo Teleskope, Kameras und große Teleobjektive helfen Hobby-Astronomen, das Weltall im Bild festzuhalten.

(benannt nach dem Erfinder Bernhard Schmidt, 1879–1935) kann mit einem Newton-Teleskop und auch mit einem Cassegrain-Teleskop kombiniert werden.

Ein Spiegeldurchmesser von 125 mm ist das Minimum für seriöse astronomische Beobachtungen. Reflektoren mit einem Objektivdurchmesser von 10–30 cm gibt es im Geschäft zu kaufen. In den meisten Fällen handelt es sich dabei um ein Schmidt-Cassegrain-Teleskop oder Maksutov-Teleskop (benannt nach dem russischem Optiker Dimitrij Maksutov, 1896–1964), das auf einer vergleichbaren Konstruktion beruht. Praktisch alle Amateurteleskope werden mit parallaktischer Montierung geliefert. Damit ist es ganz einfach, einen bestimmten Himmelskörper für längere Zeit im Bild zu halten: Indem man das Teleskop um eine der beiden Drehachsen rotieren lässt, eventuell sogar mit einem elektrischen Antrieb, wird die Erdrotation ausgeglichen. Heutzutage werden jedoch auch viele Spiegelteleskope mit azimutaler Montierung, mit einer horizontalen und einer vertikalen Drehachse angeboten. Ein eingebauter Computer sorgt für den Antrieb der beiden Achsen, sodass der beobachtete Stern oder Planet im Bild bleibt. Diese computergesteuerten Teleskope sind oft auch mit einer großen Datenbank interessanter

Hölzerne Heimarbeit **Das Dobson-Teleskop mit seinem typischen viereckigen Fernrohrtubus ist ein populäres Selbstbauinstrument.**

Himmelsobjekte ausgestattet. Wenn ein Teleskop einmal richtig eingestellt ist, reicht ein Knopfdruck aus, um eine schwache Galaxie oder einen Kugelsternhaufen zu finden.

Besondere Aufmerksamkeit verdienen auch die Dobson-Teleskope. Das sind im Allgemeinen große lichtstarke Newton-Fernrohre mit azimutaler Montierung, doch grundsätzlich ohne Computersteuerung. Besonders in den USA sind sie als Selbstbauteleskope sehr populär. Wegen ihrer einfachen Konstruktion sind sie relativ preiswert. Außer einem Stativ, der Montierung und dem Teleskop selbst verfügt ein gut ausgestatteter Amateurastronom zudem noch über eine Sammlung verschiedener Okulare und Filter, eine Nachführeinrichtung, einen Sucher, einen Sonnenfilter oder ein Sonnenprojektionsset und eventuell über einen Adapter zum Einsatz einer Kamera.

Digitales Wunder **Ein Knopfdruck reicht, um dieses moderne, computergesteuerte Teleskop auf einen bestimmten Himmelskörper zu richten.**

DER STERNENHIMMEL

Astrofotografie

Wer weit reist, macht unterwegs Fotos. Das ist bei einer langen Reise über das Himmelszelt nicht anders. Mit einer Kamera kann man mehr schöne Objekte oder besondere Erscheinungen festhalten, als man mit dem bloßen Auge sehen kann. So lange es die Fotografie gibt, gibt es auch die Astrofotografie; das erste (Amateur-) Foto vom Vollmond datiert schon vom 1. September 1849. Heute ist die optische Astronomie ohne Fotografie undenkbar.

Nicht jede Kamera ist geeignet für Astrofotos. Die meisten Pocketkameras haben eine kurze Brennweite, wodurch z. B. Sonne und Mond als winzige Pünktchen auf dem Foto abgebildet werden. Außerdem kann man mit ihnen oft keine Zeitaufnahmen machen, sodass

Himmlisches Trio Jupiter und Venus spiegeln sich im Wasser, Amateuraufnahme mit Standardobjektiv.

Fotos vom Sternenhimmel unmöglich sind. Die beste Kamera zur Aufnahme einfacher, doch zufrieden stellender Bilder des Sternenhimmels ist eine altmodische Spiegelreflexkamera. Fotos von Sternstrichspuren sind am einfachsten aufzunehmen. Man suche sich in einer klaren mondlosen Nacht ein Plätzchen im Dunkeln und lege die Kamera mit dem Rücken auf einen Tisch oder Hocker, sodass sie senkrecht nach oben

schaut. Die Blende weit öffnen, den Abstand auf Unendlich einstellen und mit einem Drahtauslöser den Film einige Minuten belichten. Verschiedene Belichtungszeiten ausprobieren, die sich jeweils um den Faktor 2 unterscheiden, z. B. 1 min, 2 min, 4 min, 8 min usw. Durch die Drehung der Erde verursachen die im Bildfeld befindlichen Sterne Streifen auf dem Film – die so genannten Sternstrichspuren.

Bei einem Diafilm sind auf solchen Sternspurfotos die verschiedenen Farben der Sterne gut zu erkennen. Bei langer Belichtungszeit erscheinen auch schwächere Sterne im Bild, die mit bloßem Auge unsichtbar sind. (Mit einem Teleobjektiv

Zirkelbahnen Die Sterne des Kleinen Bären ziehen Kreise um den nördlichen Himmelspol auf diesem Sternspurfoto des Polarsterns und seiner direkten Umgebung.

kann man einen kleineren Ausschnitt des Sternenhimmels mehr im Detail fotografieren.)

Saturn ganz nah Nahaufnahme des beringten Planeten Saturn, aufgenommen mit einer Digitalkamera durch ein 25-cm-Teleskop

Befestigt man die Kamera auf einem Stativ, kann man sie auf den Polarstern richten, sodass herrliche konzentrische Kreisbögen auf dem Foto erscheinen.

Mit einem empfindlichen Diafilm und einer Kamera auf einem Stativ sind schöne Aufnahmen von Begegnungen vom Mond und den Planeten gar nicht so schwer (s. S. 83). Dann die Blende wieder weit öffnen und den Abstand auf Unendlich stellen; verschiedene Belichtungszeiten ausprobieren, wenige Sekunden bis zu einer Minute.

Aufnahmen mit Nachführung

Noch bessere Aufnahmen erhält man, wenn die Kamera der scheinbaren täglichen Bewegung des Sternenhimmels folgt, sodass die Sterne auch bei langer Belichtungszeit schön punktförmig bleiben. Dazu braucht man eine einfache parallaktische Montierung, die man für wenig Geld sogar selbst basteln kann. Man kann die Kamera auch auf ein Teleskop montieren und mit diesem die Drehbewegung des Sternenhimmels imitieren. Auch hierzu kann man große Teleobjektive benutzen.

> *Infolge der Lichtverschmutzung (s. S. 59) ist es in nördlichen Breiten leider nicht möglich, Sternaufnahmen sehr lange zu belichten: der Himmelhintergrund ist zu hell.*

Etwas komplizierter – doch auch viel eindrucksvoller – sind Aufnahmen durch das Teleskop. Dafür gibt es mehrere Methoden. Mit einem speziellen Adapter kann eine Kamera (ohne Objektiv) so an ein Teleskop montiert werden, dass der Brennpunkt genau auf dem Film liegt. Das Teleskop dient dabei als riesiges Teleobjektiv. Eine weitere Möglichkeit ist die Okularprojektion. Hier tritt die Kamera an die Stelle des menschlichen Auges. Die erste Methode eignet sich für lang belichtete Nachführaufnahmen von Sternhaufen, Nebeln oder Galaxien.

> ## Tipp für Sterngucker
> *Eine Kamera mit normalem Objektiv reicht aus für ein Sternspurfoto zur Zeit eines Meteorschwarms (s. S. 162). Wer Glück hat, erwischt eine „Sternschnuppe".*

Punktförmige Sterne Einfache Nachführaufnahme der Sternbilder Schütze und Schild.

Digitale Fotografie

Natürlich eignen sich auch Digitalkameras für Astrofotos. In manchen Fällen ist das Ergebnis sogar besser, denn der hoch entwickelte elektronische Chip in dieser Kamera (*charge coupled device*, CCD) ist empfindlicher als ein durchschnittlicher Film. Sehr vorteilhaft bei Digitalkameras ist zudem, dass man mit ihnen nach Herzenslust experimentieren kann: Die Kamera mag zwar teuer sein, doch die Fotos sind praktisch gratis.

Ebenso wie moderne elektronische Spiegelreflexkameras haben Digitalkameras jedoch einen Nachteil: Zeitaufnahmen sind oft gar nicht möglich, oder die Batterie „gibt dabei den Geist auf". Für digitale Astrofotos sollte man deshalb auf jeden Fall einen Netzadapter besitzen.

Zu besseren Digitalkameras, oft auch mit auswechselbaren Objektiven oder einer Vorrichtung zum Montieren eines Teleadapters, gibt es im Handel reichhaltiges Zubehör, damit das Gerät hinter ein Teleskop montiert werden kann. Für die Astronomie sind auch spezielle, gekühlte CCD-Kameras erhältlich, die sehr viel empfindlicher als ein Film sind.

> *Tipp für Sterngucker*
> *Eine spektakuläre Himmelserscheinung wie z. B. eine Sonnenfinsternis (s. S. 106) kann man mit der Videokamera aufnehmen. Dazu bekommt man gleich auch eine stimmungsvolle Tonreportage.*

Webcam-Astronomie Aufnahme des Mondes mit einer Webcam, eigentlich einer einfachen Digitalkamera.

Ein großer Vorteil der digitalen Astrofotografie besteht darin, dass die Aufnahmen sofort zur Bearbeitung am Computer verfügbar sind.

> **Die WFPC-2, eine Kamera an Bord des Hubble-Weltraumteleskops, hat nur 2,5 Millionen Pixel. Die meisten handelsüblichen Digitalkameras haben mehr.**

Bei sorgfältiger Bildbearbeitung können subtile Details entdeckt werden, die normalerweise unbeachtet bleiben. So ist es beispielsweise möglich, sogar von den schwächsten Teilen eines Nebels eine gute Aufnahme zu bekommen.

Auch mit (digitalen) Videokameras auf Stativ oder einfachen Webcams hinter dem Teleskop sind Aufnahmen von Himmelskörpern oder -erscheinungen möglich. Die meisten Camcorder besitzen einen großen Zoombereich und einen empfindlichen CCD-Detektor. So waren es auch Amateurastronomen, die winzige Details auf Planeten im Bild festgehalten haben, indem sie auf den Videos auf die Suche nach einzelnen Bildchen gingen, die nur geringen atmosphärischen Turbulenzen ausgesetzt waren.

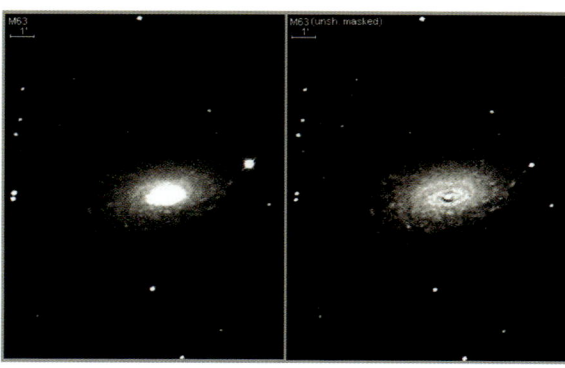

Digitale Dunkelkammer Digitale Bildbearbeitungstechniken, wie *unsharp masking*, bringen Details zutage, die normalerweise unsichtbar sind.

Computer in der Astronomie

Computer sind aus der professionellen Astronomie nicht mehr wegzudenken, bei den
Hobby-Astronomen ist das nicht anders. Natürlich kann auch der größte Computermuffel
mit einem Teleskop im Garten hinterm Haus
sein Hobby ausüben, ohne je eine Maus oder
Tastatur zu berühren, doch die ungeahnten
Möglichkeiten des Computers bieten enorme
Chancen.

E-Mail und Internet ermöglichen weltweiten
Kontakt zu anderen Hobby-Astronomen. Es gibt
spezielle Mailinglisten, Diskussionsplattformen
und Newsgroups, doch auch individueller

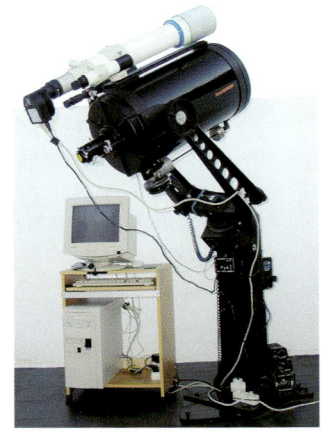

*Computer-
gesteuertes Teleskop*
Semiprofessionelle
Amateurteleskope
sind oft komplett
computergesteuert.

*Die amerikanische NASA arbeitet an einem
System, um in Zukunft über Internet
Live-Aufnahmen von Weltraumrobotern auf
dem Mars zur Verfügung zu stellen.*

Kontakt ist möglich. Über viele tausend Internetsites – mit allgemeinen oder sehr spezialisierten
Themen – hat man schnell Zugang zu einer
Flut von Informationen: astronomischen Neuigkeiten, aktuellen Daten zum Sternenhimmel,
ausgezeichneten Fotos, Software usw.
Manche Hobby-Astronomen benutzen einen

Computer zur Steuerung ihres Teleskops. Auf
dem Bildschirm kann ein Beobachtungsobjekt
ausgewählt werden, dann wird das Teleskop
automatisch in die richtige Position gedreht und
beginnt dem Objekt zu folgen. Astrofotografen
verwenden spezielle Software zur Bildbearbeitung, um alles aus ihren Aufnahmen herauszu-
holen. Rechnerfans schreiben sich ihre Software
zur Lösung physikalischer Probleme in der
Astronomie selbst oder programmieren ihr
eigenes Computerplanetarium.

Heute ist es sogar begrenzt möglich, über Internet Beobachtungen mit relativ großen, halb-
professionellen Teleskopen auf der anderen Seite
der Welt zu machen. Speziell
zu schulischen Zwecken sind
diese Instrumente ganz auf Fern-
bedienung eingestellt. Schließlich
haben auch viele Amateurastronomen eine eigene Website, auf
der sie ihre Arbeit der Außenwelt
präsentieren.

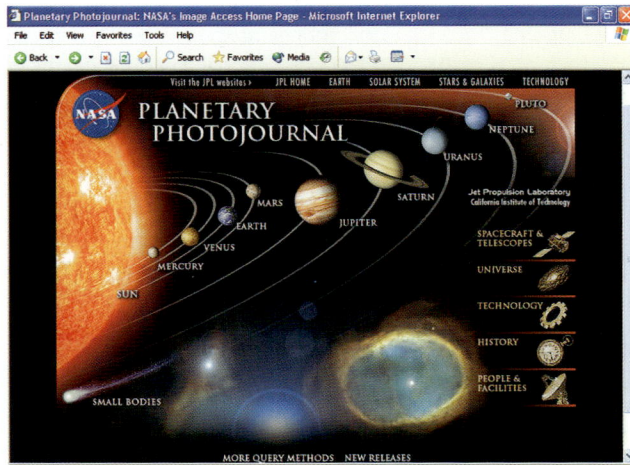

Bildarchiv NASAs Planetary Photo-
journal ist eine von vielen Internetsites,
auf denen viele Hundert astronomischer
Fotos bewundert und heruntergeladen
werden können.

Volkssternwarten, Planetarien und Vereine

Auch wer selbst kein Teleskop besitzt, kann sich intensiv mit der Hobby-Astronomie befassen. In Zeitungen, Zeitschriften und Büchern ist vieles zu diesem Thema zu lesen und auch durch Besuche bei regionalen Volkssternwarten kann man sein Wissen erweitern. Solche Volkssternwarten verfügen meist über ein oder mehrere große Teleskope; es gibt regelmäßig Vorführungen, auch Vorträge und Kurse werden angeboten.

Großer Andrang Besucher warten darauf, einen Blick durch das Teleskop einer Volkssternwarte zu werfen.

Viele Planetarien haben regelmäßig Vorträge und Kurse im Programm, die meisten bieten schöne astronomische Ausstellungen. Der Stolz eines jeden Planetariums jedoch ist natürlich der künstliche Sternenhimmel. Auf die Innenseite einer großen Halbkugel wird eine naturgetreue Kopie des echten Sternenhimmels projiziert, wobei Datum, Zeitpunkt und Beobachtungsort auf der Erde beliebig wählbar sind. Sogar die Zeit kann man beschleunigt ablaufen lassen, sodass der Besucher ein guten Einblick in die Bewegungen am Sternenhimmel erhält.

Die meisten Planetarien arbeiten mit einem optisch-mechanischen Projektor, der aus vielen Lampen, Linsen und Zahnrädern besteht. In modernen Planetarien spielt die elektronische oder digitale Projektion durch spezielle Video-projektoren eine immer größere Rolle. Neben traditionellen Vorführungen, in denen der aktuelle Sternenhimmel beschrieben wird, bieten viele Planetarien auch spektakuläre Multimedia-shows über Planetenforschung, Sternentstehung oder außerirdisches Leben.

Wer sich wirklich für das Hobby Astronomie interessiert, sollte Mitglied in einem astronomischen Amateurverein werden. Solch ein Verein organisiert landesweite oder regionale Treffen, bietet spezielle Arbeitsgruppen für mancherlei Teilgebiete, wie z. B. für veränderliche Sterne, Meteore, Astrofotografie und Instrumentenbau, und gibt meist eine eigene Zeitschrift heraus.

Neben Vereinen für Erwachsene gibt es auch Gruppen für jugendliche Astronomen.

Kunsthimmel In einem Planetarium wird mithilfe eines ausgefeilten Projektors ein künstlicher Sternenhimmel ins Innere einer großen Kuppel projiziert.

DER STERNENHIMMEL

Planetarien und Volkssternwarten

Albstadt, Sternwarte und Planetarium,
Hartmannstraße 140, 72458 Albstadt-Ebingen
Aschersleben, Planetarium, Auf der Alten Burg 40,
06449 Aschersleben
Augsburg, Sparkassen-Planetarium, Im Thäle 3,
86152 Augsburg
Bad Nauheim, Volkssternwarte Wetterau e.V.,
Burgallee 40, 61231 Bad Nauheim
Bautzen, Schulsternwarte und Planetarium,
Czornebohstraße 82, 02625 Bautzen
Berlin, Archenhold-Sternwarte, Alt-Treptow 1,
12435 Berlin-Treptow
Berlin, Wilhelm-Foerster-Sternwarte und Planetarium,
Munsterdamm 90, 12169 Berlin
Berlin, ZEISS-Großplanetarium, Prenzlauer Allee 80,
10405 Berlin
Bielefeld, Volkssternwarte, Wietkamp 5, 33699 Bielefeld
Bochum, Planetarium und Sternwarte,
Castroper Straße 67, 44777 Bochum
Bonn, Volkssternwarte Bonn e. V.,
Poppelsdorfer Allee 47, 53115 Bonn
Bremen, Sternwarte und Planetarium, Werderstr. 73,
28199 Bremen
Donzdorf, Messelberg-Sternwarte beim Schulzentrum,
73072 Donzdorf
Dortmund, Sternwarte im Westfalenpark,
Bahnhofstr. 9, 44263 Dortmund
Drebach, Volkssternwarte und Planetarium,
Straße der Jugend 14, 09430 Drebach
Erkrath, Sternwarte Neanderhöhe und Planetarium,
Sedentaler Str. 105, 40699 Erkrath
Essen, Walter-Hohmann-Sternwarte,
Wallneyer Straße 159, 45133 Essen
Frankfurt/Main, Volkssternwarte,
Robert-Mayer-Straße 2–4, 60054 Frankfurt
Freiburg, Planetarium, Bismarckallee 7g,
79098 Freiburg
Gondelsheim, Kraichgau-Sternwarte, Lilienstraße 25,
76669 Bad Schönborn
Halle, Raumflugplanetarium, Peißnitzinsel 4 a,
06108 Halle
Hamburg, Planetarium, Hindenburgstraße 1b,
22303 Hamburg
Hannover, Planetarium, An der Bismarckschule 5,
30173 Hannover
Hattingen, Volkssternwarte Hattingen e. V.,
Schonnefeldstr. 23, 45326 Essen
Heilbronn, Robert-Mayer-Volkssternwarte,
Bismarckstraße 10, 74072 Heilbronn
Heppenheim, Starkenburg-Sternwarte, Kleine Bach 3,
64646 Heppenheim

Hof, Volkssternwarte Hof, Egerländer Weg 25,
95032 Hof
Jena, Planetarium, Am Planetarium 5, 07743 Jena
Kassel, Planetarium, An der Karlsaue 20 c, 34121 Kassel
Kiel, Planetarium, Knooper Weg 62, 24103 Kiel
Klagenfurt, Raumflugplanetarium, Villacher Straße 239,
A-9020 Klagenfurt
Köln, Volkssternwarte, Nikolausstraße 55, 50937 Köln
Königsleiten, Sternwarte und Planetarium,
Königsleiten 29, A-5742 Wald
Laupheim, Volkssternwarte und Planetarium,
Parkweg 44, 88471 Laupheim
Luzern, Planetarium im Verkehrshaus der Schweiz,
Lidostraße 5, CH-6006 Luzern
Magdeburg, Planetarium und Sternwarte,
Pablo-Picasso-Straße 21, 39128 Magdeburg
Mannheim, Planetarium, Wilhelm-Varnholt-Allee 1,
68165 Mannheim
München, Planetarium im Amazeum, Museumsinsel
1, 80538 München
München, Planetarium und Volkssternwarte,
Rosenheimer Str. 145h, 81671 München
Nordenham, Planetarium, Bahnhofstraße 52,
26954 Nordenham
Nürnberg, Sternwarte, Regiomontanusweg 1,
90431 Nürnberg
Nürtingen, Neckar-Alb-Sternwarte, Birkenweg 7,
72622 Nürtingen
Radeberg, Volkssternwarte Erich Bär,
Stolpener Straße 84–40, 01454 Radeberg
Recklinghausen, Volkssternwarte und Planetarium,
Stadtgarten 6, 45657 Recklinghausen
Schneeberg, Sternwarte und Planetarium,
Heinrich-Heine-Straße, 08289 Schneeberg
Schriesheim, Volkssternwarte, Ladenburger Fußweg,
69198 Schriesheim
Stuttgart, Carl-Zeiss-Planetarium,
Mittlerer Schlossgarten, 70173 Stuttgart
Stuttgart, Schwäbische Sternwarte,
Zur Uhlandshöhe 41, 70188 Stuttgart
Violau, Sternwarte, Bruder-Klaus-Heim, 86450 Violau
Wernigerode, Harzplanetarium,
Walther-Rathenau-Straße 11, 38855 Wernigerode
Wien, Planetarium, Oswald-Thomas-Platz 1, A-1020 Wien

Überregionale astronomische Amateur-Vereinigungen

Vereinigung der Sternfreunde e. V. (VdS),
Am Tonwerk 6, 64646 Heppenheim
Österreichischer Astronomischer Verein,
Baumgartenstraße 23/4, A-1140 Wien
Schweizerische Astronomische Gesellschaft (SAG),
Gristenbühl 13, CH-9315 Neukirch

3 Erde, Mond und Sonne

Tage, Monate und Jahre

Unser Kalender basiert auf der Astronomie. Ein Tag ist die Zeit, die die Erde benötigt, um sich einmal um ihre eigene Achse zu drehen. Ein Monat ist (annäherungsweise) der Zeitraum, in dem sich der Mond um die Erde bewegt. Ein Jahr ist die Dauer eines Erdumlaufs um die Sonne. Die Einteilung unseres Kalenders wird bestimmt durch den Lauf der Himmelskörper.

Diese Bewegungen von Erde, Mond und Sonne sind nicht so gleichmäßig, wie man immer denkt. Zunächst einmal sind die Bahnen der Himmelskörper keine echten Kreise sondern Ellipsen. Die Abstände zueinander und die Bahngeschwindigkeiten sind deshalb nicht konstant. Im Laufe der Zeit variiert auch der Abstand der Umlaufbahn zum Mittelpunkt, die Ausrichtung dieser Bahn im All und die Neigung der Bahn in Bezug auf die anderer Himmelskörper im Sonnensystem.

Hinzu kommt noch, dass die Erde, bedingt durch den Mond, eigentlich nie eine reine Ellipsenbahn um die Sonne beschreibt. Erde und

TAGE, MONATE UND JAHRE		
PERIODE	BEZUGSPUNKT	DAUER
Siderischer Tag (Sterntag)	Sternenhimmel	$23^h 56^m 04,1^s$
Synodischer Tag (Sonnentag)	Sonne	$24^h 00^m 00^s$
Siderischer Monat	Sternenhimmel	$27^d 07^h 43^m 11,6^s$
Synodischer Monat	Sonne	$29^d 12^h 44^m 02,9^s$
Tropischer Monat	Frühlingspunkt	$27^d 07^h 43^m 04,7^s$
Anomalistischer Monat	Perigäum*	$27^d 13^h 18^m 33,1^s$
Drakonitischer Monat	Knotenlinie**	$27^d 05^h 05^m 35,9^s$
Siderisches Jahr	Sternenhimmel	$365^d 06^h 09^m 10^s$
Tropisches Jahr	Frühlingspunkt	$365^d 05^h 48^m 45^s$
Anomalistisches Jahr	Perihel***	$365^d 06^h 13^m 53^s$

*Punkt auf der Ellipsenbahn des Mondes, der der Erde am nächsten ist
** Schnittlinie der Mondbahn mit der Erdbahn um die Sonne
*** Punkt auf der Ellipsenbahn der Erde, der der Sonne am nächsten ist

Mond drehen sich dabei um einen gemeinsamen Schwerpunkt, das so genannte

Da die Rotationsgeschwindigkeit der Erde sehr langsam (und unregelmäßig) abnimmt, muss im Kalender ab und zu eine Schaltsekunde eingefügt werden.

Baryzentrum (etwa 1500 Kilometer unter der Erdoberfläche gelegen), das eine Ellipsenbahn um die Sonne beschreibt, oder besser gesagt: um das Baryzentrum des Sonnensystems. Die genaue Rotationszeit der Erde, die Umrundungszeit des Mondes und die Umlaufzeit der Erde um die Sonne sind also stark miteinander verknüpft. Zudem sind alle diese Zeit ein wenig veränderlich, man spricht also imme von einem Durchschnitt.

MOND · ERDE · BAHN DES GEMEINSAMEN SCHWERPUNKTS

Schwankender Planet Der Mond bewirkt, dass die Erde keine reine Ellipsenbahn um die Sonne beschreibt.

Ebbe und Flut

Australische Gezeiten Hoch-
und Niedrigwasser im King
Sound in Nordwest-Australien,
fotografiert vom Landsat-7-
Satellit.

Ebbe und Flut auf der Erde sind eine Folge der Gezeitenkräfte von Sonne und Mond, wobei der
Mond wegen seines viel geringeren Abstands zur
Erde eine größere Rolle spielt. Auch bei vollstän-
diger Bewölkung auf der Erde könnte man immer
am regelmäßigen Steigen und Sinken des Was-
serspiegels die Existenz des Mondes ablesen.
Gezeitenkräfte sind so genannte Unterschieds-
kräfte. Ebbe und Flut entstehen, da die Anziehungskraft des Mondes auf der einen Seite der
Erde, die dem Mond zugewandt ist, größer ist
als auf der anderen dem Mond abgewandten
Seite. Und warum gibt es in einem Wasserglas
oder einem Teich Ebbe
und Flut nicht? Die Was-
sermasse ist so klein,
dass alle Wassermoleküle
derselben Anziehungs-
kraft unterliegen.
Würde die Erde ganz aus
Wasser bestehen, so wäre
diese Wasserkugel von den Gezeitenkräften des
Mondes zu einem Ellipsoiden mit der Längsachse
in Richtung Erde-Mond ausgedehnt worden.

> *Auch auf dem Festland gibt es Ebbe und
> Flut! Zweimal innerhalb von 24 Stunden
> bewegt sich die Erdoberfläche ein paar
> Zentimeter auf und ab.*

Manche eng stehende Doppelsterne (s. S. 178)
zeigen eine solche Gezeitendeformation. Auch
wenn die „Wassererde" einen großen Kern aus
Gestein und Metall hätte (der sich weniger leicht
ausdehnen ließe), würde der Wassermantel diese
Ellipsenform aufweisen. Grund dafür ist, dass es
zwei Flutberge auf der Erde gibt: einen auf der
dem Mond zugewandten Seite und einen auf der
gegenüberliegenden Seite. Da die Erde sich, auch
unter den Flutbergen, um ihre eigene Achse dreht,
gibt es an jedem Ort der Erde zweimal innerhalb
von 24 Stunden Ebbe und Flut. Wenn die Gezeitenkräfte von Sonne und Mond sich gegenseitig
verstärken (bei Vollmond und Neumond), spricht
man von Springflut und Nippflut.

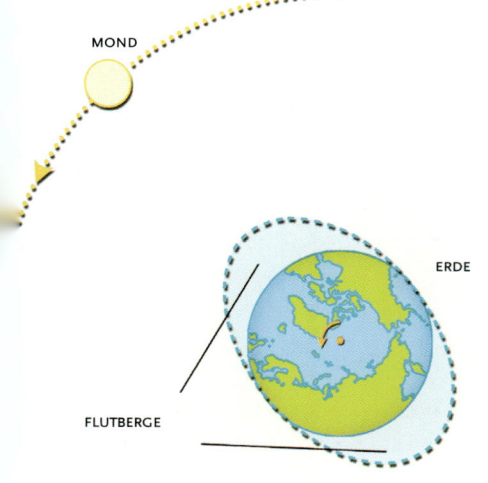

MOND

ERDE

FLUTBERGE

Doppelter Flutberg Ein Flutberg befindet sich immer
ziemlich genau unter dem Mond, der andere exakt auf der
gegenüberliegenden Seite der Erde.

ERDE, MOND UND SONNE

99

Die Erscheinungsformen des Mondes

Der Mond ist das weitaus bekannteste Objekt am nächtlichen Himmel. Jeder ist vertraut mit seinem wechselnden Aussehen: einer kleinen schmalen Sichel, einem schönen Halbmond oder einer voll beleuchteten Scheibe. Dennoch gibt es viel Unkenntnis über die Ursache dieser Erscheinungsformen. So wird oft angenommen, dass sie durch den Schatten der Erde verursacht werden. Wie die Erde erzeugt auch der Mond selbst kein Licht: Er ist ein kalter und dunkler Himmelskörper. Und ebenso wie die Erde wird der Mond immer nur auf einer Seite von der Sonne beschienen. Auf dieser Seite ist dann Tag; auf der gegenüberliegenden, dunklen Seite ist Nacht. Die Form des Mondes, wie wir sie wahrnehmen, wird bestimmt durch die Art, in der wir auf den halb beleuchteten Mond schauen.

Steht der Mond mehr oder weniger gegenüber der Sonne am Himmel, ist auf seiner Vorderseite (der der Erde zugewandten Seite) Tag. Die Rückseite des Mondes, die wir von der Erde aus nie sehen können, ist dann dunkel; dort ist Nacht. Da wir dann nur die Tageshälfte des Mondes sehen, ist der Mond für uns voll beleuchtet. Es ist Vollmond.

> *Tipp für Sterngucker*
> Interessant ist die Neigung der Mondsichel kurz nach Neumond. Im Frühling liegt die Sichel fast auf dem Rücken; im Herbst steht sie aufrecht.

Steht der Mond etwa zwischen Erde und Sonne, schauen wir von der Erde aus auf die unbeleuchtete Hälfte des Mondes. Die Tageshälfte können wir nicht sehen. Diese Phase wird Neumond genannt, denn erst einige Tage später wird am Abendhimmel wieder eine neue schmale Mondsichel sichtbar.

> *Ein Astronaut sieht die Erde vom Mond aus auch als besondere Lichterscheinung. Bei Neumond sieht er „Vollerde" und bei Vollmond sieht er „Neuerde".*

Zwischen diesen beiden Phasen schauen wir seitlich auf die halb beleuchtete Mondkugel. Wir sehen also die Hälfte der Tagseite des Mondes und auch die Hälfte der Nachtseite. Diese Phase wird Halbmond genannt. Der Halbmond, der zwischen Neumond und Vollmond fällt, heißt erstes Viertel (ein Viertel des Phasenzyklus des Mondes ist dann erreicht; der Halbmond zwischen Vollmond und Neumond heißt letztes Viertel.

Sichtbarkeit

Zur Zeit des Neumondes ist der Mond nicht zu sehen. Nicht nur, weil wir auf seine unbeleuchtete Seite schauen, sondern auch und vor allem,

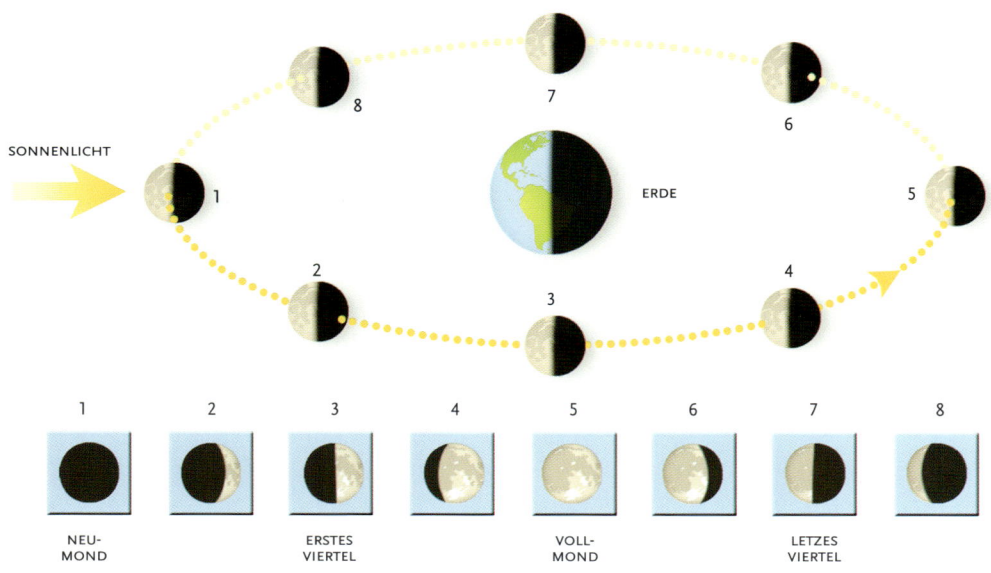

| 1 | 2 | 3 | 4 | 5 | 6 | 7 | 8 |

| NEU-MOND | | ERSTES VIERTEL | | VOLL-MOND | | LETZTES VIERTEL | |

Halbmond Der Mond ist immer zur Hälfte beleuchtet, aber von der Erde aus blicken wir immer aus einem anderen Blickwinkel auf das beleuchtete Halbrund.

weil er mehr oder weniger in Richtung Sonne steht. Der Neumond befindet sich also tagsüber über dem Horizont und ist unsichtbar, da die Sonne viel heller ist (außer während einer Sonnenfinsternis, s. S. 106).

Wenige Tage nach Neumond wird ein kleines Stück der beleuchteten Hälfte des Mondes sichtbar und wir sehen kurz nach Sonnenuntergang eine schmale Sichel am westlichen Horizont stehen, die im Laufe des Abends untergeht. In den darauf folgenden Tagen bleibt der Mond immer länger sichtbar, und wenn das erste Viertel erreicht ist, steht der halb erleuchtete

Mond bei Sonnenuntergang hoch über dem südlichen Horizont und geht erst gegen Mitternacht unter.

Der Vollmond steht der Sonne gegenüber am Himmel und geht daher bei Sonnenuntergang auf, er erreicht seinen höchsten Stand oberhalb des südlichen Horizonts um Mitternacht und geht erst wieder bei Sonnenaufgang unter. Der Vollmond ist also die ganze Nacht über zu sehen. Im letzten Viertel geht der Mond erst um Mitternacht auf und steht bei Sonnenaufgang hoch oben im Süden. Danach nimmt seine Sichtbarkeitsdauer schnell ab; die letzte abnehmende

Sichel, ein paar Tage vor Neumond, ist nur kurz vor Sonnenaufgang zu sehen.

Mond-Zyklus Fünf Mondphasen: kurz nach Neumond, Erstes Viertel, Vollmond, Letztes Viertel und kurz vor Neumond.

ERDE, MOND UND SONNE

Jahreszeiten

Die Jahreszeiten auf der Erde werden durch die Schrägstellung der Erdachse verursacht. Sie steht nicht senkrecht auf der Bahn der Erde um die Sonne, sondern weist eine Neigung von rund 23° auf, wie man es bei jedem Globus sieht. Wäre die Achsneigung der Erde 0°, dann gäbe es nirgendwo auf unserem Planeten Jahreszeiten, dann würden Tag und Nacht das ganze Jahr hindurch gleich lang dauern und dann würde die Sonne immer und überall um 6.00 Uhr aufgehen und um 18.00 Uhr wieder untergehen.
Durch die Achsenneigung der Erde wird in den Monaten Mai, Juni und Juli die nördliche Erdhalb-

Erhält die nördliche Erdhalbkugel mehr Sonnenlicht, dauern die Tage lang, und die Nächte sind kurz. In der Polregion verschwindet die Sonne sogar überhaupt nicht unter dem Horizont; dann ist die Mitternachtssonne zu sehen. Die Tage sind nicht nur herrlich lang, die Sonne steht auch mitten am Tage hoch oben am Himmel, sodass die Erdoberfläche effektiv aufgeheizt wird. Auf der nördlichen Halbkugel ist nun Sommer, aber auf der südlichen Halbkugel, die jetzt weniger Sonnenlicht erhält, ist Winter.
Ein halbes Jahr später, wenn die Sonne besonders die „Unterseite" der Erde bescheint, sind auf der

Schiefe Erdbahn **Die Erdbahn verläuft schräg zum Äquator. Dadurch wird die Erde immer anders von der Sonne beschienen.**

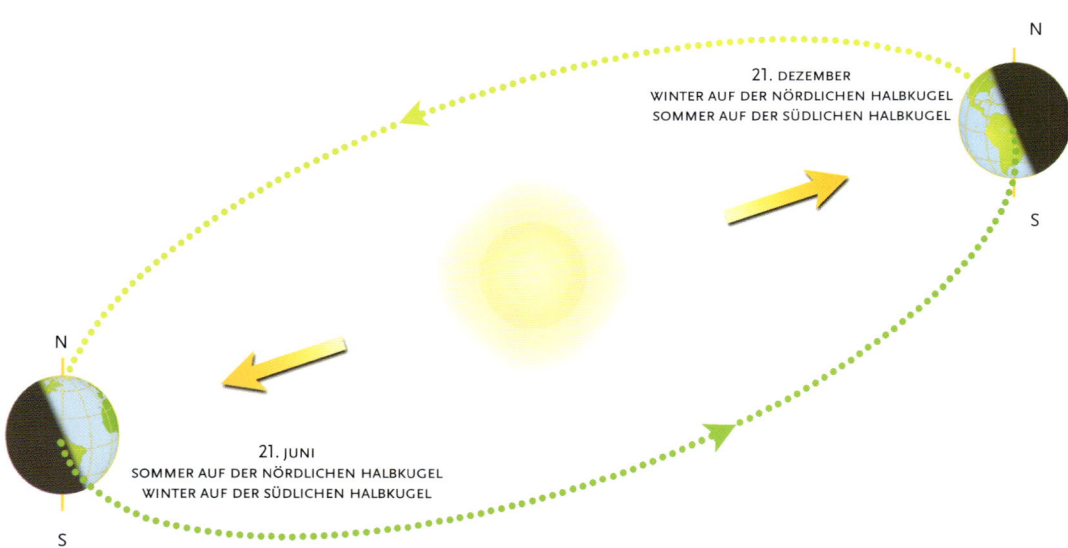

21. DEZEMBER
WINTER AUF DER NÖRDLICHEN HALBKUGEL
SOMMER AUF DER SÜDLICHEN HALBKUGEL

21. JUNI
SOMMER AUF DER NÖRDLICHEN HALBKUGEL
WINTER AUF DER SÜDLICHEN HALBKUGEL

kugel etwas mehr von der Sonne beschienen, während in den Monaten November, Dezember und Januar gerade die südliche Halbkugel mehr Sonnenlicht erhält. In den dazwischenliegenden Monaten ist der Unterschied nicht so extrem. Um den 21. März und den 23. September steht die Sonne genau über dem Erdäquator, und dann erhalten nördliche und südliche Halbkugel gleich viel Licht und Wärme von der Sonne.

nördlichen Halbkugel die Tage kurz und die Nächte lang. In der Polregion taucht die Sonne sogar für geraume Zeit überhaupt nicht über den Horizont auf; dort herrscht Polarnacht. Die Tage sind nur kurz, zudem befindet sich die Sonne auch am Tage in geringer Höhe über dem Horizont, die Erde wird kaum erwärmt. Auf der nördlichen Halbkugel herrscht nun Winter, während auf der südlichen Halbkugel gerade Sommer is

Astronomische Jahreszeiten

Ist auf der einen Erdhalbkugel Winter, so ist auf der anderen Hälfte Sommer und umgekehrt. Dem ist schon zu entnehmen, dass die Jahreszeiten nicht durch die wechselnde Entfernung zwischen Erde und Sonne entstehen. Im Januar steht die Erde ungefähr fünf Millionen Kilometer näher bei der Sonne als im Juli, doch diese

> *Die meteorologischen Jahreszeiten hinken etwas hinter den astronomischen her, denn Atmosphäre und Ozeane reagieren nur langsam auf Aufwärmung und Abkühlung.*

Differenz reicht nicht aus, um die jährlichen Temperaturschwankungen auf der Erde zu erklären.

Da die Jahreszeiten auf die scheinbare jährliche Bewegung der Sonne am Himmel bezogen sind, können Astronomen auf die Minute genau angeben, wann Frühling, Sommer, Herbst und Winter beginnen.

Die astronomischen Jahreszeiten sind an die sich fortwährend ändernde Himmelsposition der Sonne gekoppelt.

Der astronomische Frühling beginnt am oder um den 21. März, wenn die Sonne von Süden nach Norden über den Himmelsäquator wandert (s. S. 58); die Sonne steht dann im Frühlingspunkt, im Sternbild Fische.

Der astronomische Sommer beginnt am oder um den 21. Juni, wenn die Sonne die nördlichste Position am Sternenhimmel erreicht, auf der Grenze zwischen den Sternbildern Stier und Zwillinge.

Der astronomische Herbst beginnt am oder um den 23. September, wenn die Sonne im Herbstpunkt, im Sternbild Jungfrau, steht und wieder den Himmelsäquator überquert, doch nun von Nord nach Süd. Der astronomische Winter schließlich beginnt am oder um den 22. Dezember, wenn die Sonne die südlichste Position am Himmel erreicht, im Sternbild Schütze.

> ### Tipp für Sterngucker
> *Wer einmal längere Zeit beobachtet, wo die Sonne am Horizont untergeht, stellt fest: Nur am 21. März und 23. September ist das genau im Westen.*

Standort Sonne Die Erde, von der Sonne aus gesehen. Links am 21. Juni, rechts am 21. Dezember.

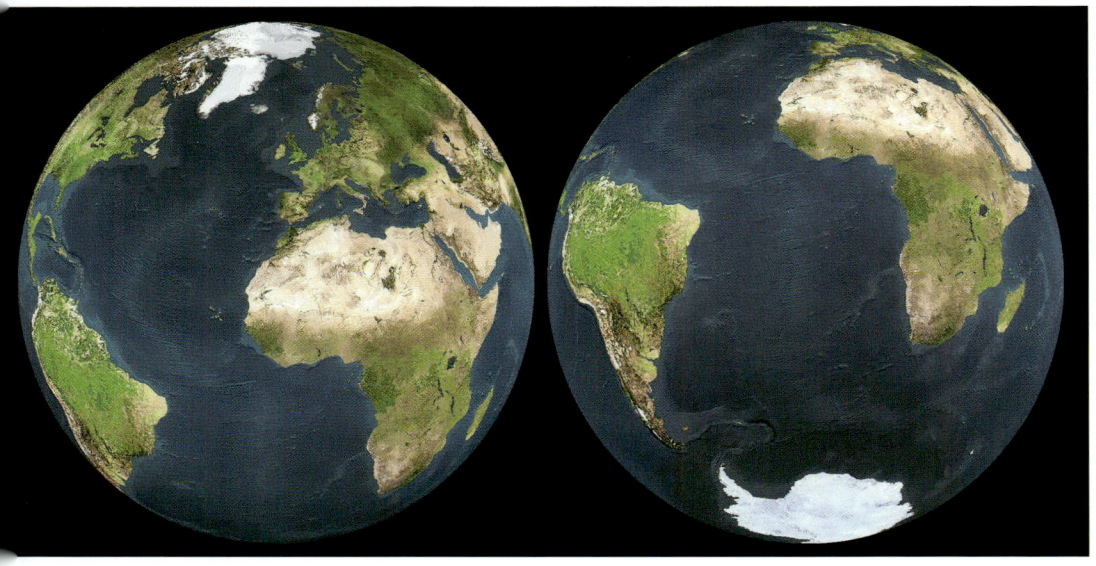

Mondfinsternis

Eine Mondfinsternis tritt auf, wenn der Mond durch den Erdschatten wandert. Es fällt dann kein direktes Sonnenlicht mehr auf den Mond. Eine solche Verfinsterung kann es nur geben, wenn sich der Mond gegenüber der Sonne am Himmel befindet, also bei Vollmond. Dass es nicht bei jedem Vollmond eine Mondfinsternis gibt, liegt an der schiefen Lage der Mondbahn: Meist zieht der Mond etwas oberhalb des Erdschattens oder genau etwas unterhalb über den Himmel.

Christopher Kolumbus beeindruckte auf einer seiner Reisen, als er eine Mondfinsternis voraussagte, die Indianer so sehr, dass sie seine Mannschaft mit Nahrungsmitteln versorgten.

Eine Mondfinsternis ist nicht ausgesprochen selten. Es vergeht kein Jahr ohne sie. Doch nicht jede Mondfinsternis ist von einem Ort auf der Erde aus zu sehen: Um dieses Naturschaupiel beobachten zu können, muss der Mond sich natürlich oberhalb des Horizonts befinden. Außerdem ist nicht jede Mondfinsternis besonders eindrucksvoll. Manchmal ist sie nur von kurzer Dauer oder geschieht bei niedrigem Mondstand über dem Horizont; bei partieller

Mondfinsternis verschwindet nur ein Teil des Mondes im Erdschatten und bei einer Halbschattenfinsternis, bei der sich der Mond genau oberhalb oder unterhalb des dunklen Schlagschattens der Erde bewegt, wird der Vollmond nur ein klein wenig schwächer, was fast nicht auffällt.

Eine schöne, lang anhaltende Mondfinsternis mit dem Mond hoch am Himmel, ist jedoch ein außergewöhnlich eindrucksvolles Schauspiel, besonders da es so langsam vor sich geht. Kurz vor dem ersten Kontakt – dem Augenblick, in dem der Erdschatten erstmals auf den Mond fällt und eine kleine dunkle „Delle" am Rand des Vollmondes zu bemerken ist – ist der Einfluss des Halbschattens zu sehen: Es scheint ein Grauschleier über dem Mond zu liegen, denn ein Teil des Sonnenlichts wird schon ferngehalten. Nach dem ersten Kontakt dauert es etwa eine Stunde, bis der Mond sich vollkommen im Erdschatten befindet. Der Beginn der Phase der totale Mondverfinsterung wird de zweite Kontakt genannt.

> *Tipp für Sterngucker*
> Eine totale Mondfinsternis sollte man durch ein Fernglas beobachten. Man hat dann den Mond ganz im Bild und kann sogar die größten Mondkrater erkennen.

Roter Ball

In der partiellen Phase der Mondfinsternis wandert der Rand des Erdschattens langsam über die Krater, Be ge und Ebenen des Mondes

Verdunkelter Mond **Eine totale Mondfinsternis gibt es, wenn sich der Mond durch den Erdschatten bewegt.**

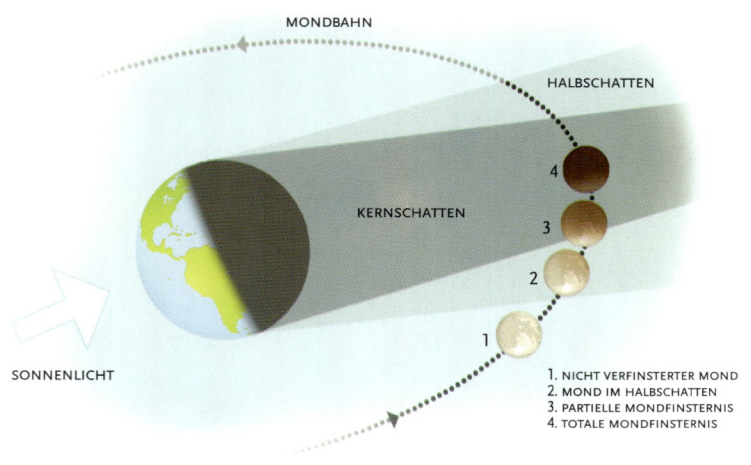

MONDBAHN
HALBSCHATTEN
KERNSCHATTEN
4
3
2
1
SONNENLICHT

1. NICHT VERFINSTERTER MOND
2. MOND IM HALBSCHATTEN
3. PARTIELLE MONDFINSTERNIS
4. TOTALE MONDFINSTERNIS

Rote Glut Die rote Farbe des total verfinsterten Monds wird durch die Erdatmosphäre verursacht.

Betrachtet man dies durch ein kleines Teleskop, bietet sich ein herrlicher Anblick: Es scheint, als sehe man in einer anderen Welt die Nacht herabfallen. Der Erdschatten ist übrigens nicht sehr scharf abgegrenzt, was vornehmlich daher rührt, dass die Sonne keine Punktquelle ist, sondern gewisse Ausmaße besitzt (aus eben diesem Grund produziert ein klassischer kugelförmiger Lüster auch weniger scharfe Schatten als eine einzige kahle Glühbirne), doch auch durch die Erdatmosphäre wird das Sonnenlicht zerstreut.

Die herrliche orangerote Farbe einer totalen Mondfinsternis wird durch die Erdatmosphäre verursacht. Da der rote Teil des Sonnenlichts leichter den weiten Weg durch die Erdatmosphäre zurücklegt als der blaue Teil (deshalb ist u. a. auch die untergehende Sonne rot), dringt nur noch etwas rotes Licht in den Erdschatten. Die Rotverfärbung des verfinsterten Mondteils beginnt schon in der partiellen Phase, doch sie ist erst bei totaler Verfinsterung wirklich gut zu erkennen, denn dann tritt keine Überstrahlung mehr durch den nicht verfinsterten Teil des Mondes auf. Etwa eine Stunde kann der verfinsterte Mond als ein schwach beleuchteter orangeroter Ball an einem mit Sternen übersäten Himmel schweben – ein außergewöhnlich eindrucksvolles Bild.

Träge Erscheinung Vier Phasen einer totalen Mondfinsternis. Die Erscheinung dauert meist einige Stunden.

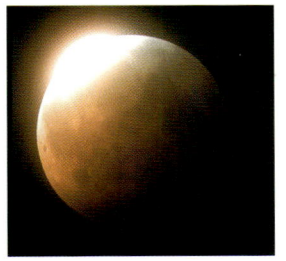

MONDFINSTERNISSE 2005–2011

DATUM	ART*	SICHTBARKEITSGEBIET
24. Apr. 2005	H	Ostaustralien, Neuseeland, Westen von Nordamerika
17. Okt. 2005	P (10 %)	Pazifischer Ozean
		14. Mrz. 2006 H Europa, Afrika
7. Sept. 2006	G (20 %)	Westaustralien, Zentralasien, Ostafrika
3. Mrz. 2007	T (01ʰ 18ᵐ)	Europa, Afrika, Westasien
28. Aug. 2007	T (01ʰ 31ᵐ)	Ostasien, Indonesien, Westaustralien
21. Feb. 2008	T (00ʰ 51ᵐ)	Westeuropa, Westafrika, Nord- und Südamerika
16. Aug. 2008	P (80 %)	Osteuropa, Asien, Afrika
9. Feb. 2009	H	Australien, Neuseeland, Ostasien
7. Juli 2009	H	Nordamerika, Ostaustralien
6. Aug. 2009	H	Europa, Afrika
31. Dez. 2009	P (10 %)	Europa, Afrika, Australien, Asien
26. Juni 2010	P (54%)	Indonesien, Australien, Stiller Ozean
21. Dez. 2010	T (01ʰ 13ᵐ)	Ostasien, Nord- und Südamerika, Europa
15. Juni 2011	T (01ʰ 41ᵐ)	Südamerika, Europa, Afrika, Asien, Australien
10. Dez. 2011	T (00ʰ 52ᵐ)	Europa, Ostafrika, Asien, Australien

* H = Halbschattenfinsternis, P = partielle Finsternis (mit Größe),
T = totale Finsternis (mit Dauer der totalen Finsternis)

Sonnenfinsternis

Eine totale Sonnenfinsternis ist das spektakulärste Naturereignis überhaupt. Für ein paar Minuten wird die blendende Oberfläche der Sonne vom Mond abgedeckt, und dann ist die silbrige Korona aus flüchtigem, heißem Gas zu sehen. Das Tageslicht wird weggesogen; Planeten und sogar die hellsten Sterne werden sichtbar und Tiere reagieren, als würde die Dämmerung einsetzen. Dann kehrt das erste Sonnenlicht plötzlich wieder zurück. Dieses Ereignis hinterlässt beim Zuschauer das Gefühl, als habe er ein Wunder erlebt. Während einer totalen Sonnenfinsternis zieht der Schatten des Mondes in einer schmalen Bahn

> *Die Sonne ist 400-mal so weit entfernt von uns wie der Mond. Eine totale Sonnenfinsternis ist nur möglich, da die Sonne zufällig auch 400-mal so groß ist wie der Mond.*

über die Erdoberfläche. Nur von dieser Zone aus ist eine totale Eklipse sichtbar; nördlich und südlich von dieser Zone sieht man eine weit weniger spektakuläre partielle Finsternis. Steht der Mond etwas weiter von der Erde entfernt als gewöhnlich, so reicht der Mondschatten oft

nicht einmal bis zur Erdoberfläche, es gibt eine ringförmige Finsternis: Der Mond ist dann zu klein, um die Sonne vollständig abzudecken. Jedes Jahr gibt es mindestens zwei Sonnenfinsternisse, doch oft sind diese nur partiell. Die seltene totale Sonnenfinsternis ist meist nur von abgelegenen Orten auf der Erde aus zu sehen.

Eklipsenwissenschaft

Früher sah man in einer totalen Sonnenfinsternis ein schlechtes Omen, auch wenn die Babylonier sie bereits voraussagen konnten. Astronomen haben Beobachtungen von Eklipsen aus alten Chroniken benutzt, um bestimmte historische Ereignisse zu datieren und sogar um kleine Schwankungen der Rotationsgeschwindigkeit der Erde zu ermitteln. 1919 wurden Positionsmessungen von Sternen während einer totalen Sonnenfinsternis zur Bestätigung von Einsteins Relativitätstheorie herangezogen. Sonnenfinsternisse werden heute besonders von Hobby-Astronomen und der breiten Öffentlichkeit beobachtet. Doch auch Berufsastronomen zeigen noch Interesse: Für kurze Zeit können sie den innersten Teil der Korona beobachten. Man weiß wenig darüber, wie die Korona erhitzt wird. Weitere Forschungen sind nötig, denn die sich schnell bewegenden elektrisch geladenen Teilchen der Korona stören das magnetische Feld der Erde und können für Satelliten, Elektrizitätswerke und Radioverbindungen problematisch werden.

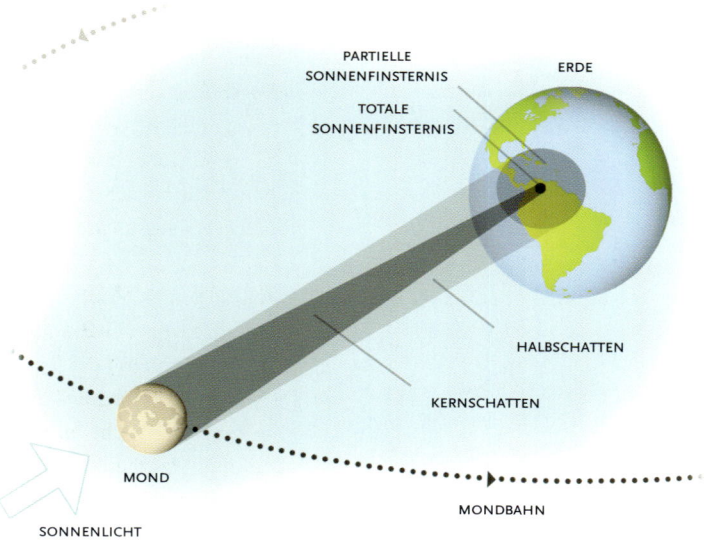

PARTIELLE SONNENFINSTERNIS

TOTALE SONNENFINSTERNIS

ERDE

HALBSCHATTEN

KERNSCHATTEN

MOND

SONNENLICHT

MONDBAHN

Beweglicher Schatten Bei einer totalen Sonnenfinsternis bewegt sich der Schatten des Mondes mit hoher Geschwindigkeit über die Erdoberfläche.

Strahlenkranz Die strahlende Korona der Sonne ist nur
bei einer totalen Sonnenfinsternis zu sehen.

Zu viel zu sehen

Außer der Korona ist noch vieles mehr in den
wenigen Minuten einer totalen Sonnenfinsternis
zu sehen. Man kann beobachten, wie der Schatten
des Mondes mit hoher Geschwindigkeit über die
Landschaft auf einen zugerast kommt (vorher)
oder wieder fortsaust (nachher). Man kann
Schattenbänder sehen: schnell dahin huschende
„Wellen" von Hell und Dunkel, hervorgerufen
durch atmosphärische Turbulenzen. Direkt danach
ist das Perlschnurphänomen zu beobachten,
wenn das wenige restliche Sonnenlicht sich an
den Bergen und Tälern des Mondrandes festhält.
Man kann den „Diamantring" genießen: einen
spektakulären Blitz von Sonnenlicht, der oft zu

Spektakuläres Schauspiel Mehrfach belichtete Aufnahme
der totalen Sonnenfinsternis vom 4. Dezember 2002
in Australien.

Beginn und am Ende einer Finsternis zu sehen
ist. Sogar Sterne und Planeten werden sichtbar.
Ergibt sich je die Möglichkeit, eine totale Sonnenfinsternis zu erleben, dann sollte man nicht
zögern: Die nächste günstige Sonnenfinsternis
ist am 29. März 2006 in der
Türkei. Erst 2026 wird der
Schatten des Mondes danach
wieder über das europäische
Festland ziehen. Mit einer
sicheren Beobachtungsbrille
kann man die einzelnen
Phasen der Sonnenfinsternis
genau betrachten. Man sollte
versuchen, dieses Natur-
ereignis mit Kamera oder
Videokamera (auf Stativ) festzuhalten; eine große Brennweite wählen, damit die feinen
Details der Korona zur Geltung kommen. Nicht verges-
sen: Tonaufnahmen halten
die Erregung des Augenblicks
für später fest.

SONNENFINSTERNISSE 2005–2011

DATUM	ART*	SICHTBARKEITSGEBIET
8. Apr. 2005	R/T (0ᵐ 42ˢ)	Panama, Kolumbien, Venezuela
3. Okt. 2005	R	Spanien, Algerien, Tunesien, Libyen, Sudan, Kenia
29. Mrz. 2006	T (4ᵐ 07ˢ)	Nigeria, Niger, Libyen, Türkei
22. Sept. 2006	R	Guyana, Surinam, Französisch Guyana
19. Mrz. 2007	P	Ostasien, Alaska
11. Sept 2007	P	Südamerika
7. Feb. 2008	R	Antarktis
1. Aug. 2008	T (2ᵐ 27ˢ)	Nordgrönland, Nowaja Semlja, Russland, China
26. Jan. 2009	R	Süd-Sumatra, Westjava, Kalimantan
22. Juli 2009	T (6ᵐ 39ˢ)	Indien, Bhutan, China
15. Jan. 2010	R	Afrika, Asien
11. Juli 2010	T (5ᵐ 20ˢ)	Süden von Südamerika
4. Jan. 2011	P (86 %)	Europa, Afrika, Zentralasien
1. Juni 2011	P (60 %)	Ostasien, Island, Norden von Nordamerika
1. Juli 2011	P (10 %)	Süden des Indischen Ozeans
25. Nov. 2011	P (91 %)	Südafrika, Antarktis, Neuseeland

* P = partiell, R = ringförmig, T = total
(mit Dauer)

Zeitausgleich

Wer die Position der Sonne am Himmel genau beobachtet, erkennt, dass die Sonne ihren höchsten Punkt über dem südlichen Horizont nicht genau um zwölf Uhr mittags erreicht. Grund dafür ist, dass unsere Uhren nicht die lokale Sonnenzeit angeben, sondern die Mitteleuropäische Zeit (MEZ) oder die Mitteleuropäische Sommerzeit (MESZ). Diese gilt genau genommen für den Längenmeridian 15° östlicher Länge. Da Deutschland etwa auf 8°–14° östlicher Länge liegt, steht die Sonne hier bis zu 30 Minuten später im Süden und erreicht also etwa um 12.30 Uhr MEZ (oder 13.30

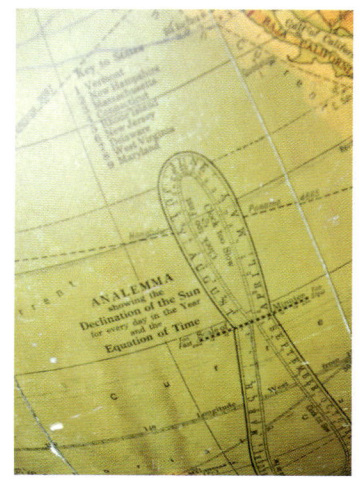

Himmlische Acht Legt man ein Jahr lang zur selben Zeit die Position der Sonne fest, sieht man das 8-förmige Analemma am Himmel.

Da eine Sonnenuhr die wahre Sonnenzeit angibt, sind immer Korrekturen für die Zeitgleichung notwendig. Hierfür benutzt man oft einen 8-förmigen Schattenstab.

Uhr MESZ) die größte Höhe über dem Horizont. Doch auch wenn man Korrekturen anbringt, entspricht der Sonnenverlauf nicht genau der Uhr. Anfang November ist die Sonne ein wenig zu schnell und steht schon um 12.20 Uhr im Süden; Mitte Februar ist sie zu langsam und erreicht den höchsten Stand erst etwa um 12.45 Uhr. Dieser stets schwankende Unterschied zwischen Uhr- und Sonnenzeit wird Zeitgleichung genannt.

Zwei Dinge sind die Ursache für die Zeitgleichung: die Neigung der Erdachse und die Ellipsenform der Erdbahn. Wäre die Erdbahn ein Kreis und stünde die Achse unseres Planeten senkrecht auf dieser Bahn, dann würden Sonne und Uhr gleich laufen. Doch aufgrund der elliptischen Erdumlaufbahn ist die Umlaufgeschwindigkeit der Erde nicht immer gleich und durch die Neigung der Erdachse ist die tägliche Änderung der Rektaszension der Sonne (s. S. 58) zu Beginn von Sommer und Winter etwas größer als zu Beginn von Herbst und Frühling.

Tipp für Sterngucker
Wenn man im Januar auf die Sonnenaufgangs- und -untergangszeiten achtet, stellt man fest, dass aufgrund der Zeitgleichung die Verlängerung der Tage abends auffälliger ist als morgens.

Globale Korrektur Nicht nur bei Sonnenuhren, auch bei manchem alten Globus ist eine Korrekturskala für den Zeitausgleich angebracht

Der Kalender

Tage und Götter Abbildungen aus einem alten englischen Kalender, auf dem die Beziehung zwischen Göttern und Wochentagen abgebildet ist.

Unser Kalender basiert vollständig auf den Bewegungen der Himmelskörper. Diesen haben wir somit auch die Unregelmäßigkeiten im Kalender zu verdanken. Ein Jahr zählt beispielsweise 365 Tage, doch in Wirklichkeit dreht sich die Erde beinahe $365\frac{1}{4}$-mal um ihre Achse in dem Zeitraum, in dem sie einmal die Sonne umrundet. Nach

Mond und Mekka Die Daten religiöser Feiertage, wie der jährliche Hadschi nach Mekka, werden vom Stand von Sonne und Mond bestimmt.

vier Jahren hat sich die Differenz etwa zu einem Tag summiert, und dann muss ein Schalttag eingefügt werden, damit der Kalender sich wieder mit der Sonne im Gleichschritt befindet. Zur Korrektur der übrigen Unvollkommenheiten hat man vereinbart, dass jedes Jahrhundertjahr, das nicht durch 400 teilbar ist, kein Schaltjahr ist. Die Woche hat sieben Tage, da im Altertum nur sieben bewegliche Himmelskörper bekannt waren (Sonne, Mond, Merkur, Venus, Mars, Jupiter und Saturn); die französischen Bezeichnungen für die Wochentage, wie z. B. *mercredi* und *mardi*, geben dies wieder. Dass der Februar der kürzeste Monat ist und gleichzeitig auch der Monat, in dem der Schalttag eingefügt wird, ist darauf zurückzuführen, dass früher das Jahr im März begann und Unregelmäßigkeiten im Kalender am Ende des Jahres ausgeglichen wurden (Oktober bedeutet wörtlich „achter

In unserem Kalender gibt es das Jahr Null nicht. Nach 1 v. Chr. folgt sofort das Jahr 1 n. Chr. Warum? Die Mathematiker haben erst viel später mit der Zahl Null gerechnet.

Monat", doch nach unserem heutigen Kalender ist es der zehnte Monat des Jahres).
Der westliche Kalender stützt sich nicht mehr auf den Mond (obwohl das Wort „Monat" natürlich noch darauf hindeutet), der jüdische und islamische Kalender jedoch sind echte Mondkalender mit 13 „Mond-Monaten" in einem Jahr. In beiden Kalendern fällt der Vollmond immer mit der Monatsmitte zusammen. Nach dem islamischen Kalender verschiebt sich zudem noch der Beginn des Jahres ganz allmählich, sodass auch der Ramadan jedes Jahr etwas früher liegt als im Jahr zuvor.

ERDE, MOND UND SONNE

Bekanntschaft mit dem Mond

Der Mond ist der Himmelskörper, der der Erde am nächsten ist, und das einzige Objekt im Weltraum, das sich auf einer stabilen Bahn um sie bewegt. Er ist auch der einzige Himmelskörper, auf dem man ohne optische Hilfsmittel Details wie die dunklen Flecken („der Mann im Mond"), das sind ausgedehnte Lavaflächen, erkennen kann. Bei Vollmond ist sogar der Strahlenkranz um den hellen Mondkrater Tycho mit bloßem Auge sichtbar.

Der Mond ist viel kleiner als die Erde (Durchmesser 3476 km) und seine Schwerkraft an der Oberfläche reicht nicht aus, um eine Atmosphäre zu halten. Auf dem Mond gibt es also keine Luft. Es gibt auch keinen Tropfen Wasser; nur auf dem Grund einiger Krater in den Polregionen, die nie von der Sonne beschienen werden, gibt es wahrscheinlich Eis. Die Temperaturen auf dem Mond schwanken stark: zwischen −170 °C nachts und +100 °C tagsüber, denn er hat keine Atmosphäre, die die Sonnenwärme aufnehmen und festhalten könnte. Und ohne Luft gibt es natürlich auch kein Geräusch. Der Mond ist eine kahle, düstere, leblose Welt.

Da es auf dem Mond weder Wind- noch Wassererosion gibt und der Mond kaum geologische Aktivität zeigt, sieht die Oberfläche weitgehend noch genauso aus wie vor einigen hundertmillionen Jahren. Ein starkes kosmisches Bombardement in der Entstehungs-

Kahler Ball Im Vergleich zu der blauen, lebenden Erde ist der Mond eine kahle, öde Welt.

zeit des Sonnensystems (s. S. 136) hat bleibende Spuren auf der Mondoberfläche hinterlassen: tiefe Einschlagbecken, die mit geschmolzenem Gestein gefüllt sind, und zahllose große und kleine Einschlagkrater.

> *Da sich der Mond im selben Zeitraum um seine eigene Achse dreht, in dem er die Erde umrundet, sehen wir von der Erde aus immer nur dieselbe Seite des Mondes.*

Da der Mond uns so nahe ist (mittlere Entfernung 384 400 km), ist er ein dankbares Beobachtungsobjekt für Neulinge in der Hobby-Astronomie. Wer ein kleines Teleskop besitzt, wird sich am Mond nie satt sehen können.

Tipp für Sterngucker
Mit einem kleinen Teleskop findet man die Krater nahe dem Terminator (Grenze zwischen Tag und Nacht), sie sind mit ihren langen Schatten am eindrucksvollsten.

Doppelplanet Der Mond ist deutlich kleiner als die Erde. Dennoch werden Erde und Mond oft als Doppelplanet bezeichnet.

DER MOND IN ZAHLEN

Entfernung zur Erde (mittlere)	384 400 km
Mittlere Perigäumentfernung	363 296 km
Mittlere Apogäumentfernung	405 504 km
Rotationszeit	$27^d\,07^h\,43^m\,11{,}56^s$
Umlaufzeit (siderischer Mond)	$27^d\,07^h\,43^m\,11{,}56^s$
Mittlere Umlaufgeschwindigkeit um die Erde	3680 km/h
Neigungswinkel in Bezug auf die Erdbahn	5° 09'
Bahnexzentrizität	0,05490
Durchmesser	3476 km
Mittlerer scheinbarer Durchmesser	31' 05" (etwa $^1/_2$°)
Masse (Erde = 1)	0,0123 (1/81,3)
Volumen (Erde = 1)	0,0203
Oberfläche (Erde = 1)	0,0743
Dichte	3,342 g/cm³
Fluchtgeschwindigkeit	2,38 km/s
Schwerkraft auf der Mondoberfläche (Erde =1)	0,1653

Menschen auf dem Mond

BEMANNTE FLÜGE ZUM MOND			
Flug	**Besatzung***	**Landedatum und -ort**	**Aufenthalt a. d. Mond**
Apollo 11	**Neil Armstrong, Edwin Aldrin,** Michael Collins	20. Juli 1969/Mare Tranquillitatis	$21^h 36^m$
Apollo 12	**Charles Conrad, Alan Bean,** Richard Gordon	19. November 1969/Oceanus Procellarum	$31^h 31^m$
Apollo 13	James Lovell, Fred Haise, John Swigert	keine Landung wegen eines Unfalls am 13. April 1970	
Apollo 14	**Alan Shepard, Edgar Mitchell,** Stuart Roosa	5. Februar 1971/Fra Mauro	$33^h 30^m$
Apollo 15	**David Scott, James Irwin,** Alfred Worden	30. Juli 1971 Hadley/Apenninen	$66^h 55^m$
Apollo 16	**John Young, Charles Duke,** Thomas Mattingly	21. April 1972/Descartes	$71^h 3^m$
Apollo 17	**Eugene Cernan, Harrison Schmitt,** Ronald Evans	11. December 1972/Taurus-Littrow	75^h

* Die Namen der Astronauten, die auf dem Mond waren, sind fett gedruckt

Der Mond ist der einzige Himmelskörper, der jemals Besuch von Menschen erhielt. Die erste bemannte Mondlandung gilt allgemein als Höhepunkt in der Geschichte der Raumfahrt und als eine der größten Leistungen der Menschheit. Das amerikanische Apollo-Programm war das sichtbarste Zeichen des Kalten Krieges zwischen den Vereinigten Staaten und der ehemaligen Sowjetunion. Wichtigstes Ziel war es, den Russen zu zeigen, wer Herr im Weltall ist. Am 25. Mai 1961, wenige Wochen nach dem ersten bemannten Raumflug von Juri Gagarin, kündigte Präsident John F. Kennedy an, dass noch vor Ablauf des Jahrzehnts ein Mensch den Mond betreten werde. Kaum 3000 Tage später war es soweit.

Zwölf Männer auf dem Mond Insgesamt waren zwölf Apollo-Astronauten auf dem Mond.

Zur Vorbereitung der bemannten Apollo-Flüge wurde der Mond von unbemannten Raumsonden untersucht: von den Rangers, die hart auf dem Mond landeten und bis zur letzten Sekunde Fotos zur Erde sandten; von den Surveyors, die weich landeten und Bodenuntersuchungen vornahmen, und den Lunar Orbiters, die von einer Umlaufbahn um den Mond aus detaillierte Aufnahmen machten.

In der Nacht vom 20. zum 21. Juli 1969 setzte der 38-jährige Apollo-11-Kommandant Neil Armstrong als erster Mensch seinen Fuß auf den Mond, gefolgt von Edwin „Buzz" Aldrin, der die Mondfähre Eagle steuerte. Michael Collins umrundete währenddessen im Mutterschiff den Mond. Insgesamt blieben Armstrong und Aldrin 21 Stunden und 36 Minuten auf dem Mond, am Rand des Mare Tranquillitatis, dem Meer der Stille. Danach folgten fünf weitere bemannte Mondlandungen. Insgesamt haben zwischen Juli 1969 und Dezember 1972 zwölf Menschen den Mond betreten.

Kleiner Schritt Der Fußabdruck des Apollo-11-Kommandanten Neil Armstrong, der 1969 als erster Mensch den Mond betrat.

ERDE, MOND UND SONNE

111

Der erste Quadrant

Der nordöstliche Teil des Mondes ist nahezu vollständig von großen, fast kreisförmigen Mondseen (ausgedehnten dunklen Lavaflächen) bedeckt: Mare Serenitatis, Mare Tranquillitatis und Mare Crisium. Das Mare Serenitatis, an der Westseite begrenzt vom Haemus- und Kaukasusgebirge, wird in nord-südlicher Richtung von einem hellen Lichtstreifen durchschnitten, der bei Vollmond besonders gut zu sehen ist. Dies ist ein Ausläufer des Strahlensystems des Kraters Tycho (s. S. 118). Im Mare Serenitatis findet man viele Marekämme: schmale, mäandernde Hügelrücken.

Apollo 11 landete im Mare Tranquillitatis (s. S. 111). Dieser Mondsee weist viele Rillen auf: gewundene Rinnen und Furchen in der Mondoberfläche. Das Mare Crisium ist ein auffallender Mondsee, umgeben von hohen Bergketten und leicht mit bloßem Auge zu erkennen.

Klüfte und Krater Das Alpental (links oben) und die Krater Aristoteles, Eudoxus (rechts) und Cassini (unten).

Die auffälligsten Krater und Wallebenen um das Mare Serenitatis sind Cassini (an der Nordwestseite), Aristoteles und Eudoxus (an der Grenze zum Mare Frigoris), Atlas, Hercules und Endymion (im Nordosten) und Posidonius (im Osten). Plinius ist ein schöner Krater an der Grenz

MEERE, MEERESBUCHTEN, SEEN UND SÜMPFE AUF DEM MOND

LATEINISCHER NAME	DEUTSCHER NAME	LATEINISCHER NAME	DEUTSCHER NAME
Lacus Mortis	See des Todes	Mare Smythii	Smyth-Meer
Lacus Somniorum	See der Träume	Mare Spumans	Schäumendes Meer
Mare Anguis	Schlangenmeer	Mare Struve	Struve-Meer
Mare Australe	Südliches Meer	Mare Tranquillitatis	Meer der Stille
Mare Cognitum	Meer der Erkenntnis	Mare Undarum	Wellenmeer
Mare Crisium	Meer der Gefahren	Mare Vaporum	Meer der Dünste
Mare Foecunditatis	Meer der Fruchtbarkeit	Oceanus Procellarum	Ozean der Stürme
Mare Frigoris	Meer der Kälte	Palus Epidemiarum	Sumpf der Seuchen
Mare Humboldtianum	Humboldt-Meer	Palus Nebularum	Sumpf der Wolken
Mare Humorum	Meer der Feuchtigkeit	Palus Putredinis	Sumpf der Fäulnis
Mare Imbrium	Regenmeer	Palus Somnii	Sumpf des Schlafes
Mare Insularum	Inselmeer	Sinus Aestuum	Bucht der Fluten
Mare Marginis	Randmeer	Sinus Asperitatis	Bucht der Rauheit
Mare Nectaris	Honigmeer	Sinus Iridum	Regenbogenbucht
Mare Nubium	Wolkenmeer	Sinus Medii	Bucht der Mitte
Mare Orientale	Östliches Meer	Sinus Roris	Tau-Bucht
Mare Serenitatis	Meer der Heiterkeit		

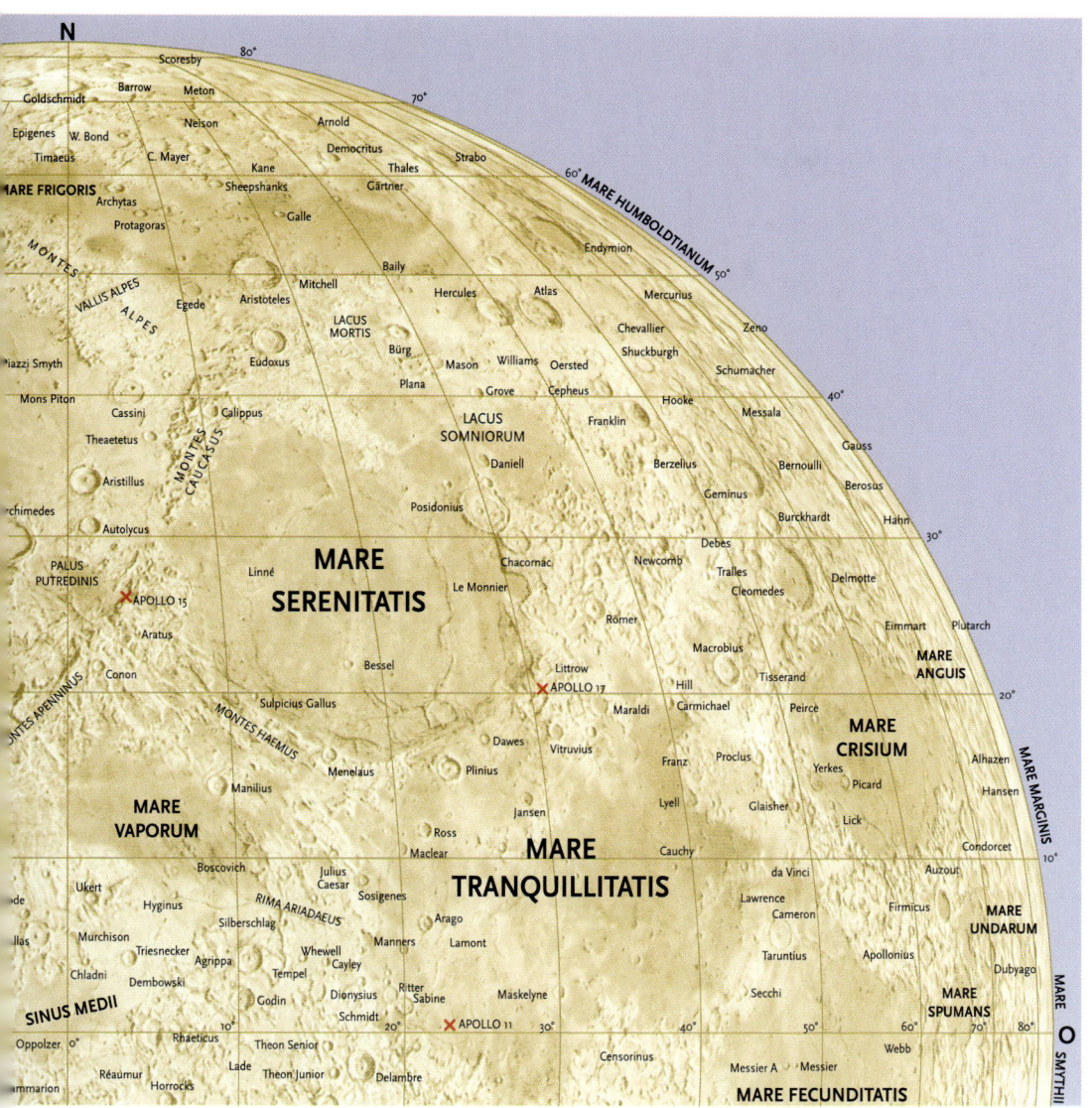

N

Scoresby 80°
Goldschmidt Barrow Meton
Epigenes W. Bond Nelson Arnold 70°
Timaeus C. Mayer Kane Democritus Strabo
MARE FRIGORIS Archytas Sheepshanks Thales 60° MARE HUMBOLDTIANUM
Protagoras Galle Gärtner
Piazzi Smyth VALLIS ALPES Egede Aristoteles Baily Endymion 50°
Mons Piton Eudoxus Mitchell Hercules Atlas Mercurius
Cassini LACUS MORTIS Chevallier Zeno
Theaetetus Calippus Bürg Shuckburgh
Aristillus Plana Mason Williams Oersted Schumacher
chimedes Autolycus Grove Cepheus Hooke 40°
Daniell LACUS SOMNIORUM Franklin Messala
Posidonius Berzelius Bernoulli Gauss
Geminus Berosus
Debes Burckhardt Hahn
PALUS PUTREDINIS Linné Chacornac Newcomb Tralles 30°
APOLLO 15 Le Monnier Cleomedes Delmotte
Aratus Römer Eimmart Plutarch
Conon Bessel Littrow Macrobius MARE ANGUIS
MONTES APENNINUS Sulpicius Gallus MONTES HAEMUS Maraldi Hill Tisserand 20°
Dawes Vitruvius Carmichael Peirce MARE CRISIUM
MARE VAPORUM Manilius Menelaus Plinius Franz Proclus Yerkes Alhazen MARE MARGINIS
Jansen Lyell Glaisher Picard Hansen
Ross Lick
Boscovich Maclear Cauchy da Vinci Condorcet 10°
Ukert Julius Caesar Sosigenes MARE TRANQUILLITATIS Lawrence Auzout
Hyginus RIMA ARIADAEUS Arago Cameron Firmicus MARE UNDARUM
Murchison Silberschlag Manners Lamont Taruntius Apollonius Dubyago
Triesnecker Whewell Cayley Secchi MARE SMYTHII
Chladni Dembowski Agrippa Tempel Ritter MARE SPUMANS
SINUS MEDII Godin Dionysius Sabine Mäskelyne 0°
Oppolzer Schmidt 20° APOLLO 11 30° Webb
Rhaeticus Theon Senior 40° 50° 60° 70° 80° O
Réaumur Lade Theon Junior Delambre Censorinus
ammarion Horrocks Messier A Messier
MARE FECUNDITATIS

MARE SERENITATIS

APOLLO 17

zum Mare Tranquillitatis, und im Südwesten des Haemus-Gebirges liegt Manilius. Im Norden des Mare Crisium liegt die Wallebene Cleomedes. Taruntius schließlich ist ein auffallender Krater, der am Ostrand des Mare Tranquillitatis liegt. Die interessanten Strukturen des Alpentals (Val-lis Alpes, im Norden von Cassini) und das Rillensystem des Hyginus und Ariadaeus (Rima Hyginus und Rima Ariadaeus im Westen des Mare Tranquillitatis) sollte man mit dem Teleskop anschauen.

> *Tipp für Sterngucker*
> *Bei günstiger Libration (s. S. 120) sind die „Randmee-re" Mare Marginis (östlich des Mare Crisium) und Mare Humboldtianum (bei der Wallebene Endymion) gut zu beobachten.*

Mare (Mehrzahl: Maria, mit Betonung auf der ersten Silbe) ist lateinisch: „Meer". Früher glaubte man, die Flecken auf dem Mond seien Meere und Ozeane.

Der zweite Quadrant

Der Nordwesten des Mondes gleicht einer einzigen erstarrten Lavaebene. Mare Imbrium, Sinus Roris, Oceanus Procellarum und Mare Insularum – sie alle sind miteinander verbunden und weniger scharf abgegrenzt als die meisten Mondseen. Mare Imbrium ist umgeben vom Karpaten-, Apenninen- und Alpengebirge; Sinus Iridum, im Nordwesten, wird halb vom Juragebirge begrenzt. Der eindrucksvollste Mondkrater ist Kopernikus, mit einem Durchmesser von 90 km. Es handelt sich um einen jungen Krater, der umgeben ist von einem hellen Strahlensystem. Eratosthenes, östlich von Kopernikus, ist etwas kleiner, doch mindestens ebenso schön; Kepler und Aristarch am Nordrand des Oceanus Procellarum sind wie Kopernikus sehr hell. Im Mare Imbrium liegen die relativ kleinen, doch auffallenden Krater Lambert und Timo-

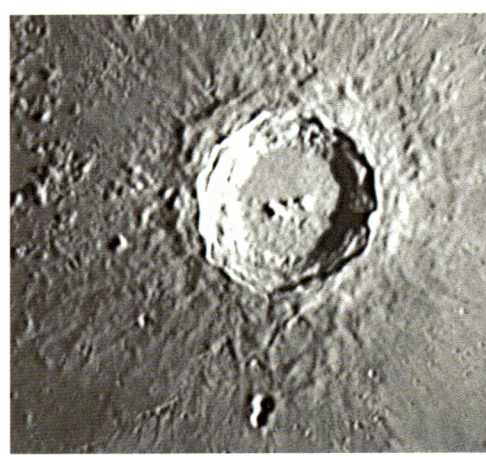

Junge Narben Der große Einschlagkrater Kopernikus ist wahrscheinlich nicht älter als ca. 100 Millionen Jahre.

charis; am Ostrand des Mare Imbrium ist das Kratertrio Archimedes, Autolycus und Aristillus

Zeichnungen vom Mond

Wer über die richtige Ausstattung verfügt (s. S. 90), kann mit Teleskop und Kamera Detailfotos von der Mondoberfläche machen. Viel einfacher ist jedoch die Aufzeichnung von Mondbeobachtungen mit Bleistift und Papier.

Dazu wählt man am besten ein nicht allzu großes Gebiet aus, z. B. eine schöne Kratergruppe in der Nähe des Terminators. In einer groben Skizze bringt man die richtigen Verhältnisse zu Papier, eventuell mithilfe einer Karte oder eines Mondatlanten. Dann mit dem Bleistift die Details so einzeichnen, wie man sie durch das Teleskop sieht: kleine Krater, Bergspitzen, Rillen usw. Auch die Lage der Schattenregionen werden genau eingezeichnet.

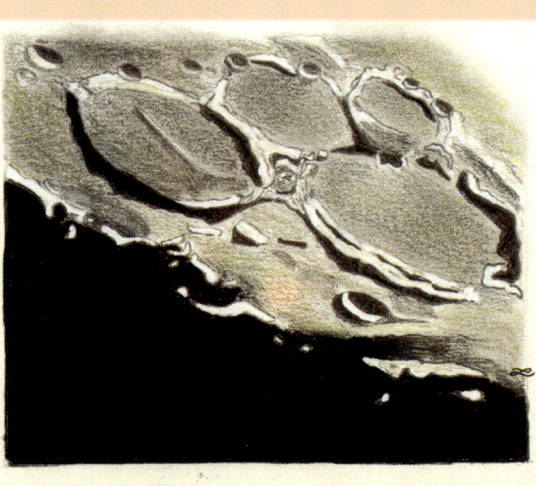

Mit einem Zahlencode markiert man die Helligkeit der verschiedenen Gebiete auf der Zeichnung, z.B. von 0 (tiefschwarz) bis zu 5 (hellweiß). Die Zeichnung nun mit Bleistiften unterschiedlicher Härte oder einem Graphitstift oder Plakatfarbe ausarbeiten. Beobachtungsdatum und -zeitpunkt, Namen des gezeichneten Gebiets, verwendetes Teleskop, Maßstab und natürlich den eigenen Namen notieren.

Papiermond Bleistiftzeichnung der Wallebenen Wargentin, Nasmyth und Phocylides.

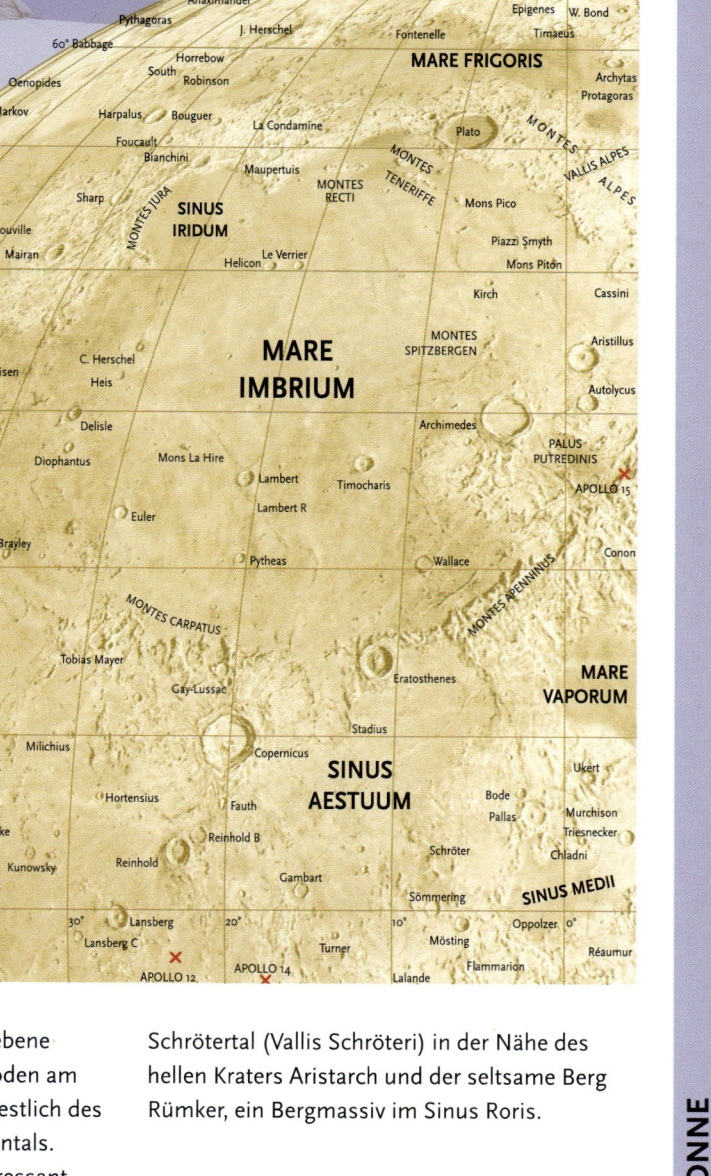

zu finden. Auffallend ist auch die Wallebene Plato mit dem sehr flachen dunklen Boden am Nordrand des Mare Imbrium, etwas westlich des Alpentals. Interessant für Teleskopbesitzer: Die isolierten Berggipfel Pico und Piton, im Nordosten des Mare Imbrium, das

Schrötertal (Vallis Schröteri) in der Nähe des hellen Kraters Aristarch und der seltsame Berg Rümker, ein Bergmassiv im Sinus Roris.

> **Tipp für Sterngucker**
> Kurz nach dem Ersten Viertel sind wegen des niedrigen Sonnenstands beim Blick durch ein Teleskop die Hügelkämme des Mare Imbrium gut sichtbar.

> **Besondere Lichterscheinungen in der Nähe des Kraters Aristarch lassen vermuten, dass es dort vulkanähnliche Aktivität gibt.**

Der dritte Quadrant

Der südöstliche Teil des Mondes besteht weitgehend aus einer mit Kratern übersäten Hochebene. Die drei wichtigsten Mondseen sind das unregelmäßige Mare Foecunditatis, das fast kreisförmige Mare Nectaris und der Sinus Asperitatis, der das Mare Tranquillitatis mit dem Mare Nectaris verbindet. Nahe am Mondrand sind noch das Mare Smythii und Mare Australe zu sehen, die beide jedoch nur schwer auszumachen sind. Im Südosten des Mare Foecunditatis liegen einige

Langrenus wurde nach dem flämischen Astronomen Michael Florent van Langren (1598–1675) genannt (von ihm selbst!), der 1645 als Erster den Mondkratern Namen gab.

Tipp für Sterngucker

Mit einem Teleskop entdeckt man Messier und Messier A im Mare Foecunditatis. An der Westseite des kleinen Kraterduos ist ein heller doppelter Lichtstreifen zu erkennen.

große auffällige Wallebenen: Langrenus, Vendelinus und Petavius. Auch um das Mare Nectaris sind einzelne gewaltige Krater zu sehen: das Trio Theophilus, Cyrillus und Catharina (im Westen), die stark erodierte Wallebene Fracastorius (am Südrand) und der eindrucksvolle Krater Piccolomini weiter südlich. Mehr im Westen, fast in der Mitte der Mondscheibe, liegen die großen Wallebenen Albategnius und Hipparch.

Auf den südlichen Hochländern des Mondes liegen die Krater dicht aneinander gedrängt, fast schon übereinander. Einige ausgefallene

Namen auf dem Mond

Die Griechen hatten bereits Namen für einige Mondseen, wie „die Tiefe von Hekate" und „die Pforten". Der englische Hofarzt William Gilbert erstellte 1600 (ohne Teleskop!) die erste Mondkarte mit Namen, unter anderem mit dem „Inselchen" Brittania. Michael Florent van Langren, Hofastronom des spanischen Königs Philip IV., publizierte 1645 eine Karte mit 322 Namen, von denen nur noch drei in Gebrauch sind: Pythagoras, Endymion und Langrenus. Van Langren führte auch die Bezeichnung *mare* (Meer) für dunkle Flecken auf dem Mond ein.

Der polnische Astronom Johannes Hevelius veröffentlichte eine Mondkarte mit 284 Namen. Er benannte die

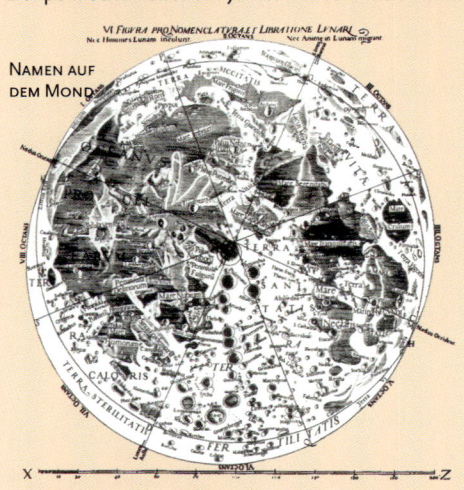

Strukturen auf dem Mond nach irdischen Meeren und Bergen. Die heutige Namensgebung für Meere, Krater und Wallebenen auf dem Mond basiert auf einem Vorschlag des italienischen Astronomen und Jesuiten Giovanni Battista Riccioli, der 1651 eine Karte mit 244 Namen, vornehmlich von Astronomen, veröffentlichte, wovon 201 noch heute gelten. Kleinere Krater in der Nähe eines großen Kraters werden oft mit einem zusätzlichen Buchstaben (Messier A, Piccolomini F) gekennzeichnet. Heute ist die Internationale Astronomische Union für die Namensgebung der Strukturen auf dem Mond zuständig.

Mondnamen **Die Mondkarte von Giovanni Riccioli aus dem Jahr 1651. Die meisten Namen auf dieser Karte sind noch immer in Gebrauch.**

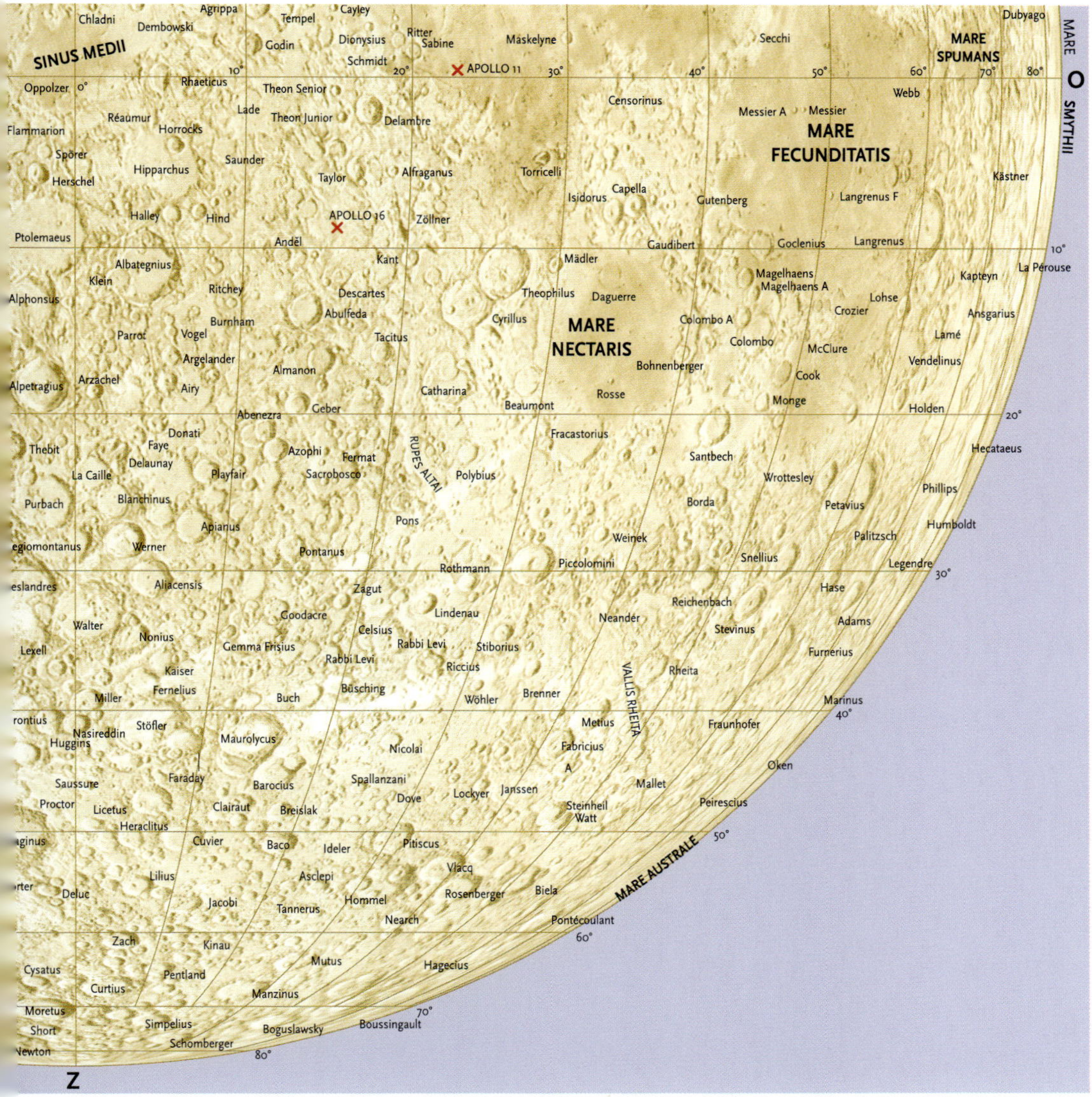

SINUS MEDII

Chladni · Dembowski · Agrippa · Tempel · Cayley · Dubyago

Godin · Dionysius · Ritter · Sabine · Mäskelyne · Secchi · MARE SPUMANS

Oppolzer · 0° · Rhaeticus · Schmidt · 20° · APOLLO 11 · 30° · 40° · 50° · 60° · 70° · 80° · MARE O SMYTHII

Réaumur · Theon Senior · Censorinus · Webb

Flammarion · Horrocks · Lade · Theon Junior · Delambre · Messier A · Messier

Spörer · Hipparchus · Saunder · MARE FECUNDITATIS · Kästner

Herschel · Taylor · Alfraganus · Torricelli · Isidorus · Capella · Gutenberg · Langrenus F

Ptolemaeus · Halley · Hind · APOLLO 16 · Zöllner · Gaudibert · Goclenius · Langrenus · 10°

Andél · Kant · Mädler · La Pérouse

Albategnius · Klein · Ritchey · Descartes · Theophilus · Daguerre · Magelhaens · Kapteyn

Alphonsus · Abulfeda · Cyrillus · Magelhaens A · Lohse · Ansgarius

Parrot · Vogel · Burnham · Tacitus · MARE NECTARIS · Colombo A · Crozier · Lamé

Argelander · Almanon · Colombo · McClure · Vendelinus

Alpetragius · Arzachel · Airy · Catharina · Bohnenberger · Cook

Abenezra · Geber · Beaumont · Rosse · Monge · Holden · 20°

Thebit · Donati · Fracastorius · Hecataeus

Faye · Azophi · Fermat · Santbech

La Caille · Delaunay · Playfair · Sacrobosco · Polybius · Wrottesley · Phillips

Purbach · Blanchinus · Apianus · Pons · Borda · Petavius · Humboldt

egiomontanus · Werner · Pontanus · Weinek · Palitzsch

Rothmann · Piccolomini · Snellius · Legendre · 30°

eslandres · Aliacensis · Zagut · Reichenbach · Hase

Walter · Goodacre · Lindenau · Neander · Stevinus · Adams

Nonius · Celsius · Rabbi Levi · Furnerius

Lexell · Gemma Frisius · Rabbi Levi · Stiborius · Rheita · Marinus

Kaiser · Büsching · Riccius

Miller · Fernelius · Buch · Wöhler · Brenner · 40°

rontius · Stöfler · Metius · Fraunhofer

Nasireddin · Maurolycus · Nicolai · Fabricius

Huggins · A

Saussure · Faraday · Barocius · Spallanzani · Mallet · Oken

Proctor · Licetus · Clairaut · Breislak · Dove · Lockyer · Janssen · Peirescius

Heraclitus · Steinheil · Watt

aginus · Cuvier · Baco · Ideler · Pitiscus · 50°

rter · Delue · Lilius · Asclepi · Vlacq · Biela

Jacobi · Hommel · Rosenberger · MARE AUSTRALE

Zach · Tannerus · Nearch · Pontécoulant

Cysatus · Kinau · Mutus · Hagecius · 60°

Curtius · Pentland · Manzinus

Moretus · Simpelius · Boguslawsky · Boussingault · 70°

Short · Schomberger

Newton · 80°

Z

Strukturen mit seltsamen unregelmäßigen Kraterwänden sind Stöfler und Maurolycus. Im Osten liegt das auffällige Duo Metius und Fabricius.

Rupes Altai ist die weitaus interessanteste Struktur für eine Beobachtung mit dem Teleskop: ein 500 km langer steiler Bergkamm, dessen messerscharfe Schatten wenige Tage nach Vollmond am besten zu sehen sind.

Kratertrio **Die Krater Theophilus, Cyrillus und Catharina liegen am Rand des Mare Nectaris.**

Der vierte Quadrant

Der Südwesten des Mondes wird nahezu ganz vom südlichen Teil des Oceanus Procellarum und von den beiden Mondmeeren Mare Nubium und Mare Humorum eingenommen. Zwischen Mare Nubium und Oceanus Procellarum liegt Mare Cognitum („Meer der Erkenntnis"), das deshalb so heißt, weil die Oberfläche 1964 sehr detailliert von der amerikanischen Raumsonde Ranger 7 fotografiert wurde, die dort hart landete. Mare Orientale, ein gigantisches Einschlagbecken am Rande des Mondes, ist von der Erde aus fast nicht zu sehen.

Im Westen des Oceanus Procellarum liegt die sehr dunkle Wallebene Grimaldi; an der Südseite befindet sich der mit Lava gefüllte „Spukkrater" Letronne. Südlich von Letronne, an der Nordseite des Mare Humorum, ist die herrliche Wallebene Gassendi zu sehen. Östlich des Mare Nubium liegt das eindrucksvolle Kratertrio Ptolemäus, lphonsus und Arzachel; im Westen des Mondmeers ist der Krater Bullialdus gut erkennbar. Besonders auch wegen der erodierten Kraterwände, ist das Trio Fra Mauro, Bonpland und Parry an der Ostseite des Mare Cognitum sehenswert.

Zentraler Berg Die Wallebene Gassendi am Nordrand des Mare Humorum hat einen seltsamen Berg in der Mitte.

Die auffallendsten großen Wallebenen im südlichen Hochland dieses Teils des Mondes sind Schickard, Longomontanus, Maginus und Clavius. Größer ist Bailly, doch schwer zu erkennen, da er am Mondrand liegt. Der weitaus auffallendste Krater in diesem Quadranten ist

Mondmysterien

Der Mond ist der erdnächste Himmelskörper, doch das bedeutet noch lange nicht, dass er keine Geheimnisse mehr in sich birgt. So ist z. B. die Natur des hellen Strahlensystems um einige Krater, wie Tycho und Kopernikus, nicht bekannt.

Die Strahlensysteme müssen zur gleichen Zeit wie der Krater selbst entstanden sein. Es könnte sich um helles Material handeln, das bei einem Einschlag strahlenförmig verbreitet wurde, doch die Strahlen könnten auch durch weggeschleuderte Trümmer kleiner Krater entstanden sein, die bei Vollmond das Sonnenlicht wirkungsvoll reflektieren. Übrigens ist nicht gesichert, ob alle Mondkrater

durch kosmische Einschläge entstanden sind. Einige Astronomen nehmen an, dass der Mond in ferner Vergangenheit vielmehr vulkanische Aktivität zeigte und einige Wallebenen eigentlich große Vulkankalderen sind. Auch die lang gestreckten Kraterreihen sind einfacher zu erklären, wenn man von Vulkanismus ausgeht. Hundertfache Beobachtungen seltsamer Lichterscheinungen auf dem Mond – die *transient lunar phenomena* (TLPs) – scheinen auch auf das Vorliegen innerer Aktivität hinzuweisen. Solche TLPs, vielleicht verursacht durch Vergasung von Mondgestein, wurden u.a. in den Mondkratern Alphonsus und Aristarch beobachtet.

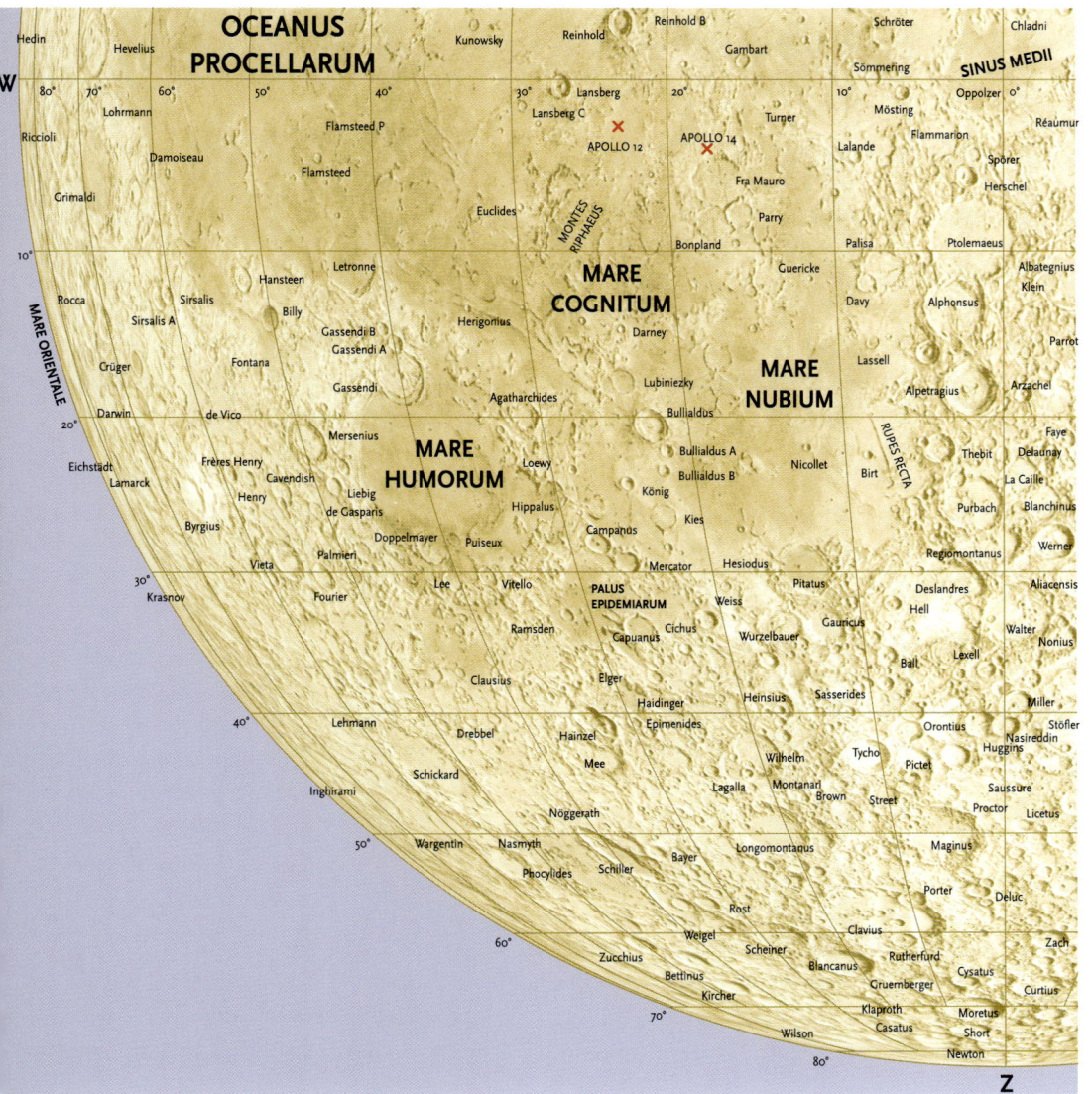

jedoch Tycho, ein junger Einschlagkrater mit einem auffällig hellen Strahlensystem, das besonders bei Vollmond gut sichtbar ist. Interessante Strukturen für Teleskopbeobachter sind die Rechte Wand (Rupes Recta) im östlichen Teil des Mare Nubium, ein rund 100 km langes „Kliff", das wenige Tage nach dem Ersten Viertel am besten zu sehen ist; außerdem das unregelmäßige Riphaeus-Gebirge an der Grenze des Oceanus Procellarum, das Mare Cognitum und die Wallebene Wargentin, direkt südlich von Schickard, dessen Boden höher liegt als das Gebiet westlich davon.

Tipp für Sterngucker
Einige Tage vor Neumond sollte man die Wallebene Schickard mit dem Teleskop betrachten. Der Boden zeigt bemerkenswert große Helligkeitsunterschiede.

Die scharfen Schatten lassen vermuten, dass Kraterwände und Mondberge steil und hoch sind. In Wirklichkeit sind die Gefälle auf dem Mond jedoch relativ flach.

Die Rückseite des Mondes

Die Umlaufzeit des Mondes beträgt etwa 27 Tage. Würde er sich nicht um seine eigene Achse drehen, würden wir den Mond in dieser Zeit von allen Seiten sehen können. Weil der Mond sich jedoch in diesen 27 Tagen auch um die eigene Achse dreht, bleibt daher immer dieselbe Seite der Erde zugewandt. Diese sichtbare Hälfte nennen wir „Vorderseite" des Mondes, die unsichtbare Hälfte „Rückseite".
Die ersten Fotos der Rückseite wurden im Oktober 1959 von der russischen Raumsonde Luna 3 aufgenommen. Die amerikanischen Sonden Lunar Orbiter machten einige Jahre später viel

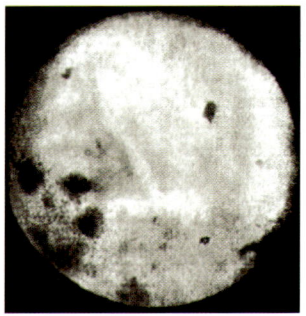

Kehrseite des Mondes Die erste Aufnahme von der Rückseite des Mondes wurde 1959 von der russischen Sonde Luna 3 gemacht.

Die Rückseite des Mondes wird – zu Unrecht – die dunkle Seite (the dark side of the moon) genannt. In Wirklichkeit wechseln auch dort Tag und Nacht ganz normal.

detailliertere Aufnahmen, sodass heute die Rückseite des Mondes ebenso genau kartiert ist wie die Vorderseite. Der auffallendste Unterschied zwischen den beiden Hälften besteht darin, dass es auf seiner Rückseite fast keine großen Mondmeere gibt.

Die Rotationsgeschwindigkeit des Mondes ist konstant. Die Umlaufgeschwindigkeit schwankt zwischen 3580 und 3780 km/h, da der Mond keine Kreis-, sondern eine Ellipsenbahn um die Erde beschreibt. Infolgedessen schauen wir zwischen Perigäum und Apogäum (den Punkten der Mondbahn, auf denen der Abstand zur Erde am kleinsten bzw. am größten ist) ein wenig um die rechte Seite des Mondes herum; zwischen Apogäum und Perigäum sehen wir genau die linke Seite des Mondes etwas besser. Dieses träge „Kopfschütteln" des Mondes wird Libration in Länge genannt.

Durch die Neigung der Rotationsachse des Mondes ergibt sich auch eine geringe Libration in Breite: der Mond schüttelt nicht nur den Kopf zum „Neinsagen", er nickt auch, sagt also „ja". Infolge dieser zwei Librationseffekte kann von der Erde aus insgesamt 59 % der Mondoberfläche mit Teleskopen gesehen werden.

Tipp für Sterngucker
Beobachtet man einige Wochen lang Form und Lage des Mare Crisium, kann man deutlich die kleine träge Schaukelbewegung des Mondes feststellen.

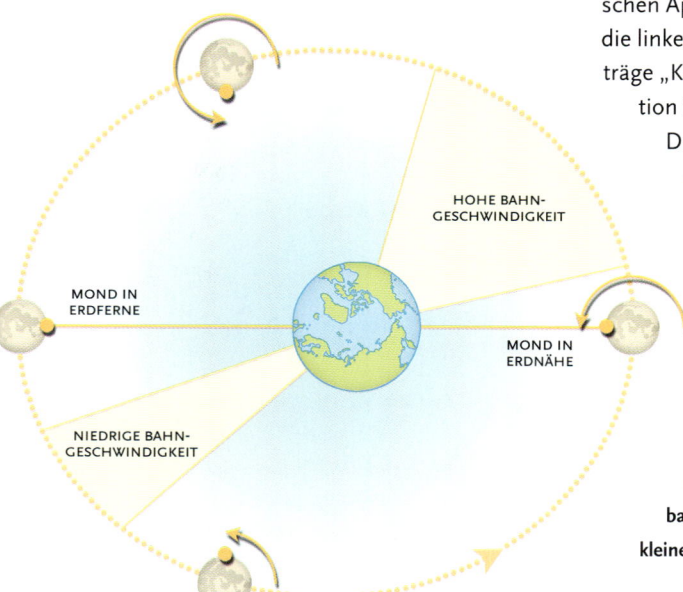

HOHE BAHN-GESCHWINDIGKEIT

MOND IN ERDFERNE

MOND IN ERDNÄHE

NIEDRIGE BAHN-GESCHWINDIGKEIT

Schaukelnder Mond Da der Mond eine Ellipsenbahn um die Erde beschreibt, ist manchmal ein kleines Stück von seiner Rückseite zu sehen.

ERDE, MOND UND SONNE

Die Entstehung des Mondes

Verglichen mit den Maßen seines Mutterplaneten ist unser Mond außerordentlich groß – sein Durchmesser misst 27 % des Erddurchmessers. Nur der weit entfernte Planet Pluto (s. S. 161) besitzt einen im Verhältnis größeren Mond. Erde und Mond zusammen werden daher manchmal Doppelplanet genannt. Wie ist dieser übergroße Begleiter der Erde überhaupt entstanden?

Bis zur Hälfte des 20. Jahrhunderts meinten einige Wissenschaftler, der Mond sei ein Abkömmling der Erde; im Pazifik sei er entstanden. Es wurde auch spekuliert, dass der Mond vielleicht einem anderen Teil des Sonnensystems entstamme und später von der Schwerkraft der Erde eingefangen wurde. Heute nimmt man jedoch allgemein an, dass der Mond zu Beginn der Entstehung des Sonnensystems geboren wurde, als die gerade entstandene Erde mit einem kleineren Protoplaneten von der Größe des Mars zusammenstieß. Das von den Apollo-Astronauten mitgebrachte Mondgestein wurde gründlich untersucht. In gewisser Weise ähnelt es dem Erdgestein. Es enthält verschiedene Sauerstoffisotope in genau denselben prozentualen Verhältnissen. Doch dann wieder zeigt es wenig Ähnlichkeit (z. B. Gehalt von Eisenoxiden) mit irdischem Gestein. Mit der Theorie vom Zusammenstoß wäre dies gut zu erklären: Der Mond soll demnach ein Konglomerat aus

Schwere Geburt Der Mond ist wahrscheinlich aus den Bruchstücken einer kosmischen Kollision zwischen der jungen Erde und einem kleineren Protoplaneten entstanden.

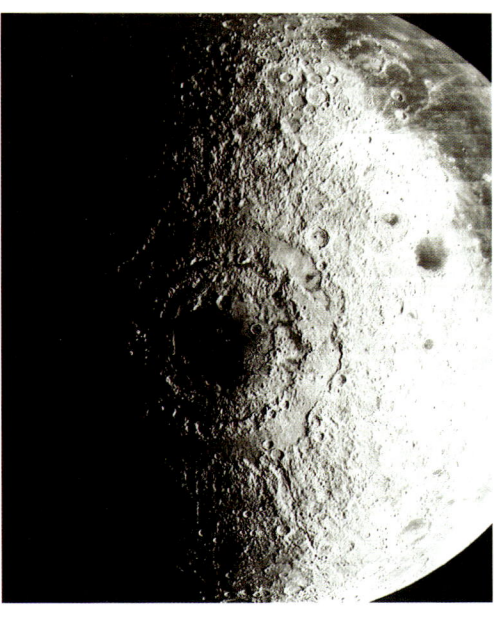

Bombardement Das Mare Orientale ist eines der größten Einschlagbecken auf dem Mond. Von der Erde aus ist das Becken kaum zu sehen.

Brocken des Eindringlings, vermischt mit Material aus dem Erdmantel sein.

Computersimulationen zeigen, dass selbst eine streifende Berührung in den Entstehungstagen des Sonnensystems schon genügend Energie freigesetzt hätte, um den Erdmantel stark zu zerbröseln. Der kleinere Protoplanet wäre dabei vollständig pulverisiert worden. Die Brocken kreisen nach einem solchen Zusammenstoß um die Erde und klumpen sich nach kurzer Zeit zum Mond zusammen. Die kolossalen Einschlagbecken auf dem Mond – die heutigen Mondmeere – sind Merkmale der letzten Phase dieser an Katastrophen reichen Entwicklungsgeschichte des Mondes.

Der Mond stand der Erde früher näher als heute. Langsam driftet er von der Erde weg, mit einer Geschwindigkeit von etwa eineinhalb Zentimetern im Jahr.

ERDE, MOND UND SONNE

Bekanntschaft mit der Sonne

Die Sonne ist der wichtigste Himmelskörper überhaupt. Dem Sonnenlicht und der Sonnenwärme verdanken wir, dass es Leben auf der Erde gibt. Kein Wunder, dass die Sonne in fast allen alten Kulturen mit einer Gottheit verbunden wird (Ra bei den Ägyptern, Apollo bei den Griechen, Huitzilopochtli bei den Azteken). Doch für Astronomen ist die Sonne einfach nur der nächste Stern. Von den vielen Trillionen von Sternen im Weltall ist die Sonne der einzige, den wir genau beobachten können. Eigentlich ist die Sonne eine große Kugel glühend heißen Gases, die sich 150 Millionen Kilometer entfernt von der Erde befindet. Ihr Durchmesser beträgt 1 392 000 km. Ihr Volumen ist 1,3 Millionen mal so groß wie das der Erde, ihre Masse ist 329 000 mal so groß wie die der Erde. In ihrem Zentrum beträgt die Temperatur etwa 15 Millionen °C; an ihrer Oberfläche 5700 °C. Die Sonne besteht zu 75 % aus Wasserstoffgas, zu 23 % aus Helium und

Tipp für Sterngucker
Das starke Sonnenlicht kann bleibende Schäden an der Netzhaut verursachen. Deshalb sollte man nie ohne geeigneten Filter direkt in die Sonne schauen.

DIE SONNE IN ZAHLEN

Entfernung zur Erde (Durchschnitt)	149 597 871 km
Mittlere Perihelentfernung	147 104 000 km
Mittlere Aphelentfernung	152 103 000 km
Rotationsperiode (in Bezug auf die Sterne)	$25,380^d$
Rotationsperiode (von der Erde aus gesehen)	$27,275^d$
Durchmesser	1 392 000 km
Mittlerer scheinbarer Durchmesser	31' 05" (etwa $^1/_2$°)
Masse (Erde = 1)	328 946
Volumen (Erde = 1)	1 303 600
Oberfläche (Erde = 1)	11 908
Dichte	1,409 g/cm^3
Leuchtkraft	3,86 x 10^{26} Watt
Fluchtgeschwindigkeit	617,5 km/s
Schwerkraft an der Oberfläche (Erde =1)	27,9

Das Sonnenlicht braucht 8,3 Minuten, um die Erde zu erreichen. Würde die Sonne nun aufhören zu scheinen, dann würden wir das erst 8 Minuten später merken.

nur zu 2 % aus anderen, schwereren Elementen. Die Sonne ist ein recht mittelmäßiger Stern. Obwohl es im Weltall viel mehr schwache Zwergsterne als helle Riesensterne gibt, sind doch unzählige Sterne viel größer, heißer und heller als die Sonne. Würde sich die Sonne in einer Entfernung von 50 Lichtjahren von uns befinden, dann wäre sie nicht mehr mit bloßem Auge sichtbar. Im Gegensatz zu vielen anderen Sternen ist die Sonne sehr stabil. Ihre Helligkeit verändert sich kaum. Das Alter der Sonne beträgt etwa 5 Milliarden Jahre, und sie hat bestimmt noch 5 bis 6 Milliarden Jahre vor sich.

Quelle des Lebens Die Sonne ist nicht nur ein interessanter Himmelskörper, sie ermöglicht erst Leben auf der Erde.

Das Geheimnis der Sonne wird gelüftet

Im Laufe des 16. Jahrhunderts kam zum ersten Mal ernsthaft der Gedanke auf, dass die Sonne ein Stern ist und alle anderen Sterne am Himmel also weit entfernte Sonnen sind, die möglicherweise Planeten haben. Die Entfernung zur Sonne war damals noch nicht genau bekannt: nach Anaxagoras (5. Jahrhundert v. Chr.) betrug sie 6500 km, nach Ptolemäus (etwa 150 n. Chr.) 8 Millionen km und nach Kopernikus (1543) ca. 3,2 Millionen km.

Erst nach der Erfindung des Teleskops wurden die Sonnenflecken gründlich untersucht (u. a. von Galileo Galilei und Christoph Scheiner) und die Rotationsperiode der Sonne ermittelt. Über die wahre Natur der Sonne war damals

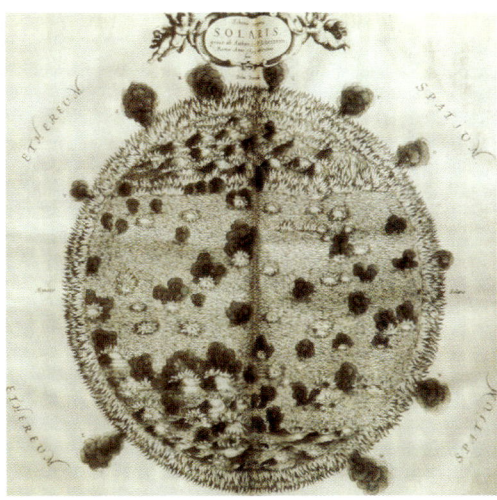

Rauch und Feuer Vorstellung des 17. Jahrhunderts von der Sonne: Berge Vulkane, Brandherde und Rauchfahnen.

Helium ist neben Wasserstoff das häufigste Element im All. In der Sonne wurde es zuerst entdeckt und daher nach dem griechischen Wort für Sonne (helios) bezeichnet.

noch immer nichts bekannt. Auf Stichen aus jener Zeit sind Sonnenflecken als Berge dargestellt, und Christiaan Huygens meinte am Ende des 17. Jahrhunderts sogar, die Sonne sei flüssig.

1848 berechnete der deutsche Physiker Julius Mayer, dass eine heiße Gaskugel wie die Sonne

in 5000 Jahren abkühlen werde, wenn keine Energie produziert werde. Würde die Sonne aus Steinkohle bestehen, dann würde ihre Lebensdauer nur 4600 Jahre betragen. Mayer meinte daher, dass die Sonne ihre Energiezufuhr aus Meteoriteneinschlägen bezieht. Heinrich von Helmholtz und William Thompson (Lord Kelvin) stellten die Kontraktionstheorie auf: Da die Sonne jedes Jahr um einige zehn Meter schrumpft, reiche die Energie für eine Lebensdauer von 15 Millionen Jahren aus. Doch auch diese Theorie versagte: Geologen hatten inzwischen entdeckt, dass es auf der Erde bereits seit einigen Milliarden Jahren Leben gibt. Erst 1938 wurde die wahre Energiequelle der Sonne von dem deutsch-amerikanischen Physiker Hans Bethe entdeckt: In Kernfusionsreaktionen im Innern wird der Wasserstoff in Helium umgesetzt, wobei ein kleiner Teil der Masse in Energie umgewandelt wird.

Glühender Gasball In Wirklichkeit besteht die Sonnenoberfläche aus glühendem heißen Gas, das durch Magnetfelder in Bewegung gebracht wird.

Das Sonneninnere

Ein neutrales Atom besteht aus einem elektrisch positiv geladenen Kern, um den sich ein oder mehrere negativ geladene Elektronen bewegen. Der Kern wiederum besteht aus positiv geladenen Protonen und neutralen Neutronen (zusammen werden sie Kernteilchen oder Nukleonen genannt). Wasserstoff ist das einfachste und leichteste Atom: Der Kern besteht aus einem einzigen Proton; um dieses bewegt sich ein Elektron. Helium hat einen Kern aus zwei Protonen und zwei Neutronen, der umgeben ist von zwei Elektronen. Kernfusion ist der Vorgang, bei dem Atomkerne so stark zusammengepresst werden, dass sie zu schwereren Kernen zusammenschmelzen.

Im heißen Innern der Sonne, wo die Temperatur 15 Millionen °C beträgt und ein Druck von drei Milliarden Atmosphären herrscht, werden also Wasserstoffkerne (Protonen) so stark zusammengepresst, dass sie zu schwereren Atomkernen zusammenschmelzen. Das erfolgt in verschiedenen Etappen, wobei einige Protonen zu Neutronen werden. Im Endergebnis werden bei diesen Fusionsreaktionen vier Wasserstoffkerne zu einem Heliumkern. Die Masse der vier Wasserstoffkerne ist jedoch etwas größer als die Masse eines Heliumkerns. Bei der Kernfusionsreaktion geht daher etwas Masse verloren. Diese wird sofort in Strahlungsenergie umgesetzt. Im Innern der Sonne werden in jeder Sekunde etwa 570 Millionen Tonnen Wasserstoff zu Helium. Sieben Promille davon (vier Millionen Tonnen je Sekunde) werden in

> *Tipp für Sterngucker*
> *Die Chromosphäre hat ihren Namen wegen ihrer auffallenden roten Farbe. Sie ist zu Beginn und Ende einer totalen Sonnenfinsternis gut zu sehen (s. S. 106).*

> **Nur die elektrisch neutralen Neutrinos, die bei der Fusionsreaktion im Kern der Sonne entstehen, fliegen mit Lichtgeschwindigkeit ungehindert nach außen.**

energiereiche Gammastrahlung umgewandelt. Die Sonne wird also jede Sekunde vier Millionen Tonnen leichter.

Von innen nach außen

Nur im Kern der Sonne, der einen Durchmesser von etwa 250 000 km hat, sind Druck und Temperatur hoch genug für solch eine Kernfusion. Die Gammastrahlung, die hier erzeugt wird, kann jedoch nicht frei nach außen entschwinden. Das heiße Sonnengas besitzt eine so hohe Dichte, dass Photonen ständig von Atomen absorbiert und dann wieder in eine beliebige andere Richtung

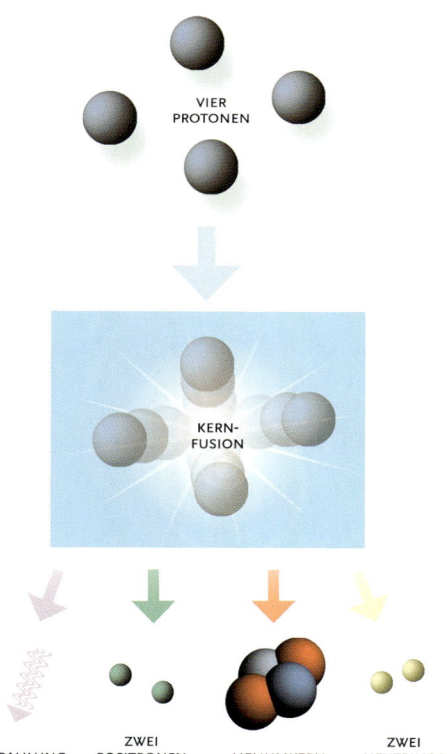

VIER PROTONEN

KERN-FUSION

STRAHLUNG — ZWEI POSITRONEN — HELIUMKERN — ZWEI NEUTRINOS

Kosmische Alchimie Im Innern der Sonne wird Wasserstoff in Helium umgewandelt. Dabei wird viel Energie frei.

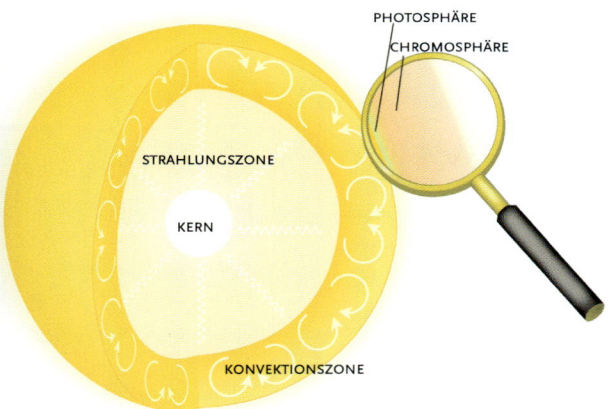

PHOTOSPHÄRE
CHROMOSPHÄRE
STRAHLUNGSZONE
KERN
KONVEKTIONSZONE

Schichtgebäude Der heiße Kern der Sonne ist von dicken Gasschichten umgeben, in denen Energie mittels Strahlung und Konvektion weitergeleitet wird.

über Gasbewegungen erfolgt. Die Konvektionszone reicht bis zu einer Tiefe von ca. 200 000 km, wo die Gastemperatur etwa 2 Millionen °C beträgt. In dieser Zone wird auch das starke Magnetfeld der Sonne erzeugt. Übrigens ist das Sonnengas hier noch immer ein so genanntes Plasma: Es besteht nicht aus neutralen Atomen, sondern aus losen positiv geladenen Atomkernen und negativ geladenen Elektronen.

ausgestrahlt werden. Nur ganz langsam, im Laufe von einigen hunderttausend Jahren, dringt die Strahlung zu etwas kühleren Außenschichten durch, wobei die Energie der Photonen allmählich abnimmt. Dieser Bereich der Sonne, der den heißen Kern umgibt, wird Strahlungszone genannt. Außerhalb der Strahlungszone liegt die Konvektionszone, wo der Wärmetransport vor allem

Die „Oberfläche" der Sonne, die die Energie aus dem Innern endlich ausstrahlt, heißt Photosphäre. Ihre Stärke beträgt ca. 100 km und ihre Temperatur 5700 °C. Die Photosphäre besteht aus Granulen: Das sind kochende Gasblasen mit Ausmaßen von einigen hundert Kilometern. In der Photosphäre entstehen auch die dunklen, kühleren Sonnenflecken (s. S. 127) und die hellen Fackelgebiete.

Magnetische Schleife Protuberanzen sind Eruptionen elektrisch geladener Teilchen, die sich entlang den schleifenförmigen Magnetfeldlinien bewegen.

Auf der Sonnenoberfläche sind regelmäßig kräftige Eruptionen zu beobachten, die so genannten Protuberanzen. Sie bestehen aus heißem flüchtigem Gas, das sich entlang den schleifenförmigen Magnetfeldlinien der Sonne bewegt. Von einer echten Oberfläche kann allerdings keine Rede sein, denn auch die Photosphäre ist gasförmig. Oberhalb der Photosphäre liegt die viel flüchtigere (und transparente) Chromosphäre mit einer Dicke von etwa 1500 km.

ERDE, MOND UND SONNE

Korona und Sonnenwind

Die Korona ist der heiße, flüchtige „Dampfring" der Sonne. Trotz der hohen Temperatur und der enormen Menge an Strahlung, die in der Korona produziert wird, wird sie normalerweise vollständig von der noch helleren Photosphäre überstrahlt. Die Korona ist daher nur während einer totalen Sonnenfinsternis (s. S. 106) mit dem bloßen Auge sichtbar. Dann kann man auch sehen, dass die Struktur der Korona meist von Magnetfeldlinien und sich schnell bewegenden Gasströmen bestimmt wird.

Die Temperatur der Korona beträgt 1–2 Millionen °C (die Helligkeit ist gering, da das Gas der

häufen, besitzen ein „offenes" Magnetfeld: Die Feldlinien bilden keine Schleifen, daher können elektrisch geladene Teilchen hier ungehindert in den Raum strömen.

Diese Koronalöcher sind Ausgangspunkt des schnellen Sonnenwindes.

Tipp für Sterngucker
Eruptionen auf der Sonne verursachen Polarlichter in der Atmosphäre der Erde. Polarlichter treten gelegentlich in nördlichen Breiten auf.

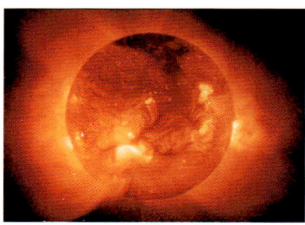

Röntgensonne Auf diesem Röntgenfoto der Sonne, aufgenommen von einem japanischen Satelliten, sind nur die allerheißesten Gebiete in der Korona sichtbar.

Heiße Atmosphäre Die Korona, hier fotografiert bei einer Sonnenfinsternis, ist etwa 1 Million °C heiß.

Korona sehr flüchtig ist). Diese hohe Temperatur ist so gut wie sicher auf Phänomene zurückzuführen, die dicht unter der sichtbaren Oberfläche der Sonne vor sich gehen, wie z. B. die Freisetzung magnetischer Energie bei einer plötzlichen Neuordnung von Magnetfeldlinien.

Auf Röntgenfotos der Korona sind große, dunkle Regionen – die Koronalöcher – zu erkennen, dort wo Gasdichte und Temperatur viel niedriger sind. Diese Koronalöcher, die sich an den Polen der Sonne

In der Korona kommt es zu gewaltigen Eruptionen bei denen enorme Gasmengen mit hoher Geschwindigkeit in den Weltraum geschleudert werden, die so genannten koronalen Masse-Ejektionen (CMES), oft begleitet von Protuberanzen und kräftigen Sonnenflammen an der Oberfläche Auch ohne diese explosionsartigen Erscheinun-

Früher glaubte man, die Korona sei die Atmosphäre des Mondes, die bei einer Sonnenfinsternis von der Sonne von hinten beschienen und beleuchtet wird.

Grüne Glut Polarlichter entstehen durch elektrisch geladene Teilchen aus dem Sonnenwind, die in die Atmosphäre der Erde geraten.

gen strömen ständig elektrisch geladene Teilche aus der Korona in den interplanetaren Raum. Dieser Sonnenwind besitzt eine Geschwindigke von ca. 400 km/h und ist noch in den äußerste Bereichen des Sonnensystems zu spüren. Durc den Sonnenwind wird die Sonne jedes Jahr etwa zehn Millionen Tonnen leichter.

Sonnenflecken

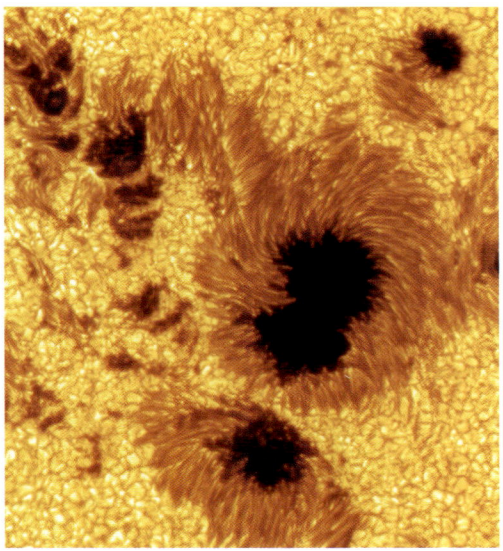

Kühler Kern Sonnenflecken sind Regionen auf der heißen Sonnenoberfläche, in denen die Temperatur ca. 1500 °C niedriger ist als normal.

len Kern (Umbra, lateinisch Schatten) und einem helleren Hof (Penumbra, lateinisch Halbschatten), in dem ein radiales Muster faseriger Gasschlieren zu erkennen ist. Kleine Sonnenflecken, mit einem Durchmesser unter 2500 km, werden Poren genannt.

Sonnenflecken entwickeln sich dort, wo starke Magnetfelder unter der Oberfläche das Aufsteigen heißen Gases aus dem Innern verhindern.

Johannes Fabricius, Christoph Scheiner und Galileo Galilei entdeckten um 1610 dunkle Flecken auf der hellen Sonnenoberfläche. Solche Sonnenflecken sind bei Verwendung eines zuverlässigen Sonnenfilters (s. S. 132) schon mit einem einfachen Fernglas zu sehen, manchmal sogar mit dem geschützten bloßen Auge. Sie haben eine Lebensdauer von einigen Wochen, kommen oft in großen Gruppen vor und dienen unter anderem zur Bestimmung der Rotationsgeschwindigkeit der Sonne. Ein Sonnenfleck ist weder schwarz noch kalt. Die Gastemperatur in Sonnenflecken ist ca. 1500 °C

Sonnige Stäubchen Einige Gruppen großer Sonnenflecken, gezeichnet von einem Hobby-Astronomen.

In solch einem Gebiet sinkt die Sonnenoberfläche etwas ein und kühlt sich ab. Oft befinden sich in direkter Nähe der Sonnenflecken helle Fackelgebiete, die ebenfalls durch magnetische

niedriger als im Umfeld und hebt sich dadurch von der hellen Sonnenoberfläche dunkel ab, obwohl die Helligkeit immer noch 25 % der Photosphäre beträgt. Sonnenflecken liegen auch niedriger als ihre Umgebung, was

Tipp für Sterngucker
Mit einem Fernglas auf Stativ kann man ein Bild der Sonne auf ein Blatt weißes Papier projizieren. Große Sonnenflecken sind so sicher zu beobachten.

besonders gut zu erkennen ist, wenn sie sich von der Erde aus gesehen am Sonnenrand befinden (der so genannte Wilson-Effekt).
Ein großer Sonnenfleck besteht aus einem dunk-

Beobachtungen von Sonnenflecken in verschiedenen Breitengraden haben ergeben, dass an den Polgebieten die Rotationsdauer länger ist als im Äquatorgebiet.

Aktivität verursacht werden.
Sonnenflecken treten oft paarweise in ostwestlicher Anordnung auf. Einer der Flecken hat einen nördlichen Magnetpol, der andere einen südlichen. Die Feldstärke eines Sonnenflecks kann 4000–5000 Gauss betragen – fast das Zehntausendfache des Magnetfelds der Erde.

ERDE, MOND UND SONNE

Der Aktivitätszyklus der Sonne

Der deutsche Apotheker und Amateurastronom Heinrich Schwabe entdeckte Mitte des 19. Jahrhunderts, dass die Zahl der Sonnenflecken alle elf Jahre ansteigt. Auch die Zahl der Fackelgebiete, Protuberanzen und Sonnenflammen weist diesen Zyklus von elf Jahren auf. Inzwischen ist bekannt, dass der Aktivitätszyklus der Sonne auch einen Einfluss auf Form und Größe der Korona, auf zahlreiche koronale Masse-Ejektionen und auf die Frequenz von Polarlichtern auf der Erde hat.

Ein Aktivitätszyklus beginnt mit einigen kleinen

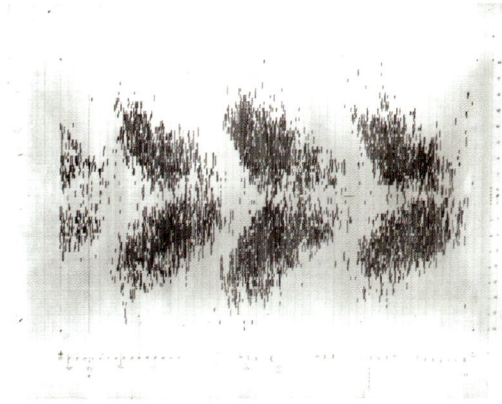

Schmetterlingsflügel Das erste Schmetterlingsdiagramm, g zeichnet von Edward Maunder, auf dem zu sehen ist, das neue Sonnenflecken immer näher beim Äquator entstehen

Am 13. März 1989 waren sechs Millionen Kanadier aufgrund einer Störung in einem Elektrizitätswerk 24 Stunden ohne Strom . Ursache waren Eruptionen auf der Sonne.

Gruppen von Sonnenflecken hoch im Norden oder tief im Süden, also in großer Entfernung zum Sonnenäquator. Mit fortschreitendem Zyklus bilden sich ständig neue und auch größere Sonnenflecken auf immer niedrigeren Breitengraden. Nimmt die Sonnenaktivität wieder ab, findet man nahe beim Äquator noch die Sonnenflecken, die vom alten Zyklus stammen, während in höheren Breitengraden die ersten Flecken des neuen Zyklus schon auftauchen. Dieser

Effekt wurde von Gustav Spörer entdeckt. Nicht alle Aktivitätszyklen sind gleich lang. Die durchschnittliche Dauer liegt etwas über 11 Jahren, doch es gibt auch Zyklen mit nur 7,5 oder sogar 17 Jahren. Eigentlich spricht man von einem 22-jährigen Zyklus: Während der gleich langen Zyklen ist die Orientierung des Magnetfeldes in einer Sonnenfleckengruppe auf einer der beiden Halbkugeln der Sonne genau entgegengesetzt zu der in ungleichmäßigen Zyklen.

Der Aktivitätszyklus der Sonne kommt dadurch zustande, dass die Sonne nicht überall dieselbe Rotationsgeschwindigkeit ha Die Polgebiete rotieren nicht nu langsamer als di Äquatorgebiete,

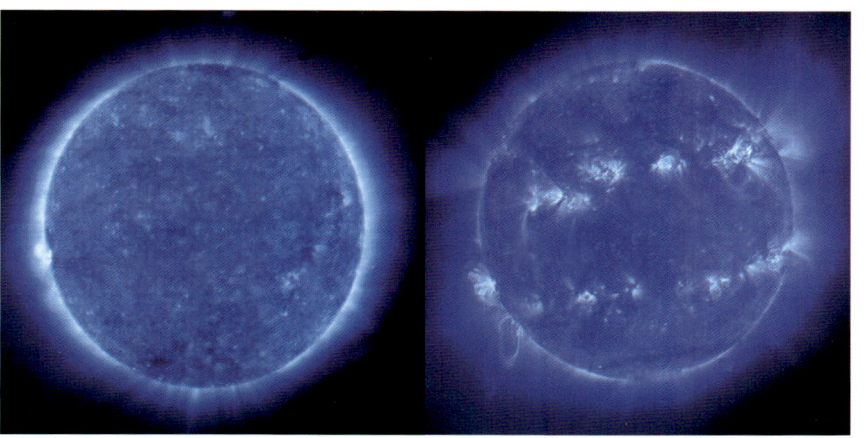

Zwei Gesichter Ultr violettaufnahmen v der Sonne während eines Aktivitätsmini mums (links) und eines Aktivitätsmax mums (rechts).

auch unter der Oberfläche gibt es große Geschwindigkeitsunterschiede. Durch diese unterschiedliche Rotation werden die Magnetfeldlinien der Sonne immer straffer gespannt, mit dem Effekt, dass an bestimmten Stellen die Magnetfeldstärke enorm ansteigt. Nach einer gewissen Zeit werden plötzlich die alten Feldlinien wiederhergestellt, und dann beginnt der Zyklus von neuem.

Das Maunder-Minimum

Bei Überprüfungen sehr früher Beobachtungen entdeckte der britische Astronom Edward Maunder im Jahre 1890, dass es zwischen 1645 und 1715 fast keine Sonnenflecken gab. In dieser Zeit war die Korona der Sonne bei totalen Sonnenfinsternissen klein und schwach, sodass es kein Polarlicht gab. Diese Zeit der reduzierten Aktivität nennt man heute das Maunder-Minimum. Die Schlussfolgerungen Maunders wurden lange von den Astronomen angezweifelt, doch 1976 wurden sie endlich von dem amerikanischen Astronomen John Eddy bestätigt.

In einem Aktivitätsminimum ist die gesamte Energieproduktion der Sonne geringer als normal. Das Maunder-Minimum fiel auch zusammen mit der Kleinen Eiszeit – einer Abkühlungsperiode, in der die Durchschnittstemperatur auf der Erde etwa um 1 °C abnahm. In dieser Zeit froren regelmäßig große Flüsse, Seen und Meeresbuchten zu. Damals entstanden die berühmten Winterlandschaften alter holländischer Meister wie etwa Hendrik Averkamp. Auch zwischen 1400 und 1550 fand ein ähnlich langes Aktivitätsminimum (das Spörer-Minimum) statt.

Untersuchungen von Baumringen haben ergeben, dass es auch schon vorher ähnliche aktivitätslose Perioden der Sonne gegeben haben muss. Welche genauen Ursachen sie hatten, ist unbekannt. Eine neue Kleine Eiszeit kann im Prinzip jederzeit anbrechen.

> *Tipp für Sterngucker*
> *Man bestimmt die Wolfsche Zahl R (Sonnenfleckenrelativzahl) mit der Formel $R = 10 \cdot g + f$, wobei g die Zahl der Sonnenfleckengruppen und f die Zahl der Flecken ist.*

Kleine Eiszeit Die Winterlandschaften von Hendrik Avercamp entstanden in der Kleinen Eiszeit, zu Beginn des 17. Jahrhunderts.

Sonne und Klima

Die Entdeckung des Zusammenhangs zwischen dem Maunder-Minimum und der Kleinen Eiszeit (s. S. 128) lässt keinen Zweifel daran, dass die Sonnenaktivität einen Einfluss auf das Klima auf der Erde hat. Glücklicherweise stört uns das im Laufe des 11-jährigen Aktivitätszyklus der Sonne nicht sehr, denn das Klima reagiert nur langsam auf externe Einflüsse, und bevor sich die Erde merklich abkühlt, beginnt schon wieder ein neuer Aktivitätszyklus.

Es ist seltsam, dass die Menge an Sonnenenergie, die wir hier auf der Erde empfangen (die Sonnenkonstante, durchschnittlich ca. 1365 W/m²),

William Herschel glaubte 1801, die Zahl der Sonnenflecken in einem bestimmten Jahr habe einen Einfluss auf den Getreidepreis.

während eines Aktivitätsmaximums etwas höher liegt, wenn dunkle Sonnenflecken die Sonnenoberfläche bedecken. Der Grund hierfür ist, dass es während eines Maximums mehr helle Fackelfelder gibt, wobei die Sonne auch noch mehr hochenergetische Strahlung produziert. Insgesamt strahlt die Sonne während eines Maximums fast 0,5 % mehr Energie aus als während eines Minimums.

Auch die schwankende Magnetfeldstärke der Sonne und der entsprechend unterschiedliche Sonnenwind können einen Einfluss auf das Klima auf der Erde haben. Ist das Magnetfeld schwächer als normal, dringt kosmische Strahlung aus dem All leichter bis zur Erde. Die kosmische Strahlung produziert in der Erdatmosphäre so genannte Cluster-Ionen, die als Kondensationskerne wirken, wodurch mehr Bewölkung entsteht. Und da Wolken das Sonnenlicht gut widerspiegeln, ist dies für die Oberflächentemperatur ausschlaggebend. Nach Meinung einiger Forscher wird die heutige Erwärmung der Erde (die meist einem von Mensch und Industrie verursachten, verstärkten Treibhauseffekt zugeschrieben wird) weitgehend durch langsame Veränderungen der Sonne verursacht.

Unter Beschuss Das Magnetfeld der Erde bietet nur teilweise Schutz gegen den Sonnenwind.

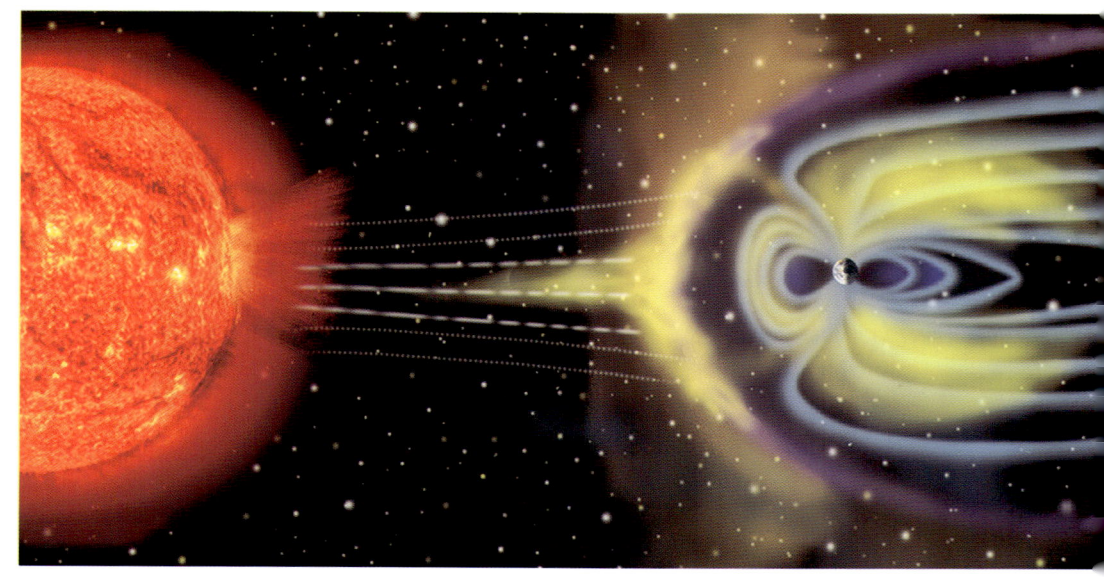

Die Zukunft der Sonne

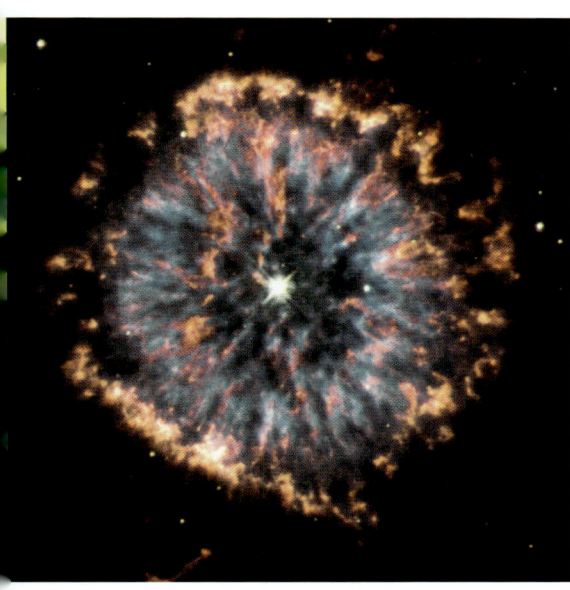

Strahlendes Ende Am Ende ihres Lebens bläst die Sonne ihre äußersten Gasschichten in den Raum. So entsteht ein strahlender Planetarischer Nebel.

mehr Gas in den Weltraum blasen als heute. Schließlich werden die Außenschichten der Sonne ganz abgestoßen und dann wird sie sich mit einer langsam anschwellenden vielfarbigen Gashülle – einem so genannten Planetarischen Nebel – umgeben (s. S. 192).

In ferner Zukunft wird ein Jahr länger dauern: Wenn die Sonne viel Masse verliert, wird die Erde eine größere, trägere Bahn um die Sonne beschreiben.

Die Sonne ist ein Stern, und wie alle anderen Sterne ist sie irgendwann entstanden und irgendwann wird auch ihre Existenz enden. Im Laufe der Zeit nehmen ihre Temperatur und Helligkeit allmählich zu (vor Milliarden Jahren war die Sonne auch um einiges schwächer als heute) und in weniger als einer Milliarde Jahren wird die Durchschnittstemperatur auf der Erde so stark ansteigen, dass die Ozeane verdampfen und Leben auf der Erde nahezu unmöglich sein wird. In einigen Milliarden Jahren, wenn Helium im Kern der Sonne in neuen Fusionsreaktionen in Kohlenstoff umgewandelt wird, beginnt die Sonne in rasendem Tempo zu einem Roten Riesen mit niedriger Oberflächentemperatur doch mit gigantischen Ausmaßen und einer enormen Energieproduktion anzuschwellen. Merkur und Venus, die innersten Planeten, würden dann verschlungen und auf der Erde stiege die Temperatur auf einige hundert Grad an. Unser Planet würde dann vollständig sterilisiert werden. Im Stadium eines Roten Riesen wird die Sonne viel

Aufgeblasener Riese In einigen Milliarden Jahren dehnt sich die Sonne zu einer kühlen Gaskugel mit einem Durchmesser von mindestens 200 Millionen km aus.

Was in ferner Zukunft von der Sonne übrig bleibt, ist nicht mehr als ein kleiner kompakter, sich abkühlender weißer Zwergstern, der aus fest gestapelten und degenerierten Kohlenstoff-, Sauerstoff- und Heliumatomen besteht. Ein solcher Weißer Zwerg produziert so wenig Energie, dass er aus 1 LJ Entfernung schon nicht mehr mit bloßem Auge zu sehen ist. Unsere Erde würde immer noch ihre Runden um die sterbende Sonne ziehen, doch bei uns gäbe es keinerlei Form von Leben mehr.

SONNE ALS
ROTER RIESE

SONNE HEUTE

Sicherheit bei Sonnenbeobachtungen

Trotz ihres Abstands von 150 Millionen km ist die Sonne so stark, dass sie bleibende Schäden auf der Netzhaut des menschlichen Auges hinterlassen kann, ganz besonders beim Einsatz von Fernglas und Teleskop. Zur Sonnenbetrachtung sind daher spezielle Vorsichtsmaßnahmen erforderlich.

Vorzugsweise verwendet man eine Finsternisbrille, um mit bloßem Auge in die Sonne zu schauen. Finsternisbrillen dienen normalerweise zur Beobachtung von Sonnenfinsternissen (s. S. 106). Während der partiellen Phase einer Sonnenfinsternis ist der nicht verdunkelte Teil der Sonne auch viel zu stark, um ihn ohne Schutz zu betrachten. Doch natürlich wirkt eine Finsternisbrille auch ohne Sonnenfinsternis. Finsternisbrillen sind bei Volkssternwarten oder

Projektion

Mit einem Fernglas oder einem Teleskop kann man ein Bild der Sonne auf einen planen Untergrund projizieren. Das Fernglas montiert man auf einem Stativ und richtet es auf die Sonne. Dabei sieht man jedoch selbst nicht mit dem Fernglas in die Sonne, stattdessen achtet man auf die Form des Schattens. Ein weißes Stück Karton einige Dutzend Zentimeter hinter das Okular halten und das Okular so weit nach außen drehen, bis eine scharfe Abbildung der Sonne auf den Karton projiziert wird. Je nach Öffnung und Vergrößerung sind auf diesem projizierten Sonnenbild deutlich die Sonnenflecken zu erkennen. Für stärkere Amateurteleskope gibt es spezielle Sonnenprojektionssets zu kaufen. Ein Fernglas sollte man nie länger als wenige Minuten auf die

Glänzender Schutz Mit Aluminium beschichtete Mylarfolie (so genannte *Baader-Folie*) ist einer der sichersten Sonnenfilter.

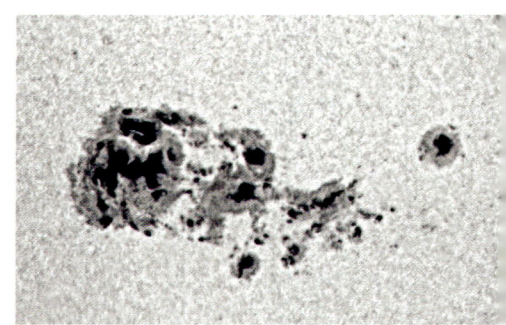

Fleckiges Foto Amateuraufnahme einer Sonnenfleckengruppe, aufgenommen mit einem großen Teleskop und einem Sonnenfilter.

Planetarien erhältlich und kosten nur wenige Euro. Alternative Filter, wie silberfarbiges Verpackungsmaterial, eine CD, ein mit einer brennenden Kerze geschwärztes Glasstück oder ein Stapel Fotonegative sind weit weniger zuverlässig. Die Filterwirkung ist nicht immer konstant und zudem wird nicht die gesamte schädliche Infrarot- und UV-Strahlung der Sonne abgewehrt. Diese Strahlen sind zwar unsichtbar, doch sie können die Netzhaut ganz erheblich schädigen.

Sonne gerichtet lassen. Im Brennpunkt des Fernglases wird nämlich viel Wärme produziert, dadurch kann die Optik des Fernglases beschädigt werden.

Sonnenfilter

Für Teleskope gibt es spezielles Sonnenfilterzubehör. Okularfilter sind klein und relativ preiswert, doch bieten sie auch weniger Sicherheit. Es entsteht immer noch viel Hitze im Teleskoptubus, und zerspringt der Filter unerwartet,

Projiziertes Bild
Der deutsche Astronom Christoph Scheiner bevorzugte schon im 17. Jahrhundert bei seinen Sonnenbeobachtungen die sichere Projektionsmethode.

könnte man durch das konzentrierte Sonnenlicht leicht erblinden. Viel sicherer sind Objektivfilter, die vor die Öffnung montiert werden. Es gibt sie in den verschiedensten Ausführungen und Maßen, vom preiswerten Mylarfilter (Kunststoff mit Aluminiumbeschichtung) bis hin zu teuren Filtern aus speziell behandeltem Glas.

> *Galileo Galilei war am Ende seines Lebens blind, wahrscheinlich hat er zu oft ohne Schutzvorkehrungen mit seinem Teleskop in die Sonne geschaut.*

Für ein kleines Teleskop oder Fernglas kann man aus festem Papier und Mylarfolie einfach und preisgünstig einen funktionierenden Sonnenfilter anfertigen. Zwei Kartonringe von mehreren Zentimetern Breite herstellen, von denen einer ziemlich stramm um den Teleskoptubus sitzt und der zweite, schmalere Ring ohne viel Spiel um den ersten Ring passt. Den kleineren Ring über das Ende des Teleskops schieben, bis der obere Rand des Rings über den Rand des Tubus passt. Ein Stück Mylarfolie (bei Teleskopherstellern zu bezie-

Tipp für Sterngucker
Wenn man täglich mit der Finsternisbrille große Sonnenflecken in der Sonne sucht, kann man auch die langsame Drehung der Sonne um ihre eigene Achse beobachten.

hen) über die Öffnung legen und dann den zweiten Ring über den ersten schieben, so dass die Mylarfolie zwischen den beiden Ringen straff gespannt wird. Die zwischen den Ringen überstehenden Enden des Mylarfilters abschneiden oder um den zweiten Ring zurückfalten und die Mylarfolie mit Klebeband fest zusammenkleben.

Metamorphose Diese Amateurzeichnungen zeigen die Entwicklung einer Sonnenfleckengruppe im Laufe weniger Tage.

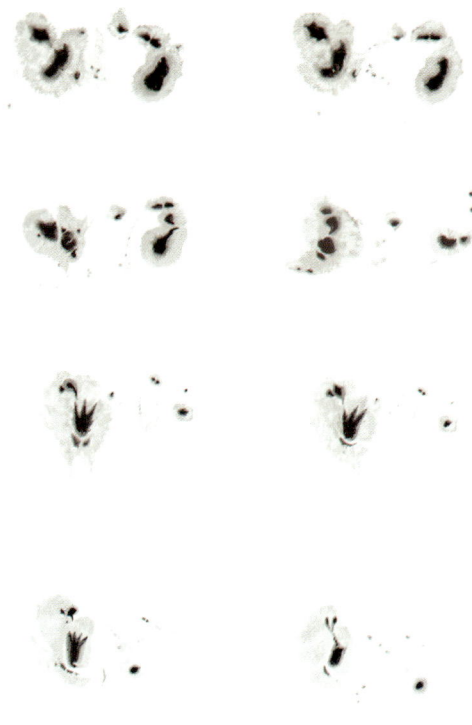

4

Das Sonnensystem

Die Entstehung der Planeten

Planeten sind die „Nebenprodukte" der Geburtsphase der Sonne. Alle Planeten, Planetoiden und Kometen zusammen machen nur 1 % der Gesamtmasse des Sonnensystems aus. Die übrigen 99 % entfallen auf die Sonne. Ebenso wie alle anderen Sterne ist die Sonne aus einer sich zusammenballenden Wolke von Gas und Staub entstanden. Die Planeten – auch die Erde – sind nur Überreste dieses Prozesses.

Wenn eine flüchtige Wolke aus Gas- und Staubteilchen unter ihrem eigenen Gewicht einzusinken beginnt, dann wird sie ständig schneller rotieren und dabei stark abgeflacht werden (s. auch S. 182). Vor etwa fünf Milliarden Jahren führte dies zur Bildung des Sonnennebels: einem kompakten Protostern, der sich aufgrund der Schwerkraft immer noch in einem Schrumpfungsprozess befindet, umgeben von einer flachen, sich drehenden Scheibe von Materie, die höchstens 10 % der gesamten Masse enthält. Dichte und Temperatur dieser Scheibe nehmen von innen nach außen ab. In den inneren Bereichen besteht sie infolge der hohen Temperatur aus festen Staubteilchen und flüchtigen Gasatomen; in den Außenbereichen, wo es viel kälter ist, ist ein Großteil des Gases zu Eiskristallen

Rotierende Scheibe Entstehung des Sonnensystems: Gas- und Staubteilchen rund um die eben geborene Sonne.

> *Nach Meinung vieler Astronomen gehört der äußerste Planet Pluto nicht mehr zu den echten Planeten, er ist allenfalls der größte Bewohner des Kuiper-Gürtels.*

kondensiert. Dies sind feste Teilchen, die schnell zusammenbacken und schließlich die Bildung der Planeten einleiten.

In kurzer Zeit – in höchstens einigen hunderttausend Jahren – entstehen in dem Sonnennebel viele Trillionen so genannte Planetesimale: kleine Objekte mit Ausmaßen von höchstens einigen Kilometern. In den Innenbereichen des Sonnensystems sind dies Planetesimale, die aus Metall und Gestein bestehen. In den Außenbereichen des Sonnensystems gibt es auch unzählige Eisplanetesimale.

Zwei Arten von Planeten

Steinige Planetesimale sind nicht so zahlreich: Der Sonnennebel enthält nur relativ wenig schwere Elemente, und obwohl die Dichte des Nebels im Zentrum größer ist als in den Außenbereichen, ist die Gesamtmenge an Materie

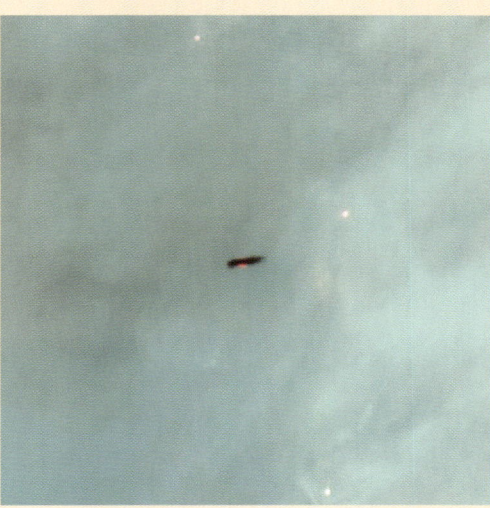

Entstehung des Sonnensystems Seitenansicht einer protoplanetaren Scheibe im Orion-Nebel, 1500 LJ von der Erde entfernt.

doch ziemlich gering, da im Zentrum nun einmal weniger Platz ist. Aus dieser relativ geringen Menge steiniger Planetesimale entstehen schließlich die vier erdähnlichen Planeten: Merkur, Venus, die Erde und Mars, die eine feste Oberfläche und einen Kern aus Eisen und Nickel haben. Die Zahl der Eisplanetesimale in den Außenbereichen des Sonnensystems ist viel, viel größer. Sie ballen sich zu den Kernen der Riesenplaneten zusammen: Jupiter, Saturn, Uranus und Neptun. Diese großen Kerne binden mit ihrer Schwerkraft auch enorme Mengen Gas aus dem Sonnennebel an sich, wodurch die Planeten zu wahren Gasriesen anwachsen. Kurz darauf bläst die immer heißer werdende Sonne das restliche Gas aus dem Nebel weg, und was bleibt, ist die erste Version des heutigen Sonnensystems. Nicht alle Planetesimale wachsen zu vollwertigen Planeten heran. Außerhalb der Bahn des Mars (dem äußersten erdähnlichen Planeten) folgt ein breiter Gürtel mit übrig gebliebenen steinigen Planetesimalen: die Planetoiden (s. S. 164). In den äußersten Regionen des Sonnensystems schweben die restlichen Eisplanetesimale: die Kometen (s. S. 168). Durch Schwerkraftstörungen bei den Riesenplaneten werden die meisten Kometen aus dem Sonnensystem hinausgeschleudert, wo sie sich

Riesenplaneten Gasriesen wie Jupiter bestehen größtenteils aus Wasserstoff und Helium.

dann in zwei Regionen aufhalten: im Kuiper-Gürtel und in der Oortschen Kometenwolke, die viele Billionen Kilometer von der Sonne entfernt ist. Einige Kometen und Planetoiden bewegen sich in lang gezogenen Bahnen durch den Innenbereich des Sonnensystems, wo es ab und zu einen Zusammenstoß mit einem der Planeten gibt.

Erdähnliche Planeten Die Erde vom Mond aus gesehen. Beide Himmelskörper haben eine feste Oberfläche und bestehen aus Gestein und Metallen.

Bekanntschaft mit dem Sonnensystem

DIE PLANETENBAHNEN

PLANET	MITTLERE ENTFERNUNG ZUR SONNE	UMLAUFZEIT	BAHNGESCHWINDIGKEIT	BAHNEXZENTRITÄT	BAHNNEIGUNG
Merkur	57 900 000 km	88 Tage	47,9 km/s	0,206	7,0°
Venus	108 200 000 km	225 Tage	35,0 km/s	0,001	3,4°
Erde	149 600 000 km	1 Jahr	29,8 km/s	0,017	0,0°
Mars	228 000 000 km	1,88 Jahre	24,1 km/s	0,094	1,8°
Jupiter	778 200 000 km	11,86 Jahre	13,1 km/s	0,049	1,3°
Saturn	1 433 500 000 km	29,46 Jahre	9,7 km/s	0,057	2,5°
Uranus	2 862 000 000 km	84,02 Jahre	6,8 km/s	0,050	0,8°
Neptun	4 480 100 000 km	164,77 Jahre	5,4 km/s	0,010	1,8°
Pluto	5 898 700 000 km	248,03 Jahre	4,7 km/s	0,249	17,2°

Alle Planeten im Sonnensystem kreisen in derselben Richtung um die Sonne, wobei ihre Geschwindigkeit abnimmt, je weiter sie von der Sonne entfernt sind. Die Planetenbahnen liegen etwa auf derselben Ebene. Nur die kleinen Planeten Merkur und Pluto kreisen auf einer im Verhältnis zur Erdbahn recht geneigten Bahn. Die meisten Planetenbahnen sind fast kreisförmig. Es sind wiederum Merkur und Pluto, die eine starke Bahnexzentrizität aufweisen.
Planeten, die sich innerhalb der Erdbahn um die Sonne drehen (Merkur und Venus), werden innere Planeten genannt. Von der Erde aus kann man innere Planeten nie der Sonne gegenüber am Himmel stehen sehen. Merkur und Venus sind daher auch immer in der Nähe der Sonne zu finden, deshalb sind sie morgens vor Sonnenaufgang

oder abends nach Sonnenuntergang sichtbar. Steht ein innerer Planet zwischen Erde und Sonne, so steht er in der unteren Konjunktion und ist nicht sichtbar. Einige Zeit später ist er so weit wie möglich westlich von der Sonne sichtbar (größte westliche Elongation am Morgenhimmel). Wieder etwas später befindet er sich „hinter" der Sonne (obere Konjunktion) und dann steht er in seiner größten östlichen Elongation, ist also abends zu sehen.
Planeten, die außerhalb der Erdbahn um die Sonne kreisen (Mars, Jupiter, Saturn, Uranus, Neptun und Pluto) werden äußere Planeten genannt. Sie stehen oft auch in (oberer) Konjunktion zur Sonne, doch sie können der Sonne gegenüber am Himmel stehen: in Opposition also. Zum Zeitpunkt der Opposition ist ein äußerer Planet die ganze Nacht sichtbar. Er beschreibt dann eine Oppositionsschleife, wobei er eine gewisse Zeit von Ost nach West zwischen den Sternen wandert und nicht umgekehrt.

Planetarische Stellungnahm
Innere Planeten stehen imm
in der Nähe der Sonne am
Himmel; die äußeren Planete
können auch mitten in
der Nacht gesehen werden.

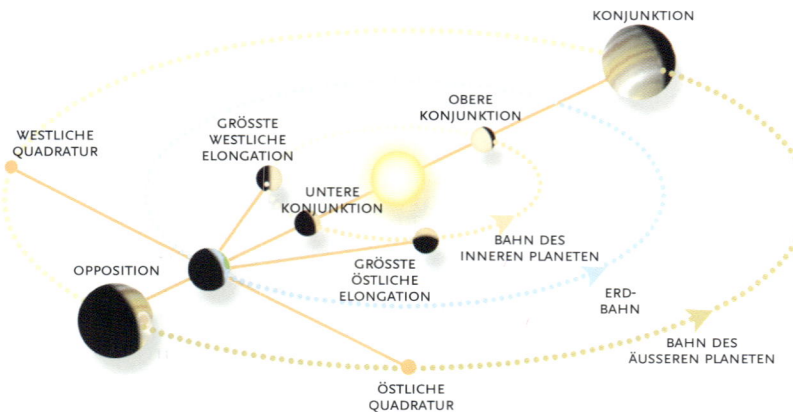

Merkur

Merkur ist der sonnennächste Planet. Wegen seines schnellen Positionswechsels am Sternenhimmel ist er nach dem römischen Götterboten benannt. Er ist schon seit dem Altertum bekannt, obwohl er nicht leicht zu beobachten ist. Merkur steht immer in der Nähe der Sonne am Himmel. Seine maximale Elongation (Winkel zwischen Sonne und Planet) beträgt 28°. Das bedeutet, dass er oft kurz vor Sonnenaufgang im Osten zu sehen ist (in der größten westlichen Elongation) und oft kurz nach Sonnenuntergang im Westen (in der größten östlichen Elongation).

Nicht alle seine Morgen- und Abenderscheinungen sind gut zu sehen. Wegen des wechselnden Winkels zwischen Planetenbahn und Horizont ist die Morgenerscheinung im Herbst und

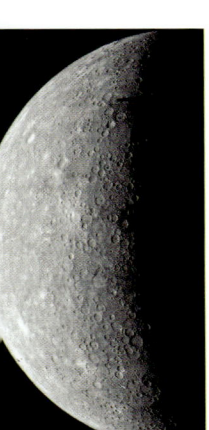

Kraterwelt Fotomosaik von Merkur, aufgenommen von der amerikanischen Raumsonde Mariner 10.

MERKUR IN ZAHLEN	
Durchmesser	4880 km
Rotationszeit	$58^d\ 15^h\ 31^m$
Achsneigung	0°
Masse (Erde = 1)	0,055
Dichte	5,43 g/cm³
Schwerkraft an der Oberfläche (Erde =1)	0,37
Fluchtgeschwindigkeit	4,25 km/s
Temperatur	−200 °C / +400 °C

die Abenderscheinung im Frühjahr am besten. Der Planet ist dann mit bloßem Auge zu finden, wenn man genau weiß, wo man ihn suchen muss. Merkur wurde bisher nur einmal aus der Nähe von der unbemannten amerikanischen Raumsonde Mariner 10 erkundet, und zwar 1974 und 1975. Etwa die Hälfte des Planeten wurde detailliert kartiert. Im August 2004 startete die amerikanische Merkursonde Messenger, die 2011 bei dem Planeten ankommen soll.

> ### Tipp für Sterngucker
> *Wenn er dicht neben der schmalen Mondsichel steht oder nahe bei dem Planeten Venus, der meist erheblich heller ist, lässt sich Merkur am ehesten finden.*

Ebenso wie der Mond weist Merkur eine von Kratern übersäte Oberfläche auf. Ein riesiges Einschlagbecken hat man außerdem entdeckt. Merkur hat keine Atmosphäre, jedoch wird in den ständig beschatteten Kratern in den Polregionen Eis vermutet.

Merkur verfügt über einen relativ großen Kern aus Eisen und Nickel. Möglicherweise war der gesamte Planet früher um einiges größer als heute, vermutlich wurde in der Geburtsstunde des Sonnensystems bei einem schweren kosmischen Einschlag ein großes Stück aus dem felsigen Mantel herausgeschlagen.

GRÖSSTE ELONGATIONEN VON MERKUR 2005–2011

2. März 2005: 18,2°O	20. Juli 2007: 20,2°W	18. Dez. 2009: 20,2°O
6. Apr. 2005: 27,3°W	29. Sept. 2007: 26,3°O	27. Jan. 2010: 24,8°W
9. Juli 2005: 26,3°O	8. Nov. 2007: 19,2°W	8. Apr. 2010: 19,4°O
3. Aug. 2005: 18,2°W	22. Jan. 2008: 18,2°O	26. Mai 2010: 25,1°W
3. Nov. 2005: 23,2°O	3. März 2008: 27,3°W	7. Aug. 2010: 27,4°O
2. Dez. 2005: 21,2°W	14. Mai 2008: 21,2°O	19. Sep. 2010: 17,9°W
4. Feb. 2006: 18,2°O	1. Juli 2008: 21,2°W	1. Dez. 2010: 21,5°O
8. Apr. 2006: 27,3°W	11. Sept. 2008: 26,3°O	9. Jan. 2011: 23,3°W
0. Juni 2006: 24,2°O	22. Okt. 2008: 18,2°W	23. März 2011: 18,6°O
7. Aug. 2006: 19,2°W	4. Jan. 2009: 19,2°O	7. Mai 2011: 26,6°W
7. Okt. 2006: 24,2°O	13. Feb. 2009: 26,3°W	20. Juli 2011: 26,8°O
5. Nov. 2006: 19,2°W	26. Apr. 2009: 20,2°O	3. Sep. 2011: 18,1°W
7. Feb. 2007: 18,2°O	13. Juni 2009: 23,2°W	14. Nov. 2011: 22,7°O
2. März 2007: 27,3°W	24. Aug. 2009: 27,3°O	23. Dez. 2011: 21,8°W
2. Juni 2007: 23,2°O	6. Okt. 2009: 17,2°W	

W = größte westliche Elongation: Morgenerscheinung m östlichen Horizont; O = größte östliche Elongation: benderscheinung am westlichen Horizont

Die Venus im Visier

Erscheinungsformen Wie der Mond zeigt die Venus verschiedene Erscheinungsformen, da sie immer ander von der Sonne beschienen wird.

Von allen Planeten ist Venus der hellste, dank seiner geringen Entfernung zur Erde, seiner Größe (mit der Erde vergleichbar) und seiner dicken, reflektierenden Wolkenschichten in der Atmosphäre. Die Venus ist (wie Merkur)

Abendstern Nach der Sonne und dem Mond ist der Planet Venus das hellste Objekt am Himmel.

ein innerer Planet, der nur morgens vor Sonnenaufgang oder abends nach Sonnenuntergang zu

sehen ist. Ihre maximale Elongatio (Winkel zwischen Sonne und Planet) ist mit 48 ° jedoch größer. Venus bewegt sich langsamer am Himmel, wodurch sie oft monatelang als auffallender Morgen- oder Abendstern zu sehen ist. Mit einem stabil aufgestellten Fernglas ist einig Wochen vor und nach der unteren Konjunktion erkennbar, dass die Venus nicht rund ist, sonder verschiedene Phasen zeigt. Diese wurden 1610 zum ersten Mal von Galileo Galilei entdeckt. M einem kleinen Teleskop kann man sie besser sehen. Auch die stark wechselnde scheinbare Größe der Venus ist auffallend: In unterer Konjunktion ist der scheinbare Durchmesser etwa eine Bogenminute, in oberer Konjunktion kaum über 10 Bogensekunden. Die Oberfläche der Venus liegt unter einer ständi geschlossenen, undurchsichtigen Wolkendecke verborgen. Nur mit großen Teleskopen und Spe zialfiltern ist eine Struktur in dieser Wolkendecke zu erkenne Da die Venus eine Atmosphäre besitzt, sieht ihre Sichel ander aus als die schmale Mondsich sie wirkt etwas verschwommer Die Venus ist so hell, dass ma sie auch tagsüber sieht, wenn man genau weiß, wo sie zu fin den ist. Bei einem Morgen- erscheinen kann man versuche den Planeten im Auge zu beha ten, auch wenn es immer helle wird und die Sonne aufgeht. B einem Abenderscheinen kann man in einem sportlichen Wet streit ausprobieren, wer die Venus schon vor Sonnenunter gang im Westen erkennt.

ELONGATIONEN UND KONJUNKTIONEN DER VENUS 2005–2011		
DATUM	**ERSCHEINUNG**	**SICHTBARKEITSPERIODE**
31. März 2005	obere Konjunktion	
3. Nov. 2005	größte östliche Elongation: 47,5°	Juni 2005 – Dez. 2005 (Abend)
14. Jan. 2006	untere Konjunktion	
25. März 2006	größte westliche Elongation: 46,5°	Feb. 2005 – Aug. 2006 (Morgen)
28. Okt. 2006	obere Konjunktion	
9. Juni 2007	größte östliche Elongation: 45,5°	Jan. 2007 – Juli 2007 (Abend)
18. Aug. 2007	untere Konjunktion	
28. Okt. 2007	größte westliche Elongation: 46,5°	Sep. 2007 – März 2008 (Morgen)
9. Juni 2008	obere Konjunktion (Bedeckung)	
14. Jan. 2009	größte östliche Elongation: 47,5°	Aug. 2008 – Feb. 2009 (Abend)
28. März 2009	untere Konjunktion	
5. Juni 2009	größte westliche Elongation: 45,5°	Mai 2009 – Okt. 2009 (Morgen)
12. Jan. 2010	obere Konjunktion	
20. Aug. 2010	größte östliche Elongation: 46,0°	März 2010 – Sep. 2010 (Abend)
29. Okt. 2010	untere Konjunktion	
8. Jan. 2011	größte westliche Elongation: 47,0°	Dez. 2010 – Juni 2011 (Morgen)
16. Aug. 2011	obere Konjunktion	

Planetendurchgänge

Befindet sich ein innerer Planet in der unteren Konjunktion, zieht er zwischen Erde und Sonne hindurch. Bei einer Bahnneigung des Planeten von exakt 0° würde in einer solchen unteren Konjunktion ein Durchgang stattfinden: Von der Erde aus gesehen, tritt der Planet dann vor die helle Sonnenscheibe und ist als kugelrunder, schwarzer Punkt zu sehen. In Wirklichkeit liegen die Bahnen von Merkur und Venus schräg zur Erdbahn, was zur Folge hat, dass solche Durchgänge äußerst selten sind. Merkurdurchgänge gibt es viel häufiger als Venusdurchgänge – durchschnittlich alle sieben Jahre. Da Merkur näher bei der Sonne steht, kann er sich etwas weiter über oder unter der Bahn der Erde befinden, und da seine Umlaufzeit so kurz ist, ergeben sich öfter

PLANETENDURCHGÄNGE 2000–2050			
Datum	**Planet**	**Beginn**	**Ende**
7. Mai 2003	Merkur	07.11 Uhr	12.36 Uhr
8. Juni 2004	Venus	07.07 Uhr	13.33 Uhr
8./9. Nov. 2006*	Merkur	20.12 Uhr	01.12 Uhr
6. Juni 2012*	Venus	00.03 Uhr	06.56 Uhr
9. Mai 2016	Merkur	13.11 Uhr	20.45 Uhr
11. Nov. 2019	Merkur	13.35 Uhr	19.06 Uhr
13. Nov. 2032	Merkur	08.41 Uhr	12.09 Uhr
7. Nov. 2039	Merkur	08.17 Uhr	11.18 Uhr
7. Mai 2049	Merkur	13.03 Uhr	18.48 Uhr

* in Europa nicht sichtbar

Schwarze Kugel Merkur zeichnet sich dunkel gegen die helle Sonnenoberfläche ab bei seinem Durchgang am 7. Mai 2003.

untere Konjunktionen. Venusdurchgänge treten paarweise im Abstand von etwa acht Jahren auf. Die letzten Venusdurchgänge waren 1874, 1882 und 2004, der nächste folgt 2012, danach erst wieder in den Jahren 2117 und 2125.
Ein Planetendurchgang kann nur erfolgen, wenn der Planet sich im aufsteigenden oder absteigen-

den Knoten seiner Bahn befindet, also in einem der Schnittpunkte mit der Erdbahn. Merkurdurchgänge treten daher immer im Mai oder November auf, Venusdurchgänge im Juni oder Dezember.
Doch nicht alle Durchgänge sind überall auf der Erde zu beobachten: Die Sonne muss während dieser Himmelserscheinung natürlich über dem Horizont stehen.

> *Tipp für Sterngucker*
> Der schwarze Tropfeneffekt beim Venusdurchgang ist mit einem Teleskop gut zu sehen: Venus scheint dank ihrer Atmosphäre am Sonnenrand kleben zu bleiben.

Einen Merkurdurchgang kann man mit einem Teleskop und einem geeigneten Sonnenfilter (s. S. 132) beobachten.
Ein Venusdurchgang ist schon mit einem stabil montierten Fernglas zu sehen. Auch dann ist natürlich ein Filter erforderlich, es sei denn, man entscheidet sich für die Projektionstechnik.

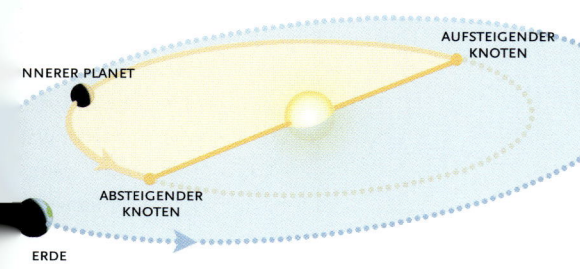

Schiefe Bahn Die Bahnen von Merkur und Venus verlaufen etwas schräg zur Erdbahn, sodass nicht oft Planetendurchgänge erfolgen.

Bekanntschaft mit der Venus

Von allen Planeten kommt die Venus der Erde am nächsten. Leider steht sie dann auch in der unteren Konjunktion, wenn sie sich zwischen Erde und Sonne befindet, sodass sie nicht sichtbar ist. Teleskopische Forschungen werden zudem durch die dichte Wolkendecke über der Venus erschwert. Die Venusoberfläche ist mit einem normalen Teleskop nicht zu sehen. Da der Planet etwa ebenso groß ist wie die Erde,

Venus ist nach der römischen Göttin der Liebe genannt. Alle Krater und Berge auf der Venus tragen Namen von Wissenschaftlerinnen und Künstlerinnen.

gilt er schon seit langem als unser Schwesterplanet. Astronomen vermuteten noch zu Beginn des 20. Jahrhunderts Leben auf der Venus und nahmen an, dort sei ein angenehmes tropisches Klima vorhanden. Erst viel später entdeckte man, welch höllische Verhältnisse auf ihrer Oberfläche wirklich herrschen.

Verhüllter Planet Die Oberfläche der Venus wird von ein dichten Wolkendecke verdeckt.

Ein starker Treibhauseffekt, verursacht durch riesige Mengen von Kohlendioxid in der Atmosphäre, hält die Oberflächentemperatur dort b 500 °C, was ausreicht, um Blei zum Schmelzer zu bringen. Einen großen Unterschied zwischen Tag- und Nachttemperatur gi es nicht, da die heiß Atmosphäre die Wärme gut leitet un verteilt. Der Luftdru beträgt 90 Atmosphären, und in der Atmosphäre hänger Wolken von konzen trierter Schwefelsäu

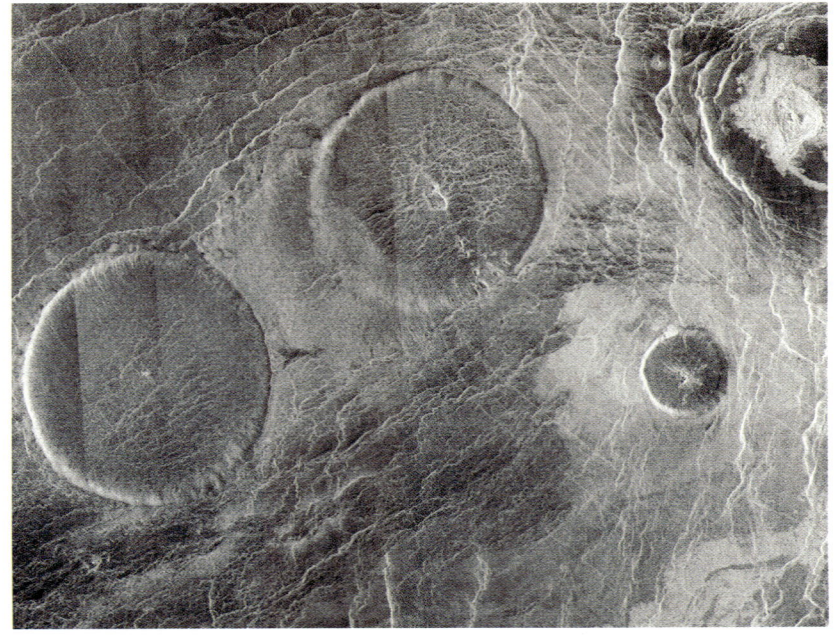

Vulkankegel Radaraufnahme von zwei große runden vulkanischen Strukturen, die einige 100 m höher liegen als ihre Umgebung.

Selbst gepanzerte Raumfahrzeuge würden kaum ein paar Stunden auf der Venus überstehen. Der Planet ist bedeckt von welligen Ebenen und hier und da einem Einschlagkrater. Es gibt zwei große, bergähnliche Hochebenen: Ishtar Terra, in hoher nördlicher Breite, und Aphrodite Terra, beim Äquator gelegen. Auch kolossale Schildvulkane, von denen einige noch aktiv sein könnten, wurden entdeckt.

Raumflüge zur Venus

Messungen der amerikanischen Raumsonde Mariner 2, die im Dezember 1962 an der Venus vorbeiflog, wiesen erstmals auf die hohe Oberflächentemperatur auf der Venus hin. Ende der 1960er Jahre versuchte die Sowjetunion mehrmals eine weiche Landung auf der Venus, doch das gelang erst mit Venera 7 am 15. Dezember 1970. Venera 7 lieferte erste Messungen von Temperatur und Luftdruck.

Mitte der 1970er Jahre untersuchte die amerikanische Mariner 10 die Wolkendecke der Venus, und Venera 9 und 10 machten zum ersten Mal Schwarzweißaufnahmen von der Oberfläche. Mehr Informationen über die Venus-Topografie lieferte die amerikanische Sonde Pioneer Venus Orbiter, die am 4. Dezember 1978 in eine Umlaufbahn um die Venus gebracht wurde und

DIE VENUS IN ZAHLEN	
Durchmesser	12 103 km
Rotationsperiode*	$243^d\ 00^h\ 27^m$
Achsneigung	177°
Masse (Erde = 1)	0,8150
Dichte	5,24 g/cm³
Schwerkraft auf der Oberfläche (Erde =1)	0,91
Fluchtgeschwindigkeit	10,3 km/s
Temperatur	500 °C

* Die Venus dreht sich langsamer um ihre eigene Achse als um die Sonne und zudem in Gegenrichtung.

einen großen Teil der Oberfläche mittels Radartechnik sichtbar machte.

Ende der 1970er Jahre und Anfang der 1980er folgten weitere unbemannte russische Landungen, die auch Farbfotos lieferten (Venera 13 machte 1981 die ersten Aufnahmen). Venera 15 und 16 führten Mitte der 1980er Jahre sehr detaillierte Radarbeobachtungen der nördlichen Halbkugel durch, und die russischen VEGA-Raumsonden, die auf dem Weg zu einer Begegnung mit dem Kometen Halley waren, ließen Fähren auf dem Venusboden landen und die dortige Atmosphäre mit Instrumenten untersuchen, die an einem Ballon befestigt in die Venusatmosphäre eindrangen.

Die bisher erfolgreichste Venusmission ist die amerikanische Raumsonde Magellan, die von 1990 bis 1994 die gesamte Oberfläche der Venus mittels Radartechnik abtastete und kartierte. Weitere Raumsonden zur Venus sind der europäische Venus Express (Start 2005) und die japanische Planet-C (Start 2007).

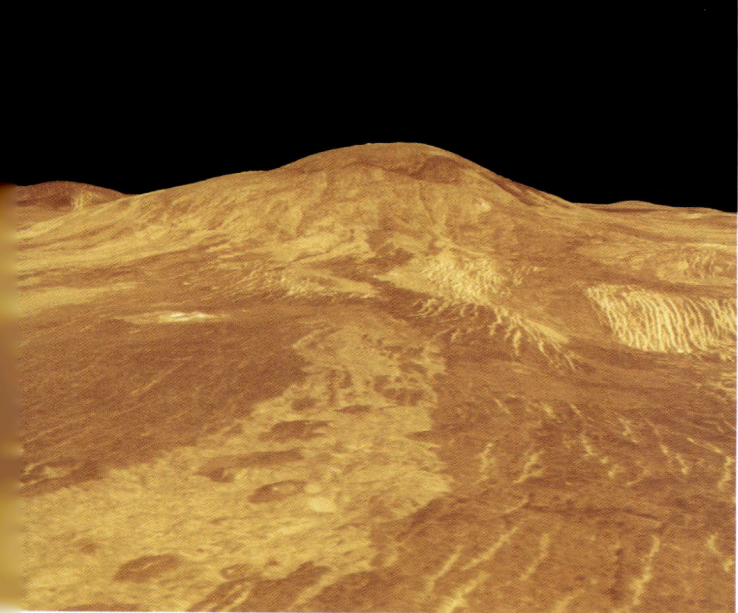

Venushügel 3D-Bild von Sif Mons, einem Schildvulkan auf der Venus, das anhand von Radarhöhenmessungen der amerikanischen Raumsonde Magellan angefertigt wurde.

Bekanntschaft mit dem Mars

Mars wird wegen seiner auffälligen Farbe oft der Rote Planet genannt. Obwohl er etwas kleiner ist als die Erde und ihr auch nicht so nahe kommen kann wie die Venus, ist er doch sehr viel einfacher zu beobachten. Der Mars hat eine fast wolkenlose, flüchtige Atmosphäre, und befindet er sich in Opposition, dann sind schon mit einem kleinen Teleskop Oberflächendetails zu erkennen.

Am 27. August 2003 war der Mars nur 55 760 000 Kilometer von der Erde entfernt – der kleinste Abstand in 60 000 Jahren. Das nächste Mal wird der Rekord im August 2287 gebrochen werden.

Roter Planet Flüchtige Wolkenfetzen markieren die höchsten Berggipfel des roten Planeten Mars. Dahinter ist die Nordpolkappe zu sehen.

Obwohl der Mars viel kälter ist als die Erde – die Temperatur steigt selten über den Gefrierpunkt–, zeigt er große Ähnlichkeit mit ihr. Es gibt Polkappen (aus gefrorenem Wasser und gefrorenem Kohlendioxid), Berge und Schildvulkane, tiefe, lang gezogene Cañons, Sanddünen, alte Hochebenen voller Krater und viele geologische Strukturen, die Anlass zu der Vermutung geben, dass es vor langer Zeit einmal fließende Gewässer auf dem Mars gab (s. S. 147).

Die Vulkane auf dem Mars sind die größten und höchsten im ganzen Sonnensystem. Olympus Mons ragt 25 km über die ihn umgebende Landschaft auf und hat an der Basis einen Durchmesser von 500 km. Die drei Vulkane Arsia Mons, Pavonis Mons und Ascraeus Mons auf dem Tharsis-Plateau sind kaum weniger gewaltig. Weiter

Höchster Berg Der Schildvulkan Olympus Mons überragt die umliegende Landschaft um 25 km.

im Westen liegt das Mariner-Tal (Valles Marineris das mit 4000 km Länge, 200 km Breite und 6 km Tiefe der weitaus größte Grabenbruch im Sonnensystem ist.

Der größte Teil des Mars ist eine sehr kalte, sta bige Steinwüste. Da die Atmosphäre sehr flüch tig ist (der Luftdruck beträgt 0,7 % des auf der Erde herrschenden), können sehr schnell hohe Windgeschwindigkeiten aufgebaut werden, wo bei Staubstürme entstehen, die den Planeten o wochenlang dem Blick entziehen.

Raumflüge zum Mars

Am 14. Juli 1965 flog die amerikanische Raumsonde Mariner 4 als Erste nahe am Planeten Mars vorbei. Sie machte 21 Schwarzweißfotos, aus denen u.a. hervorging, dass der Mars eber so wie der Mond Einschlagkrater aufweist. Ma ner 6 und 7 setzten 1969 die Untersuchungen fort. Ende 1971 gelang mit der russischen Rau sonde Mars 3 die erste weiche Landung auf dem Mars, doch leider ging nach 20 Sekunde der Radiokontakt mit der Landefähre verloren. Mariner 9 wurde als erste Raumsonde in eine

Umlaufbahn um den Mars gebracht. Im Laufe des Jahres 1972 machte sie Tausende von Fotos und entdeckte die Cañons und Schildvulkane des Planeten. Aufsehen erregten die weichen Landungen auf dem Mars im Juli und September 1976, als die beiden amerikanischen Viking-Raumsonden monatelang Farbfotos von der Oberfläche sendeten, Messungen am Boden und in der Atmosphäre vornahmen und nach Spuren von Leben auf dem Mars suchten (s. S. 240). Die Marsforschung hatte einige große Rückschläge zu verkraften, die Sonden Mars Observer (1993), Mars Climate Orbiter (1999) und Mars Polar Lander (1999) gingen verloren genauso wie die russische Mars 96, die japanische Nozomi und der britische Marslander Beagle 2. Doch dieser Verlust wurde durch große Erfolge ausgeglichen:

DER MARS IN ZAHLEN

Durchmesser	6794 km
Rotationsperiode	$24^h\ 37^m\ 23^s$
Achsneigung	25°
Masse (Erde = 1)	0,1074
Dichte	3,93 g/cm³
Schwerkraft an der Oberfläche	
(Erde =1)	0,38
Fluchtgeschwindigkeit	5,1 km/s
Temperatur	− 80 °C / +10 °C
Monde	2

(ab Herbst 2001) und Mars Express (Anfang 2004) sendeten extrem genaue Aufnahmen von der Marsoberfläche zur Erde und nahmen geologische, mineralogische und meteorologische

Phobos und Deimos

Um den Mars kreisen zwei kleine Monde: Phobos und Deimos. Wahrscheinlich handelt es sich um eingefangene Planetoiden. Phobos misst etwa 27 x 22 x 19 km und umrundet Mars in 7 Stunden und 39 Minuten in einer Entfernung von 9379 km vom Mittelpunkt des Planeten (5982 km über der Oberfläche). Deimos ist etwas kleiner (15 x 12 x 11 km), seine Umlaufzeit beträgt $1^d\ 6^h\ 18^m$ und seine Entfernung zum Marsmittelpunkt 23 461 km.

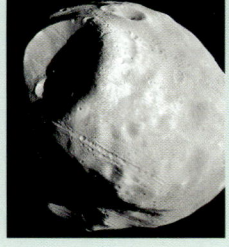 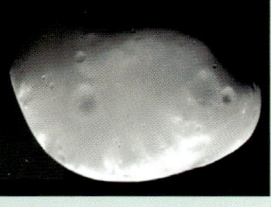

Phobos (links) und Deimos

Mars Pathfinder landete im Sommer 1997 weich auf dem Mars und ließ ein Roboterfahrzeug auf dem Mars herumfahren, die Sonden Mars Global Surveyor (ab Frühjahr 1999), 2001 Mars Odyssey

Untersuchungen vor. Im Januar 2004 landeten die amerikanischen Marsrover Spirit und Opportunity sanft auf dem roten Planeten. In Zukunft sollen alle 26 Monate neue Raumexpeditionen zum Mars gestartet werden.

Steinwüste **Marspanorama, Foto der amerikanischen Raumsonde Mars Pathfinder.**

Den Mars im Visier

Steht der Mars in Opposition, dann ist seine Entfernung zur Erde am kleinsten, er ist fast die ganze Nacht sichtbar und eine auffällige Erscheinung am Sternenhimmel: Mars ist heller als der hellste Stern und besitzt zudem eine orangerote Farbe. Im Laufe weniger Tage oder Wochen kann man sehen, wie er seine Position zwischen den Sternen ändert. Einige Monate vor und nach der Opposition ist er sehr viel

Wegen seiner blutroten Farbe (erzeugt durch Eisenoxide auf der Oberfläche) wurde der Mars nach dem römischen Kriegsgott benannt.

Für ernsthafte Marsbeobachtungen ist ein Teleskop mit einem Objektivdurchmesser von

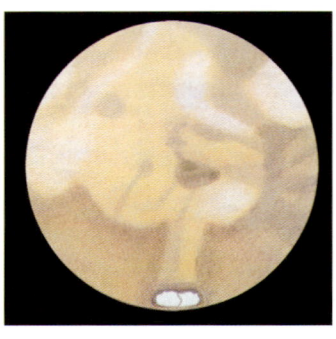

Größte Annäherung
Bei günstiger Opposition sind mit einem großen Amateurteleskop viele Details auf der Marsoberfläche zu sehen.

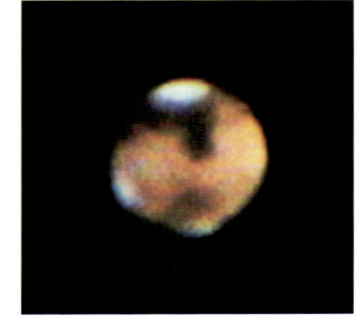

Dunkle Flecken
Amateuraufnahme vom Mars, auf der dunkle Flecken und eine helle Polkappe zu sehen sind.

weniger hell, doch immer noch leicht mit bloßem Auge zu sehen.

Die Opposition des Mars ist nicht immer günstig wegen seiner relativ großen Bahnexzentrizität. Steht er in einer günstigen Opposition, wie im August 2003, kann der scheinbare Durchmesser des Planeten 25 Bogensekunden betragen. Mit einem Fernglas kann man keine Details auf der Planetenoberfläche unterscheiden, doch mit einem mittelgroßen Amateurteleskop sind dunkle Flecken auf dem Mars erkennbar, und meist kann man auch eine der zwei hellen Polkappen des Planeten ausmachen.

mindestens 7,5 oder 10 cm notwendig. Man sollte den Planeten längere Zeit ganz genau im Auge behalten und auf die seltenen Augenblicke warten, wenn die Luft weniger flimmert und das Marsbild plötzlich schärfer wird als gewöhnlich. Man kann eine Zeichnung vom Mars anfertigen, auf der die Begrenzungen der Polkappen und einzelner dunkler Flecken auf der Marsoberfläche angegeben sind. Datum und Zeitpunkt notieren, sodass man später nachvollziehen kann, welcher Teil des Mars zu diesem Zeitpunkt der Erde zugewandt war.

Tipp für Sterngucker
Einige Monate vor und nach der Opposition sind die Mars-„Phasen" zu sehen: Von der Erde aus ist nur ein kleinerer Teil des nächtlichen Halbrunds zu erkennen.

Oppositionen des Mars 2005–2011

Datum	Entfernung zur Erde	Scheinbarer Durchmesser	Helligkeit*	Sternbild
7. November 2005	69 Mio. km	20,2"	-2^m3	Widder
24. Dezember 2007	88 Mio. km	15,9"	-1^m6	Zwillinge
29. Januar 2010	99 Mio. km	14,1"	-1^m3	Krebs

* in Magnituden (m), s. S. 176

Wasser auf dem Mars

Die amerikanische Raumsonde Mariner 9 entdeckte als erste Spuren von Wassererosion auf dem Mars: breite, ausgespülte Rinnen und schmale, gewundene „Flussbetten". Spätere Marsforscher fanden viele andere Beweise für die These, dass es einmal fließendes Wasser auf dem Planeten gegeben haben muss – mehrschichtige Strukturen im Marsboden, die an Sedimentgestein erinnern, und kleinformatige

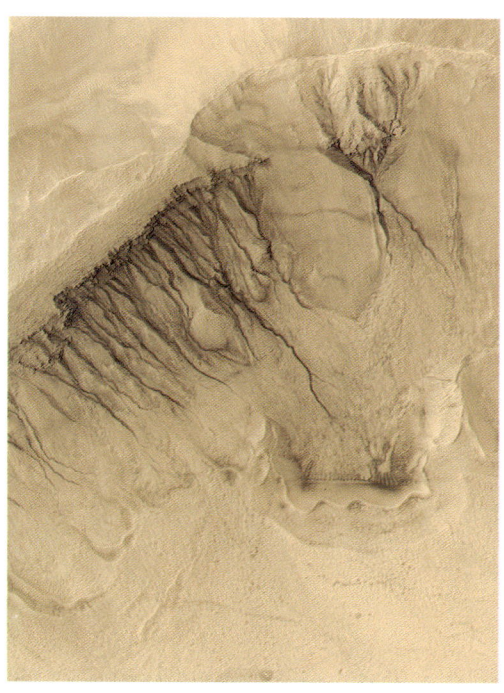

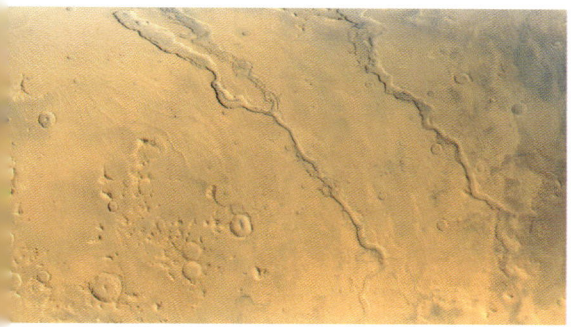
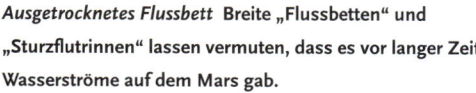

Ausgetrocknetes Flussbett Breite „Flussbetten" und „Sturzflutrinnen" lassen vermuten, dass es vor langer Zeit Wasserströme auf dem Mars gab.

Sickerndes Wasser? An der Innenwand und auf dem Boden eines Marskraters sind Spuren von fließendem Wasser zu sehen.

Rinnen in den Innenabhängen von Kratern und vielleicht sogar Spuren alter Küstenlinien. Obwohl nicht 100-prozentig gesichert ist, dass diese Strukturen von fließendem Wasser stammen, wird doch kaum noch daran gezweifelt, dass der Mars vor etwa 3,5 bis 4 Milliarden Jahren eine dichtere Atmosphäre und höhere Oberflächentemperatur gehabt haben muss. Vor allem die niedrigere nördliche Halbkugel des Planeten hätte zu jener Zeit von einem Ozean bedeckt sein können. Es ist nicht ausgeschlossen, dass sich damals auch Leben auf dem Roten Planeten entwickelt hat. Das Innere des kleinen Planeten Mars kühlte jedoch schnell ab. Da-

Der Boden und die Polkappen des Mars enthalten schätzungsweise 3 Millionen km³ Eis – das reicht aus für einen weltweiten Ozean von 20 m Tiefe.

durch kam die Vulkantätigkeit weitgehend zum Stillstand, sodass kein Kohlendioxid in die Atmosphäre drang. Der Treibhauseffekt kam zum Erliegen, die Atmosphäre verschwand (vielleicht auch durch einen schweren kosmischen Einschlag), der Planet kühlte ab und das Wasser gefror. Fotos und Messungen von dem amerikanischen Marsrover Opportunity haben mittlerweile gezeigt, dass es in der Vergangenheit in einigen Gegenden des Mars tatsächlich nass gewesen sein muss. Es wird allgemein angenommen, dass im Marsboden viel Eis vorkommt, vornehmlich Eis in Form von Permafrost. Vielleicht wird es irgendwann wieder einmal Wasserläufe auf dem Mars geben: Die Achsneigung des Planeten weist im Laufe von Millionen Jahren große Schwankungen auf, die tief greifende Klimaveränderungen zur Folge haben könnten.

Die Außenbereiche des Sonnensystems

Bekanntschaft mit Jupiter

Jupiter, genannt nach dem höchsten der römischen Götter, ist mit Abstand der größte Planet des Sonnensystems. Sein Durchmesser beträgt 10 % des Sonnendurchmessers. In ihm hätte die Erdkugel 1300-mal Platz. Er ist schwerer als alle anderen Planeten zusammen.

Im Gegensatz zu den kleinen erdähnlichen Planeten (Merkur, Venus, Erde und Mars) ist Jupiter ein Gasriese, der ebenso wie die Sonne vorwiegend aus Wasserstoff und Helium besteht. In seinem Zentrum herrscht ein Druck von 100 Millionen Atmosphären und eine Temperatur von 30 000 °C, die jedoch für Kernreaktionen wie im Zentrum der Sonne nicht hoch genug ist. Stattdessen besitzt Jupiter wahrscheinlich einen schweren, stark zusammengepressten Kern aus Gestein und Metall, der etwa so groß wie die Erde ist, doch eine viel größere Masse besitzt.

Sein mehrere 10 000 km dicker Mantel, der zu 75 % aus Wasserstoff und zu 23 % aus Helium besteht, ist übrigens nicht vollständig gasförmig. In großer Tiefe wird durch den zunehmenden Druck das Gas zu Flüssigkeit zusammengepresst.

Turbulente Welt Wolken und Wirbel in der Atmosphäre des Jupiter. Der schwarze Punkt ist der Schatten des Jupitermondes Europa.

Jupiter ist also eigentlich ein flüssiger Planet. In Tiefen von mehr als 21 000 km nimmt der Druck so zu (mehr als drei Millionen Atmosphären), dass das flüssige Wasserstoffgas elektrisch leiten

Ewiger Sturm Der Große Rote Fleck ist ein Wirbelsturm, der schon etwa 300 Jahre wütet.

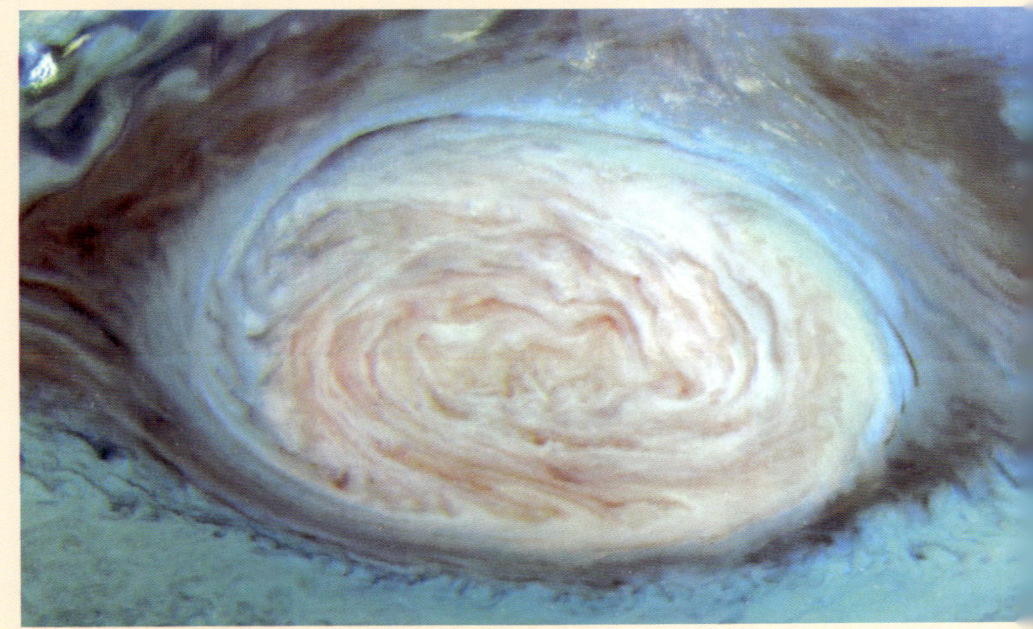

JUPITER IN ZAHLEN

Durchmesser	142 200 km
Rotationsperiode	$9^h\,55^m\,30^s$
Achsneigung	3°
Masse (Erde = 1)	317,828
Dichte	1,33 g/cm³
Schwerkraft an der Oberfläche	
(Erde = 1)	2,37
Fluchtgeschwindigkeit	59,6 km/s
Temperatur	−150 °C
Monde (Stand: Oktober 2004)	63

wird. In diesem 40 000 km dicken Innenmantel von flüssigem metallischem Wasserstoff baut sich wahrscheinlich das starke Magnetfeld des Planeten auf.

Nur in den obersten 50 km der Jupiteratmosphäre gibt es Wolken, die durch die schnelle Rotation des Planeten zu hellen Zonen und dunklen Bändern gestreckt wurden. Sie bewegen sich in unterschiedlichen Geschwindigkeiten, wodurch an den Rändern oft gigantische Wirbel entstehen können. Ein solcher Wirbelsturm, doppelt so groß wie die Erde, ist der Große Rote Fleck, der bereits seit mindestens 300 Jahren existiert.

Raumflüge zum Jupiter

Im Dezember 1973 erhielt Jupiter zum ersten Mal Besuch von einer unbemannten Raumsonde, der amerikanischen Pioneer 10. Sie erkundete

Jupiters Magnetfeld und Strahlengürtel, ihr gelangen die ersten Nahaufnahmen der Wolkendecke und sie entdeckte, dass Jupiter weitgehend flüssig ist. Pioneer 11 folgte ein Jahr später. Die Raumsonden Voyager 1 und Voyager 2, die Jupiter im März und Juli 1979 passierten, hatten empfindlichere Instrumente an Bord. Sie machten zahlreiche Aufnahmen von dem Planeten und seinen großen Monden (s. S. 142), entdeckten einige neue kleine Monde und auch den flüchtigen Staubring des Jupiter (s. S. 150). Die bisher erfolgreichste Jupitermission führte die ebenfalls amerikanische Raumsonde Galileo durch, die im Dezember 1995 in eine lang gezogene Bahn um den Planeten gebracht wurde. Sieben Jahre lang beobachtete sie den Riesenplaneten und seine Atmosphäre und lieferte detaillierte Daten zu den vier großen Jupitermonden Io, Europa, Ganymed und Kallisto.

Seine schnelle Rotation hat eine starke Abplattung von Jupiter zur Folge: Der Äquatordurchmesser beträgt 142 700 km, der Poldurchmesser nur 134 700 km.

Die Raumsonde Cassini, die sich auf dem Weg zum Saturn befindet, flog im Dezember 2000 nahe an Jupiter vorbei und lieferte ebenso wertvolle Messungen. Konkrete Pläne für neue Raumflüge gibt es zurzeit nicht, obwohl Vorschläge für einen Jupiter Icy Moons Orbiter vorliegen, der 2011 gestartet werden könnte.

Fataler Sturzflug Die Messkapsel der Raumsonde Galileo tauchte mit einem Fallschirm in die Jupiteratmosphäre ein.

DAS SONNENSYSTEM

Die Monde des Jupiter

Der Riesenplanet Jupiter besitzt mindestens 63 Monde. Die meisten sind nicht größer als Steinklumpen von einigen Kilometern Dicke, die sich in unregelmäßigen, lang gezogenen Bahnen bewegen – wahrscheinlich Planetoiden, die vor Milliarden von Jahren von Jupiters starkem Schwerkraftfeld eingefangen wurden. Nur vier Jupitermonde sind in der Größe vergleichbar mit unserem Mond: Io, Europa, Ganymed und Kallisto. Da sie 1610 von Galileo Galilei entdeckt wurden, nannte man sie die Galileischen Monde.

Die Galileischen Monde des Jupiter wären mit

Bei der Entdeckung des Jupiter und seiner Monde im Jahr 1613 sah Galilei auch einen Stern, der sich später als der Planet Neptun entpuppte. Neptun wurde erst 1846 entdeckt.

Eis und Wasser

Die Galileischen Monde wurden von drei amerikanischen Raumsonden genau erforscht: Voyager 1 und 2 (1979) und Galileo (1995–2002). Die äußeren beiden Monde, Ganymed und Kallisto, gehören zu den größten Planetenmonden im Sonnensystem. Ganymed ist sogar etwas größer als der Planet Merkur. Sie bestehen beide aus einem Gemisch von Eis und Gestein. Die Oberfläche von Ganymed weist Spuren großer innerer Spannungen auf. Kallisto ist übersät von Einschlagkratern und -becken. Unter der dicken Eiskruste könnte sich ein tiefer Ozean aus salzhaltigem Wasser verbergen. Was für Kallisto gilt, ist auch denkbar für Europa.

Scharfe Grenze Ganymed ist ein Flickwerk aus altem Gelände (links) und jungen tektonischen Strukturen.

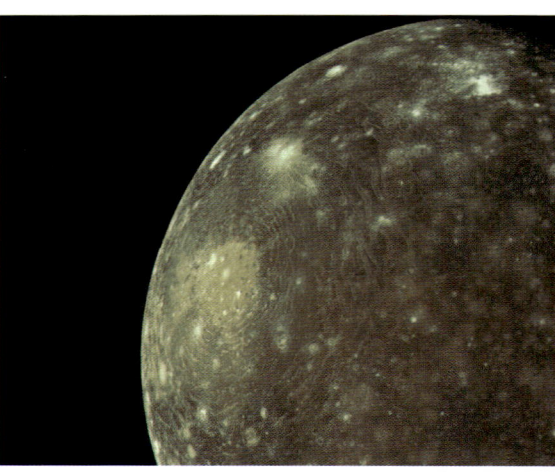

Himmlische Narben Valhalla auf dem Jupitermond Kallisto ist eines der größten Einschlagbecken im Sonnensystem.

bloßem Auge sichtbar, würden sie nicht immer in der hellen Lichtflut des Planeten „ertrinken". Mit einem kleinen Teleskop und sogar mit einem stabil montierten Fernglas sind sie jedoch leicht zu sehen, wenn die Vergrößerung nicht zu gering ist. Io steht Jupiter am nächsten und ist schwer zu erkennen. Wenn man in einer Skizze die Positionen der Monde zu Jupiter festhält und dies am nächsten Tag wiederholt, dann ist deutlich zu erkennen, dass sie infolge ihrer Bahnbewegung ihre Position geändert haben.

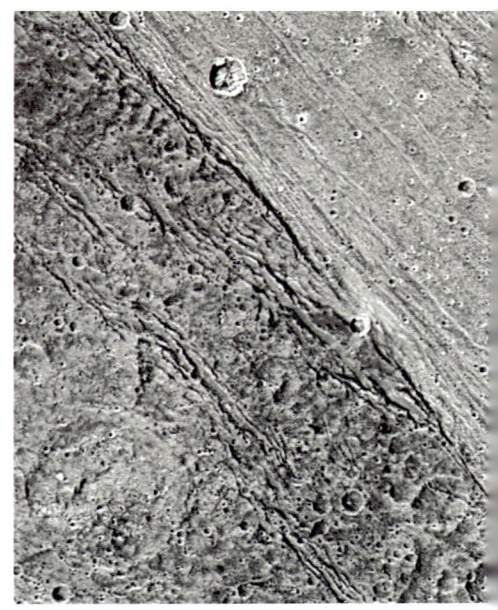

den kleinsten der vier Galileischen Monde. Die glatte Eisoberfläche von Europa weist keine vertikale Reliefbildung und fast keine Einschlagkrater auf, doch sie wird durchschnitten von dunklen und hellen Bruchlinien. Nahaufnahmen der Raumsonde Galileo zeigen, dass sich unter der Kruste Europas ein tiefer Ozean befindet, der mehr Wasser enthält als alle Ozeane der Erde. Nicht ausgeschlossen wird, dass sich in diesem Ozean Mikroorganismen entwickelt haben könnten.

Schwefelvulkane

Der innerste der vier Galileischen Monde ist Io, der wie die anderen Jupitermonde nach einer der

Packeis Dunkles Material sickert durch Spalten und Risse an die Eisoberfläche von Europa.

DIE GALLILEISCHEN MONDE DES JUPITER			
NAME	ENTFERNUNG ZU JUPITER	UMLAUFZEIT	DURCHMESSER
Io	421 770 km	1,7691 Tage	3636 km
Europa	671 060 km	3,5512 Tage	3122 km
Ganymed	1 070 430 km	7,1546 Tage	5268 km
Kallisto	1 882 730 km	16,6890 Tage	4816 km

vielen Geliebten des Zeus benannt ist. Im März 1979 entdeckte Voyager 1 aktiven Vulkanismus auf Io, erzeugt von den Gezeitenkräften des Jupiter, die das Innere der Monde kneten und erhitzen. Galileo hat Dutzende von aktiven Schwefelvulkanen, erkaltete Kalderen, überhitzte Lavaströme und wild gefärbte Schwefelablagerungen entdeckt. Obwohl nur wenig größer als unser Erdmond, weist Io die größte vulkanische Aktivität aller Himmelskörper im Sonnensystem auf.
Die übrigen Jupitermonde kreisen in drei verschiedenen Gruppen um den Planeten. Vier kleine

Monde beschreiben Kreisbahnen innerhalb der Bahn von Io. Der größte von ihnen ist Amalthea, der 1892 entdeckt wurde. Die kleinen Monde der zwei anderen Gruppen bewegen sich auf lang gestreckten, geneigten Bahnen. Eine Gruppe bewegt sich sogar in entgegengesetzter Richtung um den Planeten. Ständig werden neue Monde in diesen beiden Gruppen entdeckt. Man erwartet, dass in den nächsten Jahren die Zahl der kleinen Jupitermonde auf über 100 steigen wird.

Pockennarbige Züge Schwefelvulkane und Lavaströme auf Io, dem innerstern der vier großen Jupitermonde.

> **Tipp für Sterngucker**
> Wer die Galileischen Monde mit einem Fernglas betrachten möchte, sollte ein Instrument mit starker Vergrößerung fest auf ein Stativ montieren.

DAS SONNENSYSTEM

151

Jupiter im Visier

Nach der Sonne, dem Mond und dem Planeten Venus ist Jupiter das hellste Objekt am Sternenhimmel: immer dann, wenn er in Opposition steht, sein Abstand zur Erde am geringsten ist und der Planet die ganze Nacht über dem Horizont zu sehen ist. Alle 13 Monate finden solche Oppositionen statt, wobei der Planet jeweils zum nächsten Tierkreiszeichen wechselt. Mit einem Fernglas sind die Galileischen Monde zu sehen (s. S. 142) und es ist auch zu erkennen, dass Jupiter kein Lichtpunkt, sondern eine Kugel ist – in Opposition beträgt sein scheinbarer Durchmesser ca. 40 Bogensekunden. Will man Details der Wolkendecke erkennen, braucht man jedoch ein Teleskop.

Am auffallendsten sind die breiten, dunklen Bän-

OPPOSITIONEN DES JUPITER 2005–2011	
DATUM	**STERNBILD**
4. April 2005	Jungfrau
5. Mai 2006	Waage
6. Juni 2007	Schlangenträger
9. Juli 2008	Schütze
15. August 2009	Steinbock
22. September 2010	Fischer
29. Oktober 2011	Widder

nicht immer gut sichtbar ist und sich natürlich auch in regelmäßigen Abständen auf der nicht einsehbaren Rückseite des Planeten befindet. Zur Beobachtung der anderen Zonen, Bänder und Flecken ist ein Teleskop mit einem Durchmesser von mindestens 10 cm erforderlich.

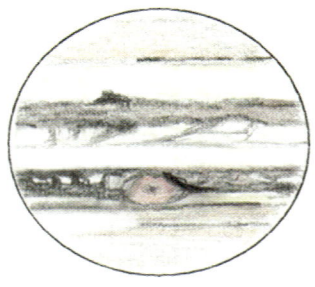

Papierener Riese
Bleistiftzeichnung des Riesenplaneten Jupiter, beobachtet mit einem 12,7 cm-Linsenfernrohr.

Roter Fleck
Webcam-Aufnahme des Riesenplaneten Jupiter. Unterhalb der Mitte ist der Große Rote Fleck zu sehen.

der nördlich und südlich der hellen Äquatorzone. An der Südseite des südlichen Äquatorbandes befindet sich der Große Rote Fleck, der leider

Da wir von der Erde aus etwas seitlich auf die Bahnen der vier großen Jupitermonde blicken, werden diese Monde regelmäßig von dem Planeten überdeckt, d.h. sie verschwinden im Schatten des Jupiter (sichtbar nur einige Monate vor und nach der Opposition) oder sie bewegen sich vor dem Planeten entlang, d. h. dann sehen wir ihren Schatten als schwarzen Punkt über die Wolkendecke des Jupiter ziehen. Die Bedeckungen, Finsternisse, Durchgänge und Schattendurchgänge sind schon mit einer kleinen Teleskop zu sehen.

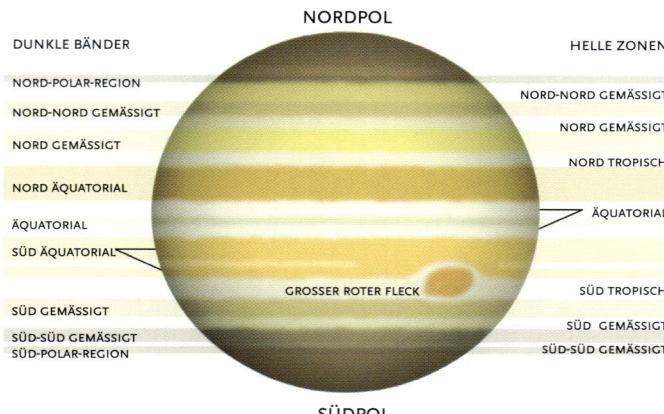

DUNKLE BÄNDER	NORDPOL	HELLE ZONEN
NORD-POLAR-REGION		NORD-NORD GEMÄSSIGT
NORD-NORD GEMÄSSIGT		NORD GEMÄSSIGT
NORD GEMÄSSIGT		NORD TROPISCH
NORD ÄQUATORIAL		
ÄQUATORIAL		ÄQUATORIAL
SÜD ÄQUATORIAL	GROSSER ROTER FLECK	
		SÜD TROPISCH
SÜD GEMÄSSIGT		SÜD GEMÄSSIGT
SÜD-SÜD GEMÄSSIGT		SÜD-SÜD GEMÄSSIGT
SÜD-POLAR-REGION		
	SÜDPOL	

Gestreifter Planet Die hellen Zonen und die dunklen Bänder auf Jupiter haben alle ihren eigenen Namen.

Saturn im Visier

Der „beringte" Planet Saturn ist kleiner als Jupiter und weiter entfernt von der Sonne. Er reflektiert daher weniger Sonnenlicht und zudem ist seine Entfernung zur Erde größer, was ihn weniger hell erscheinen lässt. Doch steht er in Opposition, so ist er etwas heller als die hellsten Sterne, vor allem dank seines prächtigen Ringsystems. Oppositionen erfolgen alle 54 Wochen. Saturn braucht etwa zwei Jahre, um von einem Sternbild ins nächste zu wechseln.

Mit einem Fernglas ist deutlich zu erkennen, dass Saturn kein Lichtpünktchen oder rundes

OPPOSITIONEN DES SATURN 2005–2011		
DATUM	**STERNBILD**	**NEIGUNG RINGFLÄCHE***
14. Januar 2005	Zwillinge	−22,9°
28. Januar 2006	Krebs	−18,9°
11. Februar 2007	Löwe	−14,0°
25. Februar 2008	Löwe	−8,4°
9. März 2009	Löwe	−2,6°
22. März 2010	Jungfrau	3,1°
4. April 2011	Jungfrau	8,6°

* der Winkel, unter dem wir von der Erde aus auf das Ringsystem sehen (ein negatives Vorzeichen bedeutet, dass wir auf die Südseite der Ringe sehen)

Geteilter Ring Saturn, durch ein 23,5-cm-Teleskop gesehen. In dem Ring ist die dunkle Cassini-Teilung zu sehen.

chere C-Ring zu erkennen (auch Kreppring genannt), und am Außenrand des A-Rings wird die schmale Enckesche Teilung sichtbar.

Saturn im Film Webcam-Aufnahme von Saturn durch ein 15 cm-Linsenfernrohr. 750 Filmaufnahmen wurden zusammengefügt.

Kügelchen ist, der Planet erscheint ziemlich lang gestreckt: In Opposition beträgt die scheinbare Größe des Ringsystems ca. 45 Bogensekunden. Es ist ein Teleskop erforderlich, um die Ringe deutlich zu sehen, mit einem mittelgroßen Instrument ist manchmal auch die Wolkenstruktur sichtbar.

Das Ringsystem besteht aus einem hellen Innenring (dem B-Ring) und dem etwas schwächeren Außenring (dem A-Ring), die durch ein schmales dunkles Band getrennt sind, das nach ihrem Entdecker Cassini-Teilung heißt. Mit großen Teleskopen ist innerhalb des B-Rings der noch viel schwä-

Mit einem kleinen Teleskop sieht man einige Monde und nach Opposition den Schatten, den die Planetenkugel auf das Ringsystem wirft. Auch der Schatten des Ringsystems selbst auf dem Planeten ist manchmal sichtbar, je nach Beleuchtung der Ringe durch die Sonne. Dieser Beleuchtungswinkel ändert sich im Laufe eines Saturnjahres, ebenso der Winkel, unter dem wir von der Erde aus auf das Ringsystem schauen.

Das Ringsystem des Saturn wurde 1666 von dem niederländischen Physiker Christiaan Huygens entdeckt.

> *Tipp für Sterngucker*
> *Wenn man einige Monate lang bei Opposition des Saturn seine Position zu den anderen Sternen aufzeichnet, kann man die kleine Oppositionsschleife darstellen.*

DAS SONNENSYSTEM

Bekanntschaft mit Saturn

Beringter Riese Mit seinen prachtvollen Ringen ist der Riesenplanet Saturn wohl der schönste im Sonnensystem.

Saturn ist der zweitgrößte Planet des Sonnensystems. Er besteht wie Jupiter weitgehend aus Wasserstoff und Helium, das in großer Tiefe der Planetenkugel wegen des hohen Drucks in flüssiger Form vorliegt. Um den Kern herum, der wie bei Jupiter aus Gestein und Metall besteht, liegt eine Schicht metallischen Wasserstoffs.

Da Saturn kleiner ist als Jupiter, sind die Verhältnisse in seinem Kern weniger extrem. Der Druck beträgt 5 Millionen Atmosphären, die Temperatur 15 000 °C.

Obwohl der Durchmesser des Saturn nur 15 % kleiner ist als der von Jupiter, ist die Masse des Planeten gut dreimal so klein. Die mittlere durchschnittliche Dichte liegt unter der von Wasser. Wie Jupiter zeigt auch Saturn eine starke Abplattung – die stärkste aller Planeten des Sonnensystems – infolge seiner schnellen Rotation. In der Saturnatmosphäre gibt es Wolkenbänder und Flecken, sie sind jedoch weniger auffällig, da sie sich

aufgrund der geringeren Temperatur auch in geringerer Höhe in der Atmosphäre bilden. Ständige Wirbelstürme wie den Großen Roten Fleck auf Jupiter gibt es nicht, allerdings zeigt Saturn ab und zu auffallend weiße Flecken von kurzer Lebensdauer.

Obwohl Jupiter, Uranus und Neptun auch von Ringen umgeben sind (s. S. 150), ist das Ringsystem von Saturn bei weitem das imposanteste. Die Ringe bestehen aus zahlreichen einzelnen Eis- und Gesteinsbrocken – wahrscheinlich die Reste eines zerborstenen Trabanten.

Raumflüge zum Saturn

Die amerikanische Raumsonde Pioneer 11 flog im September 1979 als Erste nahe an Saturn vorbei. Sie machte Fotos von dem Planeten und seinem Ringsystem und entdeckte den schmalen verdrillten F-Ring, der sich nach außen an den A-Ring anschließt.

Lebewohl Saturn Abschiedsfoto von Saturn, aufgenommen von Voyager 1 nach der Passage 1980.

SATURN IN ZAHLEN

Durchmesser	120 500 km
Durchmesser des Ringsystems	273 000 km
Rotationsperiode	$10^h 39^m 22^s$
Achsneigung	27°
Masse (Erde = 1)	95,161
Dichte	0,687 g/cm³
Schwerkraft an der Oberfläche	
(Erde = 1)	0,93
Fluchtgeschwindigkeit	35,5 km/s
Temperatur	−180 °C
Monde (Stand: Oktober 2004)	33

Voyager 2. Beide Voyager-Sonden kartierten die meisten großen Saturnmonde und entdeckten auch viele kleine Monde.

Im Juli 2004 trat die amerikanische Raumsonde Cassini in eine lang gestreckte Umlaufbahn um den Planeten ein. Cassini transportiert eine euro-

Der amerikanische Komiker Will Hay war auch aktiver Hobby-Astronom. 1933 entdeckte er einen weißen Fleck in der Saturnatmosphäre.

Im November 1980 erhielt Saturn Besuch von Voyager 1, der nicht nur den Planeten samt Ringsystem genau erforschte, sondern auch Nahaufnahmen von dem großen Saturnmond Titan sendete (s. S. 148). Im August 1981 folgte

päische Instrumentenkapsel namens Huygens, die im Januar 2005 in die Atmosphäre des Titan hinabsteigen und dort eine weiche Landung versuchen wird. Wie Galileo bei Jupiter soll Cassini nun bei Saturn mehrere Jahre lang Atmosphäre, Magnetfeld, Ringsystem und Monde erforschen.

Wirbelnde Atmosphäre
Strahlenströme und Wolkenwirbel in der Atmosphäre des Saturn, fotografiert von Voyager 2.

DAS SONNENSYSTEM

Die Monde des Saturn

Der größte Saturnmond, Titan, wurde 1655 von Christiaan Huygens entdeckt. Kurze Zeit später folgte die Entdeckung von Japetus, Rhea, Dione und Tethys durch Jean-Dominique Cassini. William Herschel entdeckte Ende des 18. Jahrhunderts Mimas und Enceladus, im Laufe des 19. Jahrunderts wurden Hyperion und Phoebe entdeckt, und damit wuchs die Zahl der bekannten Saturnmonde auf neun an.

Seit 1980 kamen 24 neue kleine Monde hinzu, unter ihnen auch eine Reihe kleiner unauffälliger Objekte, die in oft unregelmäßigen Bahnen um den Planeten kreisen und dann wieder der Bahn der größeren Saturnmonde folgen. Auffallend sind die Monde Prometheus und Pandora beidseitig des schmalen F-Rings, die seltsame Bahnabweichungen infolge von Schwerkraftstörungen zeigen.

Zielscheibe Mimas
Der Krater Herschel auf dem kleinen Saturnmond Mimas hat einen Durchmesser von 130 km.

Fast jeder Saturnmond besitzt eine Besonderheit, Nahaufnahmen der Voyager-Raumsonden der Jahre 1980 und 1981 haben dies ergeben. Auf Mimas gibt es einen gigantischen Einschlagkrater (namens Herschel), der bei einem Einschlag entstand, bei dem Mimas fast zertrümmert wurde. Enceladus besitzt die höchste Rückstrahlfähigkeit (Albedo) aller Objekte im Sonnensystem. Die eisige Oberfläche von Tethys wird unterbrochen von dem 400 km großen Einschlagkrater Odysseus. Dione zeigt große

> ### Tipp für Sterngucker
> Titan ist schon mit dem Fernglas zu sehen, besonders wenn er sich östlich oder westlich des Planeten befindet.

Dunstschicht Die Oberfläche des großen Saturnmondes Titan ist wegen Smog in der Atmosphäre nicht zu sehen

DIE GROSSEN MONDE DES SATURN

NAME	ENTFERNUNG ZU SATURN	UMLAUFZEIT	DURCHMESSER
Mimas	185 540 km	0,9424 Tage	390 km
Enceladus	238 040 km	1,3702 Tage	500 km
Tethys	294 670 km	1,8878 Tage	1060 km
Dione	377 420 km	2,7369 Tage	1120 km
Rhea	527 070 km	4,5175 Tage	1530 km
Titan	1 221 870 km	15,9454 Tage	5150 km
Hyperion	1 480 920 km	21,2767 Tage	370 km
Japetus	3 560 850 km	79,3309 Tage	1440 km
Phoebe	12 952 190 km	550,3370 Tage	220 km

Helligkeitsunterschiede und Anzeichen tektonischer Aktivität.

Rhea verfügt über eine höhere Kraterdichte als die anderen Saturnmonde, was auf eine alte

Eisige Fläche Ein Teil des Mondes Enceladus ist von ausgedehnten Eisflächen überdeckt.

Oberfläche schließen lässt. Hyperions Form ist unregelmäßig, seine Rotation chaotisch. Japetus ist an einer Seite dunkler als an der anderen und Phoebe kreist in entgegengesetzter Richtung um Saturn, in einer stark geneigten, exzentrischen Bahn.

Titan

Der interessanteste Saturnmond ist Titan. Mit einem Durchmesser von 5150 km ist Titan der zweitgrößte Mond des Sonnensystems. Er besitzt als einziger Planetenmond eine stabile Atmosphäre.

Mitte des 20. Jahrhunderts entdeckte der niederländische Astronom Gerard Kuiper dort Methangas. Voyager-Beobachtungen ergaben jedoch, dass die Atmosphäre vorwiegend aus molekularem Stickstoff besteht.

Beeinflusst durch ultraviolettes Sonnenlicht vollziehen sich in der Atmosphäre die unter-

schiedlichsten chemischen Reaktionen, wobei sich organische Moleküle wie Ethan, Azetylen und Ethylen bilden. Dieser fotochemische Smog überdeckt die gesamte Oberfläche.

Auf Titan könnten Meere und Seen aus flüssigem Methangas sein. Obwohl die Temperatur extrem niedrig ist (−180 °C), lassen die Verhältnisse auf Titan an die gerade geborene Erde denken. In ferner Zukunft, wenn die Sonne zu einem Roten Riesen anschwillt, könnte es sein, dass die organisch-chemischen Verhältnisse auf Titan die Bildung von einfachen Mikroorganismen erlauben. Im Januar 2004 wird Titan von der europäischen Huygens-Kapsel an Bord der amerikanischen Raumsonde Cassini gründlich erforscht werden. Dabei trennt sich Huygens von Cassini und tritt in die Titanatmosphäre ein.

> *Der kleine Saturnmond Pan befindet sich in der Enckeschen Teilung im äußersten Teil des A-Ringes von Saturn.*

Reiseziel Titan Die europäische Huygens-Kapsel senkt sich an einem Fallschirm auf die Oberfläche von Titan nieder.

Planetenringe

DAS SONNENSYSTEM

Ringe zählen Das Ringsystem von Saturn besteht aus zahlreichen schmalen Ringen und Teilungen.

ersten Mal Aufnahmen von dem seltsam unvollständigen Ringbogen von Neptun. Vermutet hatte man ihn bereits anhand von Beobachtungen während einer Sternfinsternis im Jahre 1984.

Ringe und kleine Monde
Alle Riesenplaneten werden von zahlreichen Trabanten begleitet. Bei einem zufälligen Zusammenprall mit einem Kometen kann

Als Galileo Galilei 1610 leuchtende „Anhängsel" beidseitig des Planeten Saturn feststellte, dachte er, der Planet habe zwei Griffe wie eine römische Amphore. Erst 1666 entdeckte Christiaan Huygens die wahre Zusammensetzung des Ringsystems: ein flacher Ring, der den Planeten nach allen Seiten hin umgibt, ohne ihn zu berühren. Später berechneten Physiker, dass ein solcher Ring kein festes Objekt sein kann, sondern aus unzähligen einzelnen Teilchen bestehen muss, die als Mini-Monde um den Planeten kreisen.
Inzwischen wurden bei allen Riesenplaneten Ringsysteme entdeckt, die Ringe des Saturn sind aber bei weitem die schönsten. Jupiter ist von einem dunklen, flüchtigen Ring aus Staubteilchen umgeben, die stetig in die Atmosphäre hinunterrieseln. Das Material im Jupiterring wird ständig mit Staub von seinen nächsten Monden versorgt. Der Jupiterring wurde Ende der 1970er Jahre auf Fotos entdeckt, die von den amerikanischen Voyager-Raumsonden stammten.
Die schmalen dunklen Ringe des Uranus wurden 1977 im Verlauf einer Sternfinsternis entdeckt. Bevor der Stern von Uranus verfinstert wurde, flackerte sein Licht. Nach der Finsternis geschah wieder genau dasselbe in umgekehrter Reihenfolge. Die Existenz schmaler Ringe wurde im Januar 1986 von Voyager 2 bestätigt.
Voyager 2 sandte im August 1989 auch zum

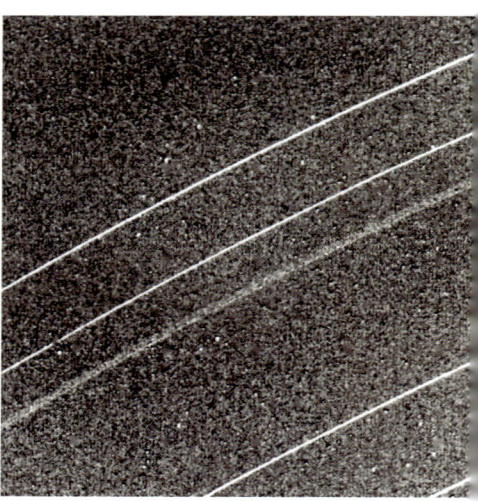

Dunkle Reifen Uranus wird umgeben von schmalen Ringen, die praktisch kein Sonnenlicht widerspiegeln.

solch ein kleiner Mond völlig zertrümmert werden. Die Trümmerbrocken verteilen sich dann in einer flachen Scheibe rund um den Planeten und durch den Zusammenprall dieser Stein- und Eisklumpen miteinander entsteht dann relativ schnell ein flacher Ring aus diesen kleinen Teilchen.
Die Ringteilchen sollten sich eigentlich in die Breite verteilen, doch sie werden in ihren Bewegungen durch vorübergehende Schwerkraftstörungen der innersten Planetenmonde

Staubiges System Die Jupiterringe bestehen aus mikroskopisch kleinen Staubteilchen, die das Sonnenlicht zerstreuen.

behindert. Auf diese Weise entstehen scharfe Ränder und dunkle Teilungen im Ringsystem des Saturn. Die Umlaufzeit eines Teilchens in der Cassini-Teilung (der leere Raum zwischen dem A- und B-Ring des Saturn) ist genau halb so schnell, wie die Umlaufzeit des Saturnmondes Mimas. Die Resonanzeffekte von Mimas halten also die Cassini-Teilung sauber.

Zwei kleine Monde, die mit unterschiedlichen Umlaufzeiten um den Planeten kreisen und sich in Bahnen bewegen, die nur wenige 1000 km voneinander entfernt liegen, können einen schmalen Ring bilden, der sich zwischen den beiden Bahnen befindet. Beispiele für solche Hirtenmonde sind Prometheus und Pandora beidseitig des F-Rings von Saturn und Cordelia und Ophelia, beidseitig des Epsilon-Rings von Uranus. Auch Tausende von schmalen Ringen und kleinen Teilungen in den breiten Saturnringen wurden von den Voyagersonden fotografiert, sie sind mit Sicherheit das Ergebnis von Resonanzeffekten kleiner Minimonde, die in das Ringsystem eingebettet sind. Ähnliche Bahnresonanzen können auch Ursache für den seltsamen Ringbogen des Neptun sein.

Nach einigen Berechnungen kann ein Ringsystem wie das des Saturn höchstens einige Dutzend Millionen Jahre existieren, die Katastrophe, die zur Bildung des Ringsystems geführt hat, lä-

Heller Bogen In den dünnen Neptunringen kommen helle Bereiche vor, wo die Staubdichte höher ist.

ge also gar nicht so weit zurück. Mit anderen Modellen wiederum wurde eine viel höheres Alter berechnet.

Die Ringe des Saturn sind höchstens einige 100 m dick. Das Ringsystem ist vergleichbar mit einem runden Blatt Papier mit einem Durchmesser von 100 m.

Uranus und Neptun

Uranus und Neptun sind die beiden äußersten großen Planeten im Sonnensystem. Ebenso wie Jupiter und Saturn sind sie Gasriesen, doch wesentlich kleiner und leichter. Von der Erde aus sind sie nicht mit bloßem Auge sichtbar. Uranus wurde 1781 zufällig von William Herschel entdeckt. Neptun wurde 1846 von Johann Gottfried Galle auf der Grundlage von Berechnungen von John Adams und Urbain Le Verrier entdeckt, die eine Erklärung für die beobachteten Bahnabweichungen des Uranus suchten.

Uranus befindet sich in einer seltsam gekippten Stellung. Seine Rotationsachse liegt fast auf

URANUS UND NEPTUN IN ZAHLEN		
	URANUS	NEPTUN
Durchmesser	51 120 km	49 530 km
Rotationsperiode	$17^h 14^m 24^s$	$16^h 06^m 36^s$
Achsneigung	98°	28°
Masse (Erde = 1)	14,536	17,148
Dichte	1,27 g/cm³	1,64 g/cm³
Schwerkraft an der Oberfläche		
(Erde = 1)	0,89	1,12
Fluchtgeschwindigkeit	22,4 km/s	23,8 km/s
Temperatur	−210 °C	−220 °C
Monde (Stand: Oktober 2004)	27	13

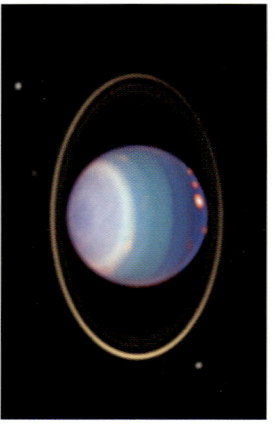

Farbiger Planet
Wolken, Ringe und
Monde sind auf diesem
Infrarotfoto des
umrandeten Planeten
Uranus sichtbar.

seiner Bahn. Infolgedessen gibt es auf dem Planeten sehr seltsame Jahreszeiten. Während Uranus meergrün leuchtet, ist Neptun auffallend blau. In beiden Fällen wird diese Färbung durch die Absorption roten Lichts durch Methangas in der Atmosphäre verursacht. In der Neptunatmosphäre gibt es auch auffallend weiße Wolken. Voyager 2 passierte Uranus im

> **Tipp für Sterngucker**
> *Bei sehr günstigen Gegebenheiten ist Uranus mit bloßem Auge sichtbar. Ein Versuch in einer mondlosen Nacht in sehr dunkler Umgebung lohnt sich.*

Januar 1986 und Neptun im August 1989. Gegenwärtig sind keine weiteren Raumflüge zu diesen beiden Planeten geplant.

Beide Planeten verfügen über ein System von schmalen dunklen Ringen (s. S. 150) und zahlreiche große und kleine Monde. Der Uranusmond Miranda zeugt von einer bewegten geologischen Vergangenheit. Auf dem großen Neptunmond Triton, der in falscher Richtung um den Planeten kreist, wurden Stickstoffgeysire entdeckt. Triton ist wahrscheinlich ein eingefangener Eiszwerg aus dem Kuiper-Gürtel (s. S. 167).

Uranus ist einfach mit einem Fernglas auffindbar. Neptun ist zwar etwas schwächer, doch auch mit einem Fernglas zu sehen. Leider erscheinen diese beiden Planeten in den nächsten Jahren nie hoch über dem Horizont: Uranus steht bis 2009 im Sternbild Wassermann und Neptun im Steinbock.

Blaue Welt Helle
und dunkle Wolken
bestimmen den
Anblick des blauen
Planeten Neptun

Pluto

Fernster Planet Pluto (links) und sein großer Mond Charon, fotografiert mit dem Hubble-Weltraumteleskop.

Pluto ist der äußerste Planet des Sonnensystems. Er hat von allen Planeten den kleinsten Durchmesser, die längste Umlaufzeit, die größte Bahn-

Neptun erklären könnte. Pluto ist jedoch zu klein, um diese Bahnabweichungen verursachen zu können. Sie konnten auch durch neuere Messungen nicht bestätigt werden. Die Entdeckung von Pluto war also reiner Zufall.

Plutos exzentrische Bahn liegt teilweise innerhalb der von Neptun, doch die beiden Planeten kommen sich nie ins Gehege: Plutos Umlauf-

An Pluto vorbei Nach einem Besuch bei Pluto und Charon im Jahr 2015 fliegt diese Raumsonde durch den Kuiper-Gürtel.

Nach Helligkeitsmessungen von wechselseitigen Bedeckungen zwischen Pluto und Charon konnten die Astronomen Skizzen von Pluto anfertigen.

neigung und größte -exzentrizität. Pluto ist ein echter Außenseiter, sodass viele Astronomen bezweifeln, ob er die Einstufung als „Planet" überhaupt verdient.

Pluto wurde 1930 von dem amerikanischen Astronomen Clyde Tombaugh entdeckt, der nach dem neunten Planeten im Sonnensystem suchte, der die kleinen Bahnabweichungen von Uranus und

zeit ist genau eineinhalbmal so lang wie die von Neptun, und wenn Pluto der Sonne am nächsten kommt (wie 1989), dann befindet sich Neptun immer in einem anderen Teil des Sonnensystems.

1978 wurde der Plutomond Charon entdeckt, der halb so groß ist wie Pluto. Pluto und Charon wenden sich stets dieselbe Halbkugel zu und bilden eigentlich einen Doppelplaneten. Wahrscheinlich ähneln beide Himmelskörper stark dem Neptunmond Triton und gehören zu den größten Objekten im Kuiper-Gürtel (s. S. 167), in dem sich mehr Himmelskörper in ähnlichen Bahnen wie Pluto bewegen.

Pluto kann man nur mit einem großen Amateurteleskop (Objektivdurchmesser mindestens 20 cm) sehen. In den kommenden Jahren wird Pluto vom Sternbild Schlangenträger in den nordwestlichen Teil des Sternbildes Schütze wandern. Für Januar 2006 ist der Start einer Raumsonde zu Pluto geplant, die dort 2015 ankommen und anschließend die Eiszwerge des Kuiper-Gürtels besuchen soll.

PLUTO IN ZAHLEN

Durchmesser	2320 km
Rotationsperiode	$6^d\ 9^h\ 17^m\ 38^s$
Achsneigung	120°
Masse (Erde = 1)	0,0022
Dichte	2 g/cm³
Schwerkraft an der Oberfläche	
(Erde = 1)	0,067
Fluchtgeschwindigkeit	1,2 km/s
Temperatur	−230 °C
Monde (Stand: Oktober 2004)	1

Meteore

In jeder klaren Nacht sind am Sternenhimmel Meteore („Sternschnuppen") zu sehen, meist über mehrere Stunden. Einige Male im Jahr spricht man von einer erhöhten Meteoraktivität – einem so genannten Strom – und einige Male im Jahrhundert gibt es einen wahren Meteorregen zu sehen. Zur Beobachtung von Meteoren sind keine besonderen Hilfsmittel notwendig. Ein Meteor ist eine Lichterscheinung in ca. 80 km Höhe, die durch das Eindringen von Kleingestein aus dem Weltraum in die Erdatmosphäre verursacht wird. Ein solcher Meteoroid – meist nicht größer als einige Millimeter – besitzt eine Geschwindigkeit von ca. 10 km/s. Durch Reibung mit den Atomen und Molekülen der Erdatmosphäre wird das Steinchen oberflächlich angeschmolzen und verglüht meist. Dieselbe Energie bringt die Atome in der Atmosphäre zum Leuchten. Wir sehen diese Lichterscheinung als Meteor. Manchmal bewegt sich die Erde durch eine Wolke von interplanetarem Staub (meist von einem Kometen, s. S. 168), und dann sind stündlich Dutzende von Meteoren sichtbar. Die Meteore eines solchen Stroms bewegen sich in parallelen Bahnen durch die Erdatmosphäre, doch für den Betrachter auf der Erde scheinen sie wegen seiner Perspektive von einem einzigen Punkt am Himmel zu kommen: vom Ausstrahlungspunkt

oder „Radianten" des Stroms. Meteorströme werden nach dem Sternbild genannt, in dem ihr Radiant liegt. Nicht zu einem Strom gehörende Meteore werden sporadische Meteore genannt. Zur Beobachtung von Meteoren legt man sich a einem dunklen Ort mit gutem Rundumblick auf den Boden, am besten mit Isomatte und warme Kleidung. Dann zählt man die Anzahl der beobachteten Meteore, schätzt ihre Helligkeit und zeichnet ihre Bahn auf einer Sternkarte ein. Mit einem Standard- oder Weitwinkelobjektiv bei lar ger Belichtungszeit kann man Sternschnuppen auch fotografieren.

METEORSTRÖME		
NAME	STERNBILD DES RADIANTEN	MAXIMUM / KOMET
Bootiden	Bootes	4. Januar / ?
Virginiden	Jungfrau	25. März / ?
Lyriden	Leier	22. April / Thatcher
Delta-Aquariden	Wassermann	28. Juli / ?
Alpha-Capricorniden	Steinbock	30. Juli / ?
Perseiden	Perseus	12. August / Swift-Tuttle
Kappa-Cygniden	Schwan	18. August / ?
Alpha-Aurigiden	Fuhrmann	1. September / Kiess
Orioniden	Orion	22. Oktober / Halley
Tauriden	Stier	6. November / Encke
Leoniden	Löwe	17. November / Tempel-Tuttle
Geminiden	Zwillinge	14. Dezember / Phaethon
Ursiden	Großer Bär	23. Dezember / Tuttle

Sternschnuppe
Ein heller Leoniden Feuerball, Fischaugen-Aufnahme vom Himmel. Direkt darüber ein schwächerer Meteor.

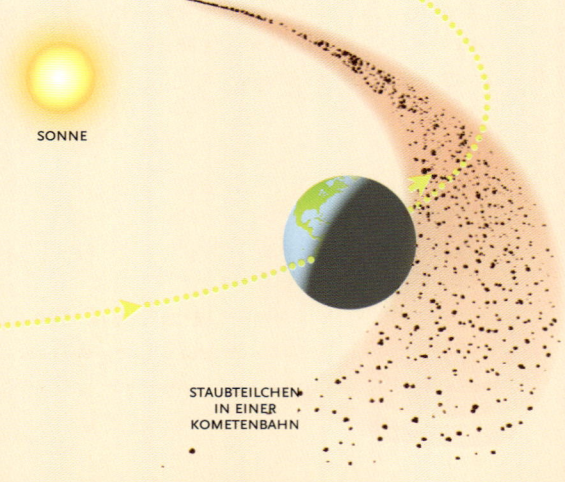

SONNE

STAUBTEILCHEN IN EINER KOMETENBAHN

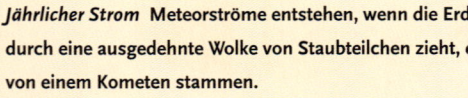

Jährlicher Strom Meteorströme entstehen, wenn die Erd durch eine ausgedehnte Wolke von Staubteilchen zieht, von einem Kometen stammen.

Meteoriten

Dringt ein ausreichend großer Meteoroid in die Erdatmosphäre ein, ist er nicht nur als helle Feuerkugel zu sehen, es kann auch sein, dass das Gestein nicht völlig verglüht. Dann fällt ein schwarz bekrusteter Rest auf die Erde: ein Meteorit. Indem man die Bahn einer hellen Feuerkugel von verschiedenen Orten aus gleichzeitig beobachtet, kann man berechnen, wo ein Meteorit möglicherweise

DIE JÜNGSTEN METEORITENFÄLLE IN DEUTSCHLAND:			
NAME	**DATUM**	**TYP**	**MASSE**
Treysa	3. 4. 1916	IIIAB (Eisen)	63 kg
Simmern	1. 7. 1920	H6 Chondrit	1,222 kg
Oesede	30. 12. 1927	H5 Chondrit	1,4 kg
Oldenburg	10. 9. 1930	L6 Chondrit	16,57 kg
Peckelsheim	3. 3. 1953	Diogenit	0,1178 kg
Breitscheid	11. 8. 1956	H5 Chondrit	1,5 kg
Ramsdorf	26. 7. 1958	L6 Chondrit	4,682 kg
Kiel	26. 4. 1962	L6 Chondrit	0,7376 kg
Salzwedel	14. 11. 1985	LL6 Chondrit	0,043 kg
Trebbin	1. 3. 1988	LL6 Chondrit	1,25 kg
Neuschwanstein	6. 4. 2002	EL6 Chondrit	1,750 kg

Meteoriten tragen ihren Namen nach dem Ort, an dem sie gefunden wurden. Offiziell werden sie nach dem nächsten Postamt benannt.

Tipp für Sterngucker
Bei der Beobachtung einer hellen Feuerkugel sollte man ihre Bahn am Himmel, den Zeitpunkt und Beobachtungsort genau aufzeichnen.

niedergegangen ist. Ganz selten werden Autos, Häuser, Tiere oder Menschen getroffen.
Die meisten Meteoriten stammen von Planetoiden (s. S. 164), obwohl auch Meteoriten vom Mond oder vom Planeten Mars gefunden wurden. Die Zusammensetzung eines Meteoriten sagt etwas über seine Herkunft aus. Es gibt zwei Arten von Meteoriten: Steinmeteoriten und Eisenmeteoriten. Die meisten Meteoriten sind so genannte Chondrite – Steinmeteoriten, die kleine, runde Kügelchen (Chondren) aus Eisen, Silikaten oder Glas enthalten.
Wird der Fall eines Meteoriten beobachtet, besteht natürlich kein Zweifel über die Art des

Steins. Meist muss ein Stein unbekannter Herkunft jedoch in einem geologischen Labor untersucht werden, damit man sicher sein kann, dass es tatsächlich ein Meteorit ist. Viele Meteoriten werden auch in der Antarktis gefunden.
Der größte bekannte Meteorit ist der Hoba West – ein großer Eisenmeteorit von 60 Tonnen, der noch immer dort liegt, wo er vor langer Zeit landete, in Afrika bei Grootfontein in Namibia.
Der zweitgrößte, der 30 Tonnen schwere Ahnighito, liegt in New York im American Museum of Natural History.

Stein und Eisen Zwei Arten von Meteoriten gibt es: Steinmeteoriten (links) und Eisenmeteoriten (rechts).

Planetoiden

Am 1. Januar 1801 entdeckte der sizilianische Astronom Giuseppe Piazzi einen kleinen Planeten zwischen den Bahnen von Mars und Jupiter. Er nannte das Objekt Ceres, nach der Schutzgöttin Siziliens. Einige Jahre später wurden drei weitere dieser Planetoiden gefunden: Pallas, Juno und Vesta. Inzwischen kennt man die Bahnen von mehr als 10 000 Planetoiden. Ceres, Pallas und Vesta sind die größten (mit zusammen 55 % der Masse aller Planetoiden); die meisten haben nur wenige Dutzend Kilometer Durchmesser. Planetoiden (auch Asteroiden oder Kleinplaneten genannt) sind Reste aus der Entstehungszeit des Sonnensystems (s. S. 136): felsartige Planetesimale, die nie zu einem größeren Himmelskörper zusammengebacken sind. Die Gesamtmasse aller Planetoiden beträgt übrigens nur 3 % der Masse des Mondes.

Man klassifiziert die Planetoiden nach ihren Oberflächeneigenschaften, die man aus spektroskopischen Untersuchungen ableitet.

Planetoiden tragen die unterschiedlichsten Namen. Darunter kommen auch sehr originelle wie „Mr. Spock" vor.

Die häufigsten Typen sind C, S und M: kohlenstoffhaltige, siliziumreiche und metallreiche. Vesta ist ein besonderer Typ: der einzige Planetoid mit Ergussgestein an der Oberfläche.

Erdbahnkreuzer und Trojaner

Die meisten Planetoiden bewegen sich in einem breiten Gürtel zwischen den Bahnen von Mars und Jupiter. Einige kreuzen die Bahn des Mars (Amor-Planetoiden, genannt nach dem ersten entdeckten Exemplar). Andere (die so genannten Erdbahnkreuzer) kreuzen die Erdbahn (Apollo-Planetoiden), einige haben eine kürzere Umlaufzeit als die Erde (Aten-Planetoiden). Man kennt sogar zwei Planetoiden, deren Bahn ganz innerhalb der Erdbahn liegt. Trojaner sind Planetoiden, die fast dieselbe Umlaufbahn um die Sonne haben wie Jupiter, die sich jedoch durchschnittlich immer 60° vor oder 60° hinter Jupiter bewegen. Man kennt etwa 1500 von ihnen. Auch in der Marsbahn hat man einige Trojaner aufgespürt.

Kreuz und quer Die meisten Planetoiden bewegen sich zwischen den Bahnen von Mars und Jupiter, doch einige kreuzen die Bahn der Erde.

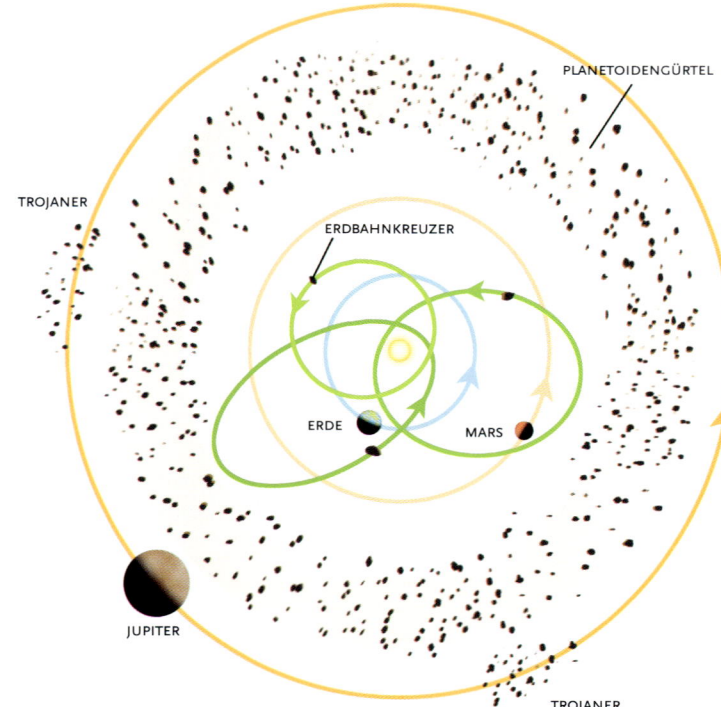

PLANETOIDENGÜRTEL

TROJANER

ERDBAHNKREUZER

ERDE

MARS

JUPITER

TROJANER

Planetoiden im Visier

Die größten Planetoiden sind mit einem Amateur-teleskop als schwache Lichtpünktchen sichtbar, die sich langsam am Sternenhimmel bewegen. Ceres und Vesta, die hellsten Planetoiden, sind bei Opposition sogar schon mit einem Fernglas zu sehen. Mit einem 10-cm-Teleskop kann man einige Dutzend Planetoiden beobachten. Um sie zu finden muss man eine detaillierte Sternkarte benutzen, auf der die Planetoidenbahnen einge-zeichnet sind.

In den vergangenen Jahren wurden einige Plane-toiden von unbemannten Raumsonden aus der Nähe untersucht: Gaspra und Ida von der Raum-

Minimond Der große Planetoid Ida, hier fotografiert von der Raumsonde Galileo, wird begleitet von einem kleinen Mond, Dactyl (rechts).

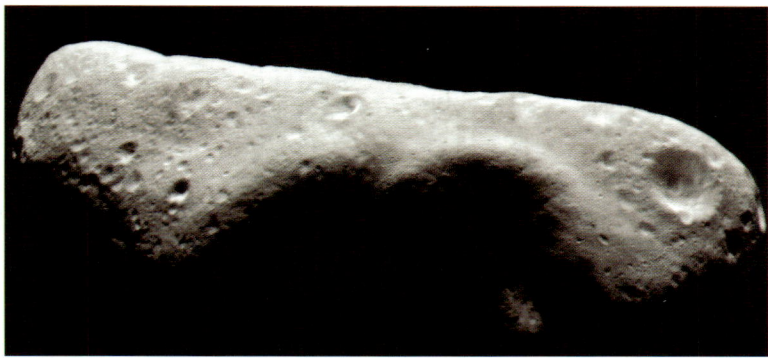

Liebesfelsen Der lang gestreckte Planetoid Eros, fotografiert von der Raumsonde NEAR-Shoemaker. Eros ist nach dem griechischen Gott der Liebe genannt.

sonde Galileo (1991 und 1993), Braille von Deep Space 1 (1999) und Mathilde und Eros von NEAR-Shoemaker (1997 und 2000). NEAR-Shoemaker gelang im Februar 2001 sogar eine halbweiche Landung auf der Oberfläche von Eros. 2006 wird die amerikanische Raumsonde Dawn gestartet,

die die großen Planetoiden Ceres und Vesta be-suchen soll.

Die Raumsonde Galileo entdeckte 1993, dass Ida von dem kleinen Mond Dactyl begleitet wird. Inzwischen hat man mit großen Radioteleskopen bei einigen Dutzend Planetoiden entdeckt, dass sie Doppel-Planetoiden sind oder einen kleinen Mond haben. Dabei wurde außerdem festgestellt, dass manche Planetoiden nicht massiv sind, sondern aus einzelnen Brocken bestehen, die nur durch die Schwerkraft zusammengehalten werden.

DIE ZEHN GRÖSSTEN PLANETOIDEN

NUMMER UND NAME	ENTDECKUNGSDATUM	UMLAUFZEIT	DURCHMESSER
1 Ceres	1. Januar 1801	4,60 Jahre	940 km
2 Pallas	28. März 1802	4,62 Jahre	588 km
4 Vesta	29. März 1807	3,63 Jahre	576 km
10 Hygiea	12. April 1849	5,54 Jahre	430 km
704 Interamnia	2. Oktober 1910	5,36 Jahre	338 km
511 Davida	30. Mai 1903	5,66 Jahre	324 km
65 Cybele	8. März 1861	6,36 Jahre	308 km
52 Europa	4. Februar 1858	5,48 Jahre	292 km
87 Sylvia	16. Mai 1866	6,50 Jahre	282 km
451 Patientia	4. Dezember 1899	5,36 Jahre	280 km

Kosmische Einschläge

Mit großer Regelmäßigkeit wird die Erde von kosmischen Projektilen getroffen. Solche Einschläge können verheerende Folgen für das Leben auf unserem Planeten haben. Vor 65 Millionen Jahren starben z.B. unzählige Tierarten (u.a. auch die Dinosaurier) infolge des Einschlags eines Kometen oder Planetoiden aus, der einen Durchmesser von etwa 10 km hatte. Dieser Einschlag verursachte einen Krater von 180 km Durchmesser und brachte für lange Zeit das Klima auf der Erde durcheinander. Etwa alle 100 Millionen Jahre geschieht dies.

Sibirische Katastrophe Nadelbäume in Sibirien wurden 1908 durch die Explosion eines kosmischen Projektils entwurzelt.

> *Der bekannteste und am besten erhaltene Einschlagkrater auf der Erde ist der ca. 30 000 Jahre alte Arizona-Krater in den USA mit einem Durchmesser von 1200 m.*

Meteorkrater Luftaufnahme des Meteorkraters in Arizona, einem der besterhaltenen Einschlagkrater auf der Erde.

Planetoiden mit einer Größe von 1 km Durchmesser stoßen durchschnittlich einmal in einer Million Jahren mit der Erde zusammen. Ein solcher Einschlag ist so gewaltig, dass er ein Gebiet der Größe Europas verwüsten und einen kurzfristigen Klimaumschwung verursachen kann. Durchschnittlich einmal in 10 000 Jahren wird die Erde von einem Objekt getroffen, das 100 m Durchmesser hat und ein Land in der Größe der Schweiz von der Landkarte fegen könnte. Am 30. Juni 1908 wurden 2100 km² Wald in Sibirien durch die Explosion (in einigen Kilome-

tern Höhe in der Atmosphäre) eines kosmischen Projektils von etwa 30 m Durchmesser vernichtet. Mit einem Einschlag dieser Größenordnung ist alle 100 Jahre zu rechnen. Geschieht dies über einem dicht besiedelten Gebiet, gibt es Millionen von Toten. Kleinere atmosphärische Explosionen werden regelmäßig von militärischen Satelliten beobachtet.

Die Astronomen sind zielstrebig auf der Jagd nach potenziell gefährlichen Erdbahnkreuzern: Planetoiden von über 1 km Durchmesser, die auf der Erde einschlagen könnten. Reicht die Zeit aus, kann das Projektil vielleicht durch Einsatz von Raketen umgelenkt oder zur Explosion gebracht werden. Doch gegen einen unerwartet auftauchenden Kometen (s. S. 168) wäre nichts auszurichten.

Tödlicher Eindruck Auf dieser Aufnahme vom Nordrand der Halbinsel Yucatán ist der Rand des 65 Millionen Jahre alten Chicxulub-Kraters zu sehen.

Der Kuiper-Gürtel

Die felsartigen Planetesimale, die bei der Bildung der Planeten in den Innenbereichen des Sonnensystems übrig blieben, halten sich insbesondere in dem breiten Gürtel zwischen den Bahnen von Mars und Jupiter auf, also außerhalb der Bahn des äußersten erdähnlichen Planeten. In den Außenbereichen des Sonnensystems geschah etwas Ähnliches. Außerhalb der Bahn des äußersten Riesenplaneten (Neptun) liegt ein breiter, ausgedehnter Gürtel von eisigen Himmelskörpern, die so groß sind wie die größten Planetoiden. Es sind „Eiszwerge", die sich im Kuiper-Gürtel aufhalten, der nach dem niederländisch-amerikanischen Astronomen Gerard Kuiper (1905–1973) benannt wurde.

> **Tipp für Sterngucker**
> Von allen TNOs ist Pluto der hellste, man braucht jedoch ein Teleskop mit einem Objektivdurchmesser von 20–25 cm, um ihn sehen zu können.

Kollidierende „Eiszwerge"
Zeichnung der Kollision von zwei „Eiszwergen" im Kuiper-Gürtel.

Das erste Kuiper-Objekt, 1992 QB1, wurde 1992 entdeckt. Inzwischen sind viele hundert bekannt, die größten haben 1000 km Durchmesser. Schätzungsweise gibt es mindestens 70 000 von ihnen (auch TNOs, *trans-Neptunian objects* genannt), die Durchmesser über 100 km haben. Die meisten befinden sich weit außerhalb der Bahn von Neptun.

Der Kuiper-Gürtel selbst liegt in einer Zone, die 4,5–7,5 Milliarden km von der Sonne entfernt ist. Andere bewegen sich in ähnlichen Bahnen wie Pluto (die so genannten Plutinos) und die dritte Gruppe (*scattered disk objects*) weist sehr exzentrische, stark geneigte Bahnen auf, die sich teilweise bis zu 30 Milliarden km von der Sonne entfernen.

Viele Eiszwerge scheinen tatsächlich aus zwei umeinander kreisenden Objekten zu bestehen.

> **Wäre Pluto nicht 1930 sondern erst heute entdeckt worden, hätte niemand den eisigen Himmelskörper je Planet genannt, denn Pluto ist nur ein großes Objekt des Kuiper-Gürtels.**

Eine vierte Gruppe sind die Zentauren, die sich infolge von Schwerkraftstörungen der Riesenplaneten in exzentrischen Bahnen zwischen den Bahnen von Saturn und Neptun bewegen. Zuerst entdeckt wurde Chiron (1977 von Charles Kowal) mit einem Durchmesser von einigen Kilometern und einer Umlaufzeit von 50,68 Jahren.

DIE GRÖSSTEN EXEMPLARE DES KUIPER-GÜRTELS

NAME	DURCHMESSER	ENTDECKT	ENTFERNUNG*	UMLAUFZEIT	BAHNNEIGUNG	EXZENTRIZITÄT	TYP**
Pluto	2320 km	1930	5,880	248,0 Jahre	17,2°	0,246	P
Sedna	1700 km	2004	76,4	12 260 Jahre	12,0°	0,85	S
Charon	1270 km	1978		Mond von Pluto			P
Quaoar	1250 km	2002	6,460	285,6 Jahre	8°	0,036	K
Ixion	1065 km	2001	5,886	248,4 Jahre	19,7°	0,244	P
Varuna	900 km	2000	6,473	286,4 Jahre	17,1°	0,053	K

* Durchschnittsentfernung zur Sonne in Milliarden km
** K = klassisches Kuiper-Objekt, P = Plutino, S = scattered disk object

DAS SONNENSYSTEM

Kometen

Kometen gehören zu den kleinsten Himmelskörpern im Sonnensystem. Ein Komet ist eine poröse Zusammenballung von Eis und Staubteilchen mit einigen Kilometern Durchmesser. Die meisten Kometen bewegen sich in sehr lang gestreckten Bahnen durch das Sonnensystem, wobei sie der Sonne recht nahe kommen können. In einer solchen Perihelpassage bildet sich ein eindrucksvoller Schweif, der aus winzigen Gas- und Staubteilchen besteht. Ein Kometenschweif kann Dutzende von Millionen Kilometern lang sein. Sie können zwar sehr spektakulär aussehen, sind jedoch äußerst dünn. Der Schweif eines Kometen entsteht, indem ein Teil des Eises unter Einwirkung der Sonnenwärme verdampft. Dabei werden auch vorher im Eis festgefrorene Staubteilchen frei. Der

Staubfontänen Nahaufnahme vom Kern des Kometen Halley, aufgenommen 1986 von der europäischen Raumsonde Giotto.

> *Der Planetoid Phaethon ist mit hoher Wahrscheinlichkeit ein „erloschener" Kometenkern, während der Komet Wilson-Harrington auch als Planetoid katalogisiert wurde.*

eigentliche Kometenkern, der nur sehr wenig Schwerkraft besitzt, hüllt sich in eine riesige Wolke von Gas und Staub, die so genannte Koma. Die neutralen Gasatome in der Koma werden durch die ultravioletten Sonnenstrahlen ionisiert. Sie verlieren weitgehend ihre Elektronen. Die verbleibende Mischung von elektrisch geladener Teilchen (Plasma) strömt unter dem Einfluss de Magnetfeldes der Sonne sehr schnell von dem Kometen fort. So entsteht ein langer, fast kerzen gerader Gasschweif, der immer von der Sonne abgewandt ist.

Auch die größeren Staubteilchen werden aus der Koma durch den (geringen) Strahlungsdruck des Sonnenlichts weggeblasen.

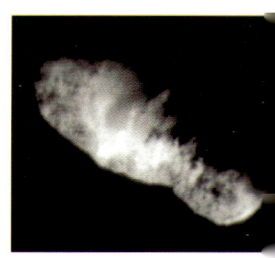

Dunkle Zigarre Der lang gestreckte, dunkle Kern des Kometen Borrelly, im Jahr 2001 fotografiert von der amerikanischen Raumsonde Deep Space 1.

Doppelter Schweif Der gerade Gasschweif und der leicht gebogene Staubschweif eines Kometen zeigen immer mehr oder weniger von der Sonne weg.

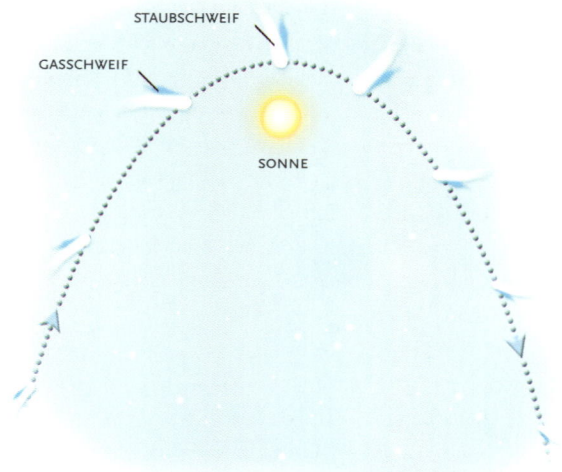

STAUBSCHWEIF

GASSCHWEIF

SONNE

Kerzengerader Schweif Komet Hyakutake, sichtbar im Jahr 1996, hatte einen Gasschweif mit einer Länge von vielen Millionen Kilometern.

störungen der Planeten oder anderer Objekte im Kuiper-Gürtel haben sie eine lang gestreckte Bahn erreicht, die sie auch in die Innenbereiche des Sonnensystems führt. Nach Dutzenden oder Hunderten von Umläufen ist der größte Teil des Eises verdampft und es verbleibt ein dunkler, poröser Himmelskörper. Manchmal zerfällt der Kometenkern schon vorher. Die langlebigen Kometen mit Umlaufzeiten von mehr als 200 Jahren stammen aus der Oortschen Wolke. Diese Wolke, genannt nach dem niederländischen Astronomen Jan Oort (1900–1992), umgibt die Sonne nach allen Seiten hin in einer Entfernung von mehr als zehn Billionen Kilometern und enthält schätzungsweise 100 Milliarden Kometenkerne. Sie stammen aus der Entstehungszeit des Sonnensystems und wurden durch die Schwerkraft der gerade geborenen Riesenplaneten nach außen geschleudert. Die detaillierte Untersuchung der Kometen gibt Aufschluss über das Alter des Sonnensystems. Die Kerne der Kometen Halley und Borrelly wurden aus der Nähe von den Raumsonden Giotto und Deep Space 1 erforscht. 2004 fliegt die amerikanische Sonde Stardust durch die Koma des Kometen Wild 2, im Juli 2005 schießt die Raumsonde Deep Impact ein Projektil auf den Kern des Kometen Tempel 1 und 2015 wird die europäische Sonde Rosetta eine weiche Landung auf dem Kometen Churyumov-Gerasimenko versuchen.

> **Tipp für Sterngucker**
> *Mit einem Teleskop ist bei manchen Kometen ein kurzer Antischweif zu sehen, der durch perspektivische Verzerrung in Richtung Sonne zu zeigen scheint.*

Neben dem Gasschweif entsteht also auch ein Staubschweif. Die Staubteilchen bewegen sich langsamer als die Gasteilchen und der Staubschweif ist breiter und oft gekrümmt, da der Komet seine Bahn um die Sonne weiterzieht. (Er ist ebenfalls von der Sonne abgewandt.) Die Staubteilchen eines Kometen verteilen sich im Laufe der Zeit über die gesamte Kometenbahn. Kreuzt die Erde eine solche Bahn, ist jedes Jahr zur selben Zeit ein Meteorstrom am Himmel zu sehen (s. S. 162).

Herkunft und Forschung

Die kurzlebigen Kometen mit Umlaufzeiten von weniger als 200 Jahren haben ihren Ursprung im Kuiper-Gürtel (s. S. 167). Durch Schwerkraft-

Kosmischer Staubsauger Die amerikanische Raumsonde Stardust fliegt im Januar 2004 durch die Koma des Kometen Wild 2 und bringt Kometenstaub zur Erde zurück.

Berühmte Kometen

Im Altertum wurden plötzlich auftauchende Kometen mit ihrem langen Schweif fast ausnahmslos als schlechte Vorboten gedeutet, die Krieg, Pest oder Hungersnot ankündigten. Bis zur Renaissance stufte man wie schon Aristoteles Kometen als Erscheinungen in der irdischen Atmosphäre ein. Tycho Brahe wies Ende des 16. Jahrhunderts als Erster nach, dass Kometen weiter von der Erde entfernt sind als der Mond. Erst als Johannes Kepler die Gesetze über die Planetenbewegungen aufgestellt hatte (s. S. 20), konnten die Astronomen die Bahn berechnen, die ein Komet durch das Sonnensystem nimmt.

> *Den Kometen Halley findet man auf dem berühmten Teppich von Bayeux, auf dem die Invasion Englands durch Wilhelm den Eroberer im Jahre 1066 dargestellt ist.*

So entdeckte Edmund Halley (1656–1742), dass der Komet von 1682 dieselbe Bahn beschrieb wie die von 1607 und 1531. Dieser Komet mit seiner Umlaufzeit von 76,1 Jahren heißt seitdem

Wohnzimmerkomet Komet Hale-Bopp (1997) war so hell, dass er vom erleuchteten Wohnzimmer aus zu sehen war.

nach seinem Entdecker Halley. Er ist ein heller Komet, der bereits seit dem 3. Jahrhundert v. Ch beobachtet wurde. Die letzte Perihelpassage des Kometen Halley war 1986, die nächste wird 2061 erfolgen.

Im 19. Jahrhundert gab es einige sehr helle, spektakuläre Kometen, die von außerordentlichem Interesse für die Astronomen waren: der große Komet von 1843 (der hellste der vergangenen Jahrhunderte), der Komet Donati von 1858 (vielleicht der schönste der Geschicht und der große Komet von 1882. Auch 1910, einige Monate vor der Sichtbarkeit des Kometen Halley, erschien ein extrem heller Komet, der sogar tagsüber zu sehen war.

Stern von Bethlehem Fresko des italienischen Malers Giotto di Bondone, auf dem der Komet Halley als Stern von Bethlehem zu sehen ist.

Abgang des Kometen Dunkle Flecken in der Atmosphäre des Jupiter, 1994 entstanden beim Einschlag von Brocken des Kometen Shoemaker-Levy 9.

Kometen im 20. Jahrhundert

Berühmte Kometen des 20. Jahrhunderts waren Arend-Roland (1957), Ikeya-Seki (1965) und West (1976). Alle drei waren mit bloßem Auge gut sichtbar. Das konnte man von dem Kometen Kohoutek (1973) nicht behaupten, dem kurz nach seiner Entdeckung eine extrem helle Leuchtkraft prophezeit wurde. In Wirklichkeit war er ohne Fernglas fast nicht zu sehen.

Das Erscheinen des Kometen Halley im Jahr 1986 war auch nicht so spektakulär (er war am besten von der südlichen Halbkugel aus zu sehen), doch dies wurde zehn Jahre später von zwei prachtvollen Kometen wettgemacht: Hyakutake (Frühjahr 1996) und Hale-Bopp (Frühjahr 1997). Hyakutake hatte einen besonders

Eine Augenweide Komet Donati mit seinem langen gebogenen Staubschweif über der Sternwarte von Cambridge, Massachusetts.

langen Gasschweif und stand in der Nähe des Polarsterns, sodass er die ganze Nacht zu sehen war. Der Komet Hale-Bopp war so hell, dass er leicht mit bloßem Auge sogar aus einem beleuchteten Wohnzimmer in der Stadt zu sehen war. Ein weiterer Komet verdient besondere Aufmerksamkeit: Shoemaker-Levy 9, der unter Einwirkung der Gezeitenkräfte des Jupiter in Stücke zerfiel und im Sommer 1994 mit dem Riesenplaneten zusammenstieß. Obwohl der Komet selbst zu klein und zu schwach für ein Amateurteleskop war, konnte man die Auswirkungen des Einschlags – dunkle Flecken in der Jupiteratmosphäre – mit einem relativ kleinen Teleskop beobachten. Übrigens stoßen auch ständig kleine Kometen mit der Sonne zusammen.

> *Tipp für Sterngucker*
> Zur Beobachtung eines schwachen Kometenschweifs sollte man unbedingt einen sehr dunklen Ort weit außerhalb der Stadt aufsuchen.

Benennung von Kometen

Kometen erhalten traditionsgemäß den Namen ihres Entdeckers. Wird ein Komet von mehreren Astronomen unabhängig voneinander entdeckt, erhält er maximal drei Namen. Sind es verschiedene Kometen, die von dem/denselben Astronom(en) entdeckt werden, erhalten sie eine laufende Nummer. So entstehen oft schwierige Namen wie z. B. Honda-Mrkos-Pajdusáková, du Toit-Neujmin-Delporte oder Schwassmann-Wachmann 2. Regelmäßig wiederkehrende Kometen tragen offiziell eine Nummerierung, wie 1P/Halley, 67P/Churyumov-Gerasimenko und 139P/Väisälä-Oterma. Nicht wiederkehrende Kometen werden offiziell mit dem Buchstaben C gekennzeichnet, dem Jahr der Entdeckung und einer laufenden Nummer: C/1996 B2 Hyakutake und C/2002 F1 Utsunomiya.

Kometen im Visier

Helle Kometen, wie Hale-Bopp im Jahr 1997, sind leicht mit bloßem Auge sichtbar. Mit einem Fernglas oder Teleskop kann man jedoch viel mehr Details in der Koma und im Innern des Schweifs entdecken. Manchmal sind spiral- oder fächerförmige Strukturen zu erkennen, verursacht durch die Achsdrehung des Kometen bei unregelmäßiger Staubproduktion. Diese Strukturen kann man in einer Bleistiftzeichnung festhalten. Jedes Jahr stehen mehrere schwache Kometen am Himmel, die nur mit einem Fernglas oder Teleskop zu sehen sind. Um diese ausfindig zu machen, braucht man eine detaillierte Aufsuchkarte und einen dunklen Beobachtungsort. Die Helligkeit der Koma und die Länge des Schweifs lässt sich dann schätzen, ebenso kann man die Bewegung des Kometen in Bezug auf die Sterne festlegen. Viele versierte Amateurastronomen gehen in jeder klaren Nacht auf die Suche nach Kometen. Hierfür brauchen sie ein großes, lichtstarkes

Posierender Komet Amateuraufnahme des Kometen Ikeya-Zhang, der im Frühjahr 2002 zu sehen war.

> *Tipp für Sterngucker*
> *Die Helligkeit eines verschwommenen Kometen lässt sich schätzen: Dazu das Fernglas etwas unscharf einstellen, sodass die Vergleichssterne auch verschwommen erscheinen.*

Der australische Hobbyastronom William Bradfield hat 18 Kometen entdeckt. Carolyn Shoemaker ist mit 32 Kometen Rekordhalterin unter den Profis.

Fernrohr mit großem Gesichtsfeld und zudem eine sehr fundierte Kenntnis des Sternenhimmels, denn schwache Kometen ähneln schwachen Nebelflecken, Galaxien oder Sternhaufen. Neuentdeckungen müssen schleunigst per Telegramm oder E-Mail der Internationalen Astronomischen Union gemeldet werden. Sie werden nach dem Entdecker benannt. Die schwächeren Bereiche eines langen Kometenschweifs fotografiert man besser. Hierzu benutzt man eine Kleinbildkamera mit Stativ, sucht einen dunklen Ort (eventuell mit fotogenem Vordergrund) auf und belichtet einige Minuten mit Drahtauslöser. Mit einem Teleobjektiv kann man Koma und Innenbereiche des Schweifs fotografieren. Dazu die Kamera auf einem Teleskop befestigen, mit dem man während der langen Belichtungszeit die Bewegung des Sternenhimmels nachvollzieht.

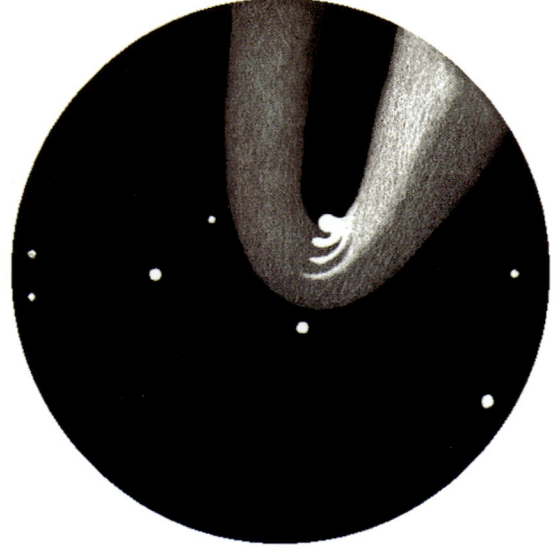

Rotierender Kern Amateurzeichnung vom Kern des Kometen Hale-Bopp. Die spiralförmige Struktur entsteht durch die Drehung des (unsichtbaren) Kometenkerns.

Zodiakallicht

Seltsame Glut Amateuraufnahme des Zodiakallichts (das gelbgrüne Glühen auf dem Foto). Rechts ist der Komet Ikeya-Zhang zu sehen.

Neben Planeten, Planetoiden und Kometen befinden sich im interplanetaren Raum viele kleine Staubteilchen. Dieser Staub hält sich hauptsächlich im Ekliptikbereich auf – der Ebene, in der die meisten Planeten um die

> *Jeden Tag rieseln durchschnittlich hunderte von Tonnen Staubteilchen auf die Erdoberfläche nieder.*

Sonne kreisen. Bei sehr günstigen Bedingungen ist sie manchmal in Form des Zodiakallichts sichtbar: Das Sonnenlicht wird durch mikroskopisch kleine Staubteilchen reflektiert. Das Zodiakallicht ist nur in der Nähe der Sonne sichtbar. Es ist daher nur kurz vor Sonnenaufgang im Osten und kurz nach Sonnenuntergang im Westen zu sehen. Hierzu muss der Himmel klar und der Ausblick auf den östlichen und westlichen Horizont frei sein. Wegen der Neigung der Ekliptik zum Horizont ist das Zodiakallicht im Frühjahr am besten am Abendhimmel und im Herbst am besten am Morgenhimmel zu sehen. In den Tropen ist das Zodiakallicht häufiger sichtbar, da die Ekliptik dort steiler zum Horizont steht und die Dämmerung kürzer ist.

Noch schwieriger zu sehen als das Zodiakallicht ist der Gegenschein: ein sehr schwacher Lichtfleck am Sternenhimmel, direkt gegenüber der Sonne. Er wird durch Reflexion des Sonnenlichts auf Staubteilchen außerhalb der Erdbahn verursacht.

Wellige Wolken Leuchtende Nachtwolken sind oft noch zu sehen, wenn die Abenddämmerung schon lange vorüber ist.

Lichterscheinungen am Sternenhimmel

Am Abendhimmel gibt es mehrere besondere Lichterscheinungen, z.B. weißliche Perlmuttwolken in 20–30 km Höhe und wellige, orangerosa leuchtende Nachtwolken in 80–90 km Höhe, deren Entstehung nicht genau bekannt ist. In Zeiten starker Sonnenaktivität (s. S. 128) sind manchmal auch Polarlichter zu beobachten, oft in Form schwacher roter Vorhänge und grüner Flecken.

Das 5 Milchstraßensystem

Helligkeit und Entfernung

Im griechischen Altertum wurden die Sterne am Nachthimmel in Größenklassen (Magnituden) eingeteilt. Die hellsten Sterne erhielten die Nummer 1, die schwächsten, eben noch mit bloßem Auge sichtbaren, die Größenordnung 6. Dieses System ist heute noch gültig, wurde aber genauer definiert.

Die Magnitudenskala ist eine logarithmische Skala: Eine Differenz von 5 Magnituden entspricht einem Faktor von 100 in Helligkeit. Eine Magnitude ist also ein Faktor von 2,5119 (die fünfte Wurzel aus 100). Helligkeiten der Sterne werden oft auf eine Hundertstel Magnitude genau gemessen und angegeben.

Die Magnitudenskala wurde nach den vereinbarten Helligkeiten

Schwachstellen Auf diesem Foto des Hubble-Weltraumteleskops sind Sterne und Galaxien bis zu 31^m sichtbar.

Die Sonne besitzt eine scheinbare Helligkeit von −26$^m_{.}$8 und der schwächste Stern, der mit dem Hubble-Weltraumteleskop sichtbar ist, hat +31^m.

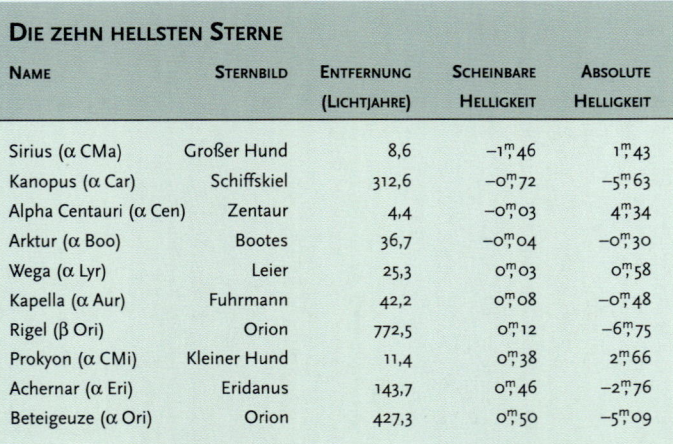

Rekordhalter Der hellste Stern am nördlichen Sternenhimmel ist der Stern Wega im Sternbild Leier.

von ca. 100 Eichsternen in der unmittelbaren Umgebung des Polarsterns festgelegt. Aus dieser Kalibrierung ergibt sich, dass manche Sterne am Himmel heller sind als Magnitude 1: Prokyon besitzt eine Helligkeit von 0$^m_{.}$4; Sirius ist ein Stern mit −1$^m_{.}$5.

Die scheinbare Helligkeit eines Sterns am Himmel sagt nichts über seine tatsächliche Leuchtkraft aus. Um diese berechnen zu könne muss die Entfernung bekannt sein. Friedrich Wilhelm Bessel (1784–1846) bestimmte 1838 al Erster die Entfernung eines Sterns (61 Cygni) durch Messung der Parallaxe, d.h. der extrem geringen jährlichen Verschiebung des Sterns an Himmel infolge der Erdbewegung um die Sonn Entfernungen im Weltall werden gewöhnlich in Lichtjahren ausgedrückt. Ein Lichtjahr (9,46 Bil lionen km) ist die Entfernung, die ein Lichtstral mit einer Geschwindigkeit von 300 000 km/s in einem Jahr zurüc legt. Der nächste Stern, Alpha Centauri, steht in 4,3 LJ Entfernun; Astronomen verwenden oft auch o Maßeinheit Parsec (pc), die 3,26 L entspricht.

Als absolute Helligkeit eines Stern bezeichnet man die Helligkeit, die der Stern hätte, wenn er in einer Entfernung von 10 pc (32,6 LJ) stünde. Die absolute Helligkeit ist ein gutes Maß für die tatsächliche Leuchtkraft des Sterns.

DIE ZEHN HELLSTEN STERNE

NAME	STERNBILD	ENTFERNUNG (LICHTJAHRE)	SCHEINBARE HELLIGKEIT	ABSOLUTE HELLIGKEIT
Sirius (α CMa)	Großer Hund	8,6	−1$^m_{.}$46	1$^m_{.}$43
Kanopus (α Car)	Schiffskiel	312,6	−0$^m_{.}$72	−5$^m_{.}$63
Alpha Centauri (α Cen)	Zentaur	4,4	−0$^m_{.}$03	4$^m_{.}$34
Arktur (α Boo)	Bootes	36,7	−0$^m_{.}$04	−0$^m_{.}$30
Wega (α Lyr)	Leier	25,3	0$^m_{.}$03	0$^m_{.}$58
Kapella (α Aur)	Fuhrmann	42,2	0$^m_{.}$08	−0$^m_{.}$48
Rigel (β Ori)	Orion	772,5	0$^m_{.}$12	−6$^m_{.}$75
Prokyon (α CMi)	Kleiner Hund	11,4	0$^m_{.}$38	2$^m_{.}$66
Achernar (α Eri)	Eridanus	143,7	0$^m_{.}$46	−2$^m_{.}$76
Beteigeuze (α Ori)	Orion	427,3	0$^m_{.}$50	−5$^m_{.}$09

Farbe und Spektraltyp

Sterne haben nicht alle dieselbe Farbe. Beteigeuze und Antares zeigen eine eindeutige Rotfärbung, Arktur ist orange, Kapella ist gelb. Kanopus und Prokyon sind gelbweiß, Sirius und Wega sind hellweiß und Rigel ist blauweiß. Die Farben sind leider schwer zu unterscheiden, da das menschliche Auge nachts nicht sehr farbempfindlich ist (s. S. 84). Auf einem Farbfoto vom Sternenhimmel kommen sie jedoch gut zur Geltung. Die Farbe eines Sterns ist ein direktes Maß für seine Oberflächentemperatur. Rote Sterne sind relativ kühl (ca. 3500 °C), blauweiße besonders heiß (bis ca. 40 000 °C). Die Astronomen verwenden die Buchstabenfolge O, B, A, F, G, K und M zur Klassifizierung der Sterne nach ihrer Oberflächentemperatur. Jede Spektralklasse teilt sich wiederum in zehn Untergruppen (von 0 bis 9), sodass ein A9-Stern gerade eine Idee heißer ist als ein F0-Stern.

DIE SPEKTRALKLASSEN			
KLASSE	**FARBE**	**OBERFLÄCHENTEMPERATUR**	**BEISPIELE**
O	blauweiß	25 000 °C – 40 000 °C	Mintaka (δ Ori), Alnitak (ζ Ori)
B	weiß/blauweiß	10 000 °C – 25 000 °C	Regulus, Rigel, Spika
A	weiß	7500 °C – 10 000 °C	Sirius, Wega, Deneb
F	gelbweiß	6000 °C – 7500 °C	Kanopus, Prokyon
G	gelb	5000 °C – 6000 °C	Alpha Centauri, Kapella
K	orange	4000 °C – 5000 °C	Pollux, Arktur
M	rot	3000 °C – 4000 °C	Beteigeuze, Antares

Farbiger Himmel Auf Farbfotos vom Sternenhimmel sind die unterschiedlichen Farben der Sterne besser zu erkennen als mit bloßem Auge.

Ejnar Hertzsprung (1873–1967) und Henry Norris Russell (1877–1957) entwickelten ein Diagramm, in dem die absolute Helligkeit eines Sterns (s. S. 176) dem Spektraltyp gegenübergestellt wird. In diesem Hertzsprung-Russell-Diagramm scheinen die meisten Sterne auf einem recht schmalen Band von links oben (heiß und lichtstark) nach rechts unten (kühl und lichtschwach) zu liegen: der Hauptreihe. Sterne auf der Hauptreihe heißen Zwergsterne. Oben im Diagramm befindet sich eine Reihe mit lichtstärkeren Sternen: die Riesensterne. Mit einer römischen Zahl von I (Riesenstern) bis V (Zwergstern) wird die Leuchtkraft eines Sterns gekennzeichnet. Der Spektraltyp der Sonne ist G2V, der von Deneb ist A2I.

Geordnete Sterne Im Hertzsprung-Russell-Diagramm, das die Leuchtkraft der Spektralklasse gegenübergestellt, liegen die meisten Sterne auf der so genannten Hauptreihe.

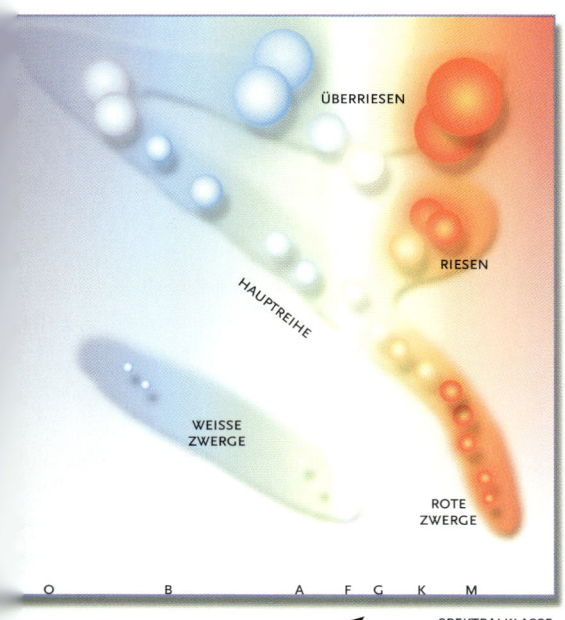

ÜBERRIESEN

RIESEN

HAUPTREIHE

WEISSE ZWERGE

ROTE ZWERGE

O   B   A F G K   M

SPEKTRALKLASSE

Doppelsterne und Mehrfachsterne

Etwa die Hälfte aller Sterne ist Teil eines Systems von Doppel- oder Mehrfachsternen. Der bekannteste Doppelstern ist wohl Mizar im Sternbild Großer Bär. Schon mit bloßem Auge ist zu sehen, dass neben Mizar ein schwacher Stern (namens Alkor) steht. Auch Algedi im Sternbild Steinbock ist ein gut zu erkennender Doppelstern.

Die zwei Komponenten eines Doppelsterns gehören nicht immer wirklich zusammen. Algedi und Mizar/Alkor sind so genannte optische Doppelsterne: Der eine Stern steht viel weiter entfernt als der andere, doch von der Erde aus sehen wir sie zufällig fast in derselben Richtung am Himmel stehen.

Doppelsterne, deren Teile um einen gemeinsamen Schwerpunkt kreisen, werden physische Doppelsterne genannt.

Beide Formen visueller Doppelsterne können nur mit einem (großen) Teleskop getrennt werden.

Wenn ein Begleiter indirekt aus den beobachteten Verschiebungen vom Hauptstern nachgewiesen werden kann, spricht man von einem astrometrischen Doppelstern. Sterne, deren Doppelcharakter aus spektroskopischen Beobachtungen abgeleitet wird, nennen sich spektroskopische Doppelsterne.

Berühmtes Paar Mizar (in der Mitte) und Alkor im Großen Bären sind der berühmteste Doppelstern am Himmel.

> *Oft bewegen sich die Komponenten eines engen Doppelsterns regelmäßig voreinander vorbei. Dieses Phänomen heißt Bedeckung.*

Mehrfachsterne sind Systeme aus drei oder mehr Sternen, die sich in ihrem Schwerkraftfeld bewegen. Betrachtet man Alkor und Mizar mit einem Teleskop, sieht man nahe bei Mizar ein drittes Sternchen namens Mizar B. Alle drei Sterne des Systems sind zudem spektroskopisc doppelt, sodass Mizar tatsächlich ein Vierfachstern ist.

Dasselbe gilt für Kastor im Sternbild Zwillinge. Der Stern Epsilon Lyrae – ein weiterer Doppelstern, der mit einem Fernglas leicht zu trennen ist – scheint bei der Betrachtung durch ein Teleskop in Wirklichkeit vierfach zu sein.

Tipp für Sterngucker

Mit einem Teleskop kann man den schönen Doppelstern Albireo (Beta Cygni) im Sternbild Schwan beobachten. Die Komponenten sind blauweiß und goldgelb.

Optische Täuschung Nicht alle Do pelsterne gehören wirklich zusammen. Oft sehen wir sie nah beieina der am Himmel stehen, doch ihre E fernungen sind sehr unterschiedlic

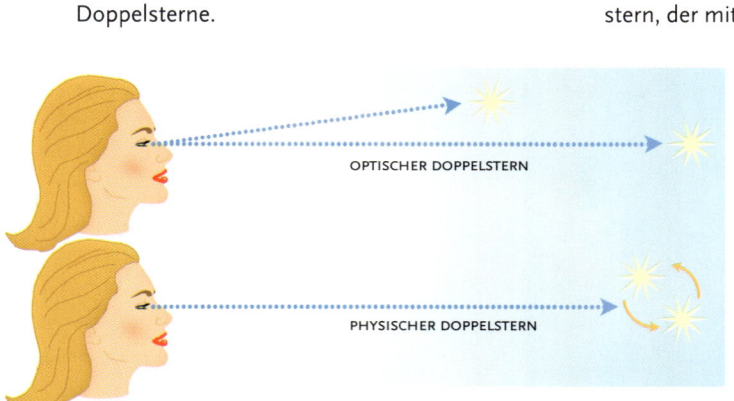

OPTISCHER DOPPELSTERN

PHYSISCHER DOPPELSTERN

DIE 15 SCHÖNSTEN DOPPELSTERNE

Name	Sternbild	Helligkeiten	Abstand
γ And (Alamak)	Andromeda	2^{m}3 / 5^{m}1	10"
γ Ari (Mesartim)	Widder	4^{m}8 / 4^{m}8	8,2"
δ Boo	Bootes	3^{m}5 / 7^{m}8	105"
α Cap (Algedi)	Steinbock	4^{m}5 / 3^{m}7	379"
β Cyg (Albireo)	Schwan	3^{m}1 / 5^{m}1	34"
o Cyg	Schwan	3^{m}8 / 4^{m}8	338"
α CVn (Cor Caroli)	Jagdhunde	2^{m}9 / 5^{m}6	20"
ν Dra (Kuma)	Drache	4^{m}6 / 4^{m}6	62"
α Gem (Kastor)	Zwillinge	2^{m}0 / 2^{m}8	2,7"
α Leo (Regulus)	Löwe	1^{m}4 / 7^{m}7	177"
γ Lep	Hase	3^{m}6 / 6^{m}2	95"
α Lib (Zubenelgenubi)	Waage	2^{m}8 / 5^{m}2	231"
ε Lyr	Leier	4^{m}7 / 5^{m}1	208"
σ Tau	Stier	4^{m}7 / 5^{m}1	431"
ζ UMa (Mizar)	Großer Bär	2^{m}4 / 4^{m}0	14"

Doppelsterne im Visier

Manche Doppelsterne sind schon mit bloßem Auge zu erkennen, doch meist braucht man ein Fernglas oder Teleskop, um einen Doppelstern trennen zu können. Ob das gelingt, hängt nicht nur von dem scheinbaren Abstand zwischen den beiden Komponenten ab, sondern auch von der Helligkeitsdifferenz: Ist der Begleiter sehr schwach, wird er leicht vom Hauptstern überstrahlt. Die Trennung (oder Auflösung) eines Teleskops ist abhängig von seinem Objektivdurchmesser. Einige Dutzend Doppelsterne sind mit einem Fernglas zu trennen. Dazu versucht man mit einer Sternkarte den Doppelstern zu finden, dann stellt man das Fernglas vorsichtig scharf ein (das geschieht am besten tagsüber anhand eines entfernten Kirchturms oder Hochspannungsmasts). Das Fernglas auf ein Fotostativ montieren und für gute Unterstützung des Ellbogens während der Beobachtungszeit sorgen.

Mit einem kleinen Amateurteleskop – speziell einem Linsenfernrohr – sind viele hundert Doppelsterne zu sehen. Eine starke Vergrößerung benötigt man, wenn die Komponenten dicht beieinander stehen. Bei extrem nahen Doppelsternen muss man abwarten, bis störende Luftunruhe verschwunden ist. Auf Helligkeits- und Farbunterschiede der Komponenten achten. Bei sehr engen Doppelsternen kann man mit einem größeren Amateurteleskop nach einigen Jahren erkennen, dass die Komponenten sich tatsächlich umeinander bewegen.

Sternen-Quartett Im Zentrum des Orion-Nebels befindet sich ein Vierfachstern, der auch Trapez genannt wird.

Veränderliche Sterne

Der zweithellste Stern im Sternbild Perseus (β Persei) heißt Algol. Der Name arabischen Ursprungs bedeutet „Teufelsstern". Wahrscheinlich wussten arabische Astronomen schon, dass die Helligkeit des Sterns nicht konstant ist. Alle drei Tage ist der Stern für kurze Zeit etwa dreimal so schwach wie normal.

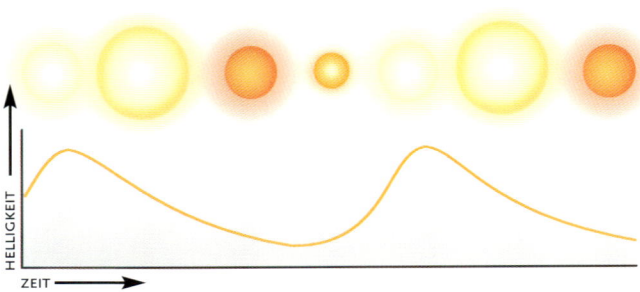

Heute sind Zehntausende von veränderlichen Sternen bekannt. Bei einigen ist die Helligkeitsschwankung (Amplitude) recht groß, bei anderen praktisch null. Einige veränderliche Sterne haben einen Lichtwechselzeitraum von wenigen Stunden, andere brauchen ein Jahr zum Absolvieren eines Zyklus. Daneben gibt es noch die unregelmäßigen und eruptivveränderlichen Sterne, die überhaupt nicht einzuordnen sind.

Algol ist der Prototyp der bedeckungsveränderlichen Sterne: ein heller und ein schwacher Stern

Wachsen und schrumpfen Pulsierende Sterne verändern ihre Helligkeit, indem sie sich regelmäßig ausdehnen und wieder zusammenziehen.

Die Helligkeitsschwankungen von Mira wurden 1596 von dem niederländischen Amateurastronomen David Fabricius entdeckt.

drehen sich in einer engen Bahn umeinander und bedecken sich wechselseitig. Von einem echten, physikalischen Helligkeitswechsel kann keine Rede sein.

Ganz anderer Art sind die pulsationsveränderlichen Sterne. Sie schwellen an und schrumpfen wieder zusammen, wobei sie ihre Temperatur und Leuchtkraft ständig ändern. Der bekannteste pulsationsveränderliche Stern ist Delta Cephei (δ Cep), dessen Helligkeit alle 5,5 Tage zwischen $3^{m}{,}6$ und $4^{m}{,}3$ schwankt. Neben solchen kurzperiodischen Verändelichen (Cepheiden, nach dem Prototyp) gibt es auch langperiodisch Veränderliche, wie z. B. den Stern Mira im Sternbild Walfisch,

„Lichtecho" Das Licht der Explosion eines eruptivveränderlichen Sterns wird von den Staub- und Gaswolken der Umgebung reflektiert.

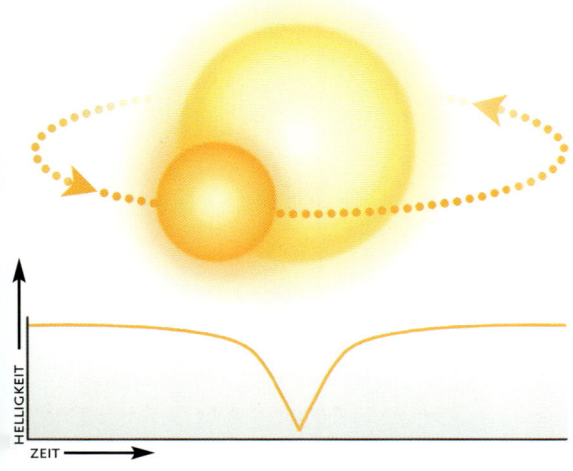

Versteckspiel Ein bedeckungsveränderlicher Stern verändert seine Helligkeit, weil ein anderer Stern ihn umkreist.

HELLIGKEIT

ZEIT

Veränderliche im Visier

Bei Bedeckungsveränderlichen wie Algol sieht man eine kurzfristige Helligkeitsabnahme, doch dazu muss man den Zeitpunkt des Helligkeitsminimums genau kennen. Bei den meisten pulsierenden Sternen gehen die Lichtwechsel zu langsam vor sich, um sie im Verlauf einer Stunde sehen zu können. Wer langfristig Veränderliche beobachten möchte, der muss extrem viel Geduld aufbringen.

Mit einer detaillierten Sternkarte sucht man dazu einen schwachen Veränderlichen, schätzt seine Helligkeit, indem man ihn mit bekannten Helligkeiten von Sternen in der direkten Umgebung vergleicht. Diese Helligkeitsschätzungen können eine Genauigkeit bis zu $0^m_,1$ haben. Datum und Zeitpunkt werden notiert und die Helligkeitsschätzungen eventuell in einer Grafik (Lichtkurve) dargestellt.

Einen langperiodisch Veränderlichen wie Mira beobachtet man am besten während oder kurz nach dem Maximum, danach behält man den Stern in den folgenden Wochen und Monaten so lange wie möglich im Auge, bis er zu schwach wird, um noch sichtbar zu sein.

(Maxima von Mira werden erwartet im Mai 2004, April 2005, März 2006, Februar 2007, Dezember 2007, November 2008 und Oktober 2009.)

> ### *Tipp für Sterngucker*
> *Geeignet für eine Helligkeitsschätzung sind zwei Nachbarsterne, von denen der eine etwas heller und der andere etwas schwächer als der Veränderliche ist.*

der eine Periode von 332 Tagen aufweist und dessen Helligkeit zwischen 10^m und 2^m schwankt.

Zu den eruptivveränderlichen Sternen gehören die Flaresterne – Rote Zwerge, die plötzlichen Lichtausbrüchen von einigen Magnituden unterliegen – und die Novae: spektakuläre Explosionen auf einem weißen Zwergstern in einem engen Doppelsystem. Novaausbrüche sind oft so hell, dass ein neuer Stern am Himmel zu stehen scheint, daher auch ihr Name (nova, lateinisch neu).

DIE 15 SCHÖNSTEN VERÄNDERLICHEN

NAME	STERNBILD	MAXIMUM	MINIMUM	PERIODE (TAGE)	TYP
η Aql	Adler	$3^m_.5$	$4^m_.4$	7,2	Cepheid-Stern
ε Aur	Fuhrmann	$2^m_.9$	$3^m_.8$	9892	Bedeckungsv.
γ Cas	Kassiopeia	$1^m_.6$	$3^m_.3$	–	Eruptivv.
ρ Cas	Kassiopeia	$4^m_.1$	$6^m_.2$	–	Eruptivv.
δ Cep	Kepheus	$3^m_.5$	$4^m_.4$	5,4	Cepheid-Stern
μ Cep	Kepheus	$3^m_.4$	$5^m_.1$	–	Eruptivv.
ο Cet	Walfisch	$1^m_.7$	$10^m_.1$	332	Mira-Stern
R CrB	Nördl. Krone	$5^m_.7$	$15^m_.0$	–	Eruptivv.
χ Cyg	Schwan	$3^m_.5$	$14^m_.0$	407	Mira-Stern
ζ Gem	Zwillinge	$3^m_.7$	$4^m_.2$	10,2	Cepheid-Stern
δ Lib	Waage	$4^m_.9$	$5^m_.9$	2,3	Algol-Stern
β Lyr	Leier	$3^m_.3$	$4^m_.3$	12,9	Bedeckungsv.
β Per	Perseus	$2^m_.2$	$3^m_.4$	2,9	Algol-Stern
R Sct	Schild	$4^m_.4$	$8^m_.2$	140	Pulsierend
λ Tau	Stier	$3^m_.3$	$4^m_.2$	3,9	Algolstern

Sterne werden geboren

Sterne leben nicht ewig, obwohl die meisten Milliarden Jahre alt werden können. Sie alle wurden irgendwann einmal geboren und werden auch irgendwann einmal sterben. Sterne entstehen aus sich zusammenziehenden Gas- und Staubwolken. Es dauert einige Millionen Jahre, bis eine solche kühle dunkle Wolke Licht und Wärme ausstrahlt. Daher ist es unmöglich, den Geburtsvorgang eines Sterns von A bis Z zu verfolgen, dazu lebt der Mensch einfach zu kurz. Obwohl das Weltall uns nur eine Momentaufnahme bietet, haben die Astronomen sich doch ein gutes Bild von der Geburt eines Sterns machen können. Überall im Milchstraßensystem vollzieht sich nämlich der Geburtsprozess, sodass wir Zeuge der verschiedensten Phasen der Sternentstehung werden können. Vielerorts im All gibt es riesige Sternentstehungsgebiete – die

> **Tipp für Sterngucker**
> Mit dem Fernrohr oder einem Teleskop den Orion-Nebel anschauen. In 1500 LJ Entfernung ist dies das uns nächstgelegene große Sternentstehungsgebiet.

Dunkelwolke **Eine kompakte Wolke aus Gas und Staub hält das Licht weit entfernter Sterne ab. Aus ihr entstehen später neue Sterne.**

Wiegen des Kosmos. Dort verdecken große dunkle Wolken das Licht entfernterer Sterne, und dort hat die Schwerkraft freies Spiel. Mancherorts hat dies zur Bildung einiger heißer heller Sterne geführt: Oft ist im Zentrum eines

> *Die dunklen Kugelwolken, aus denen neue Sterne entstehen, werden Bok-Globulen genannt, nach dem niederländischen Astronomen Bart Bok (1906–1983).*

solchen Sternentstehungsgebiets ein kompakter, junger offener Sternhaufen zu sehen. Sind die ersten Sterne erst einmal geboren (indem ein Teil der Wolke unter dem eigenen Gewicht kollabiert), dann folgen die nächsten von ganz allein. Die jungen, heißen Sterne besitzen eine hohe UV-Strahlung, durch die

Kosmische Wiege **Im Rosetten-Nebel im Sternbild Einhorn entstehen neue Sterne aus expandierenden und schrumpfenden Gas- und Staubwolken.**

Doppelte Strahlenströme Ein gerade geborener Stern
(Mitte) bläst zwei Gasbündel in den Raum,
die im Umgebungsgas Schockwellen verursachen.

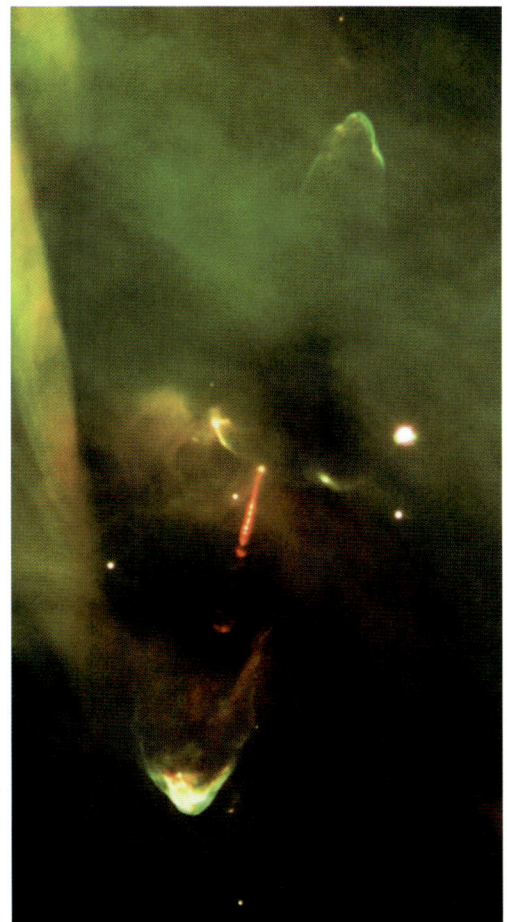

das Gas in der Wolke erhitzt wird, sodass die
Staubteilchen zu verdampfen beginnen. Starke
Sternwinde verursachen Schockwellen und
Verdichtungen in der Wolke und andernorts
setzt nun auch ein Verdichtungsprozess ein.

Protosterne

Fällt ein Teil der ursprünglichen Gas- und
Staubwolke unter dem Eigengewicht in sich
zusammen, wird der Kern ständig heißer
und beginnt schneller zu rotieren. Schließlich
ist ein so genannter Protostern entstanden:
im Innern des ungeborenen Sterns haben noch
keine Kernfusionen eingesetzt, doch die zu-
sammengepresste Gaskugel verstrahlt sehr
viel Wärme. Rund um diesen Protostern dreht
sich eine abgeplattete Scheibe kühlerer Materie:
die protoplanetare Scheibe, aus der irgendwann
ein Planetensystem entstehen kann (s. S. 242).
Das kühle Gas, das immer noch mit hoher
Geschwindigkeit auf den Stern fällt, wird auf
die Dauer durch die Strahlung des jungen
Protosterns wieder zurückgeblasen. Dieses
Wegblasen gelingt am besten entlang der
Drehachse des Sterns, senkrecht zur inter-

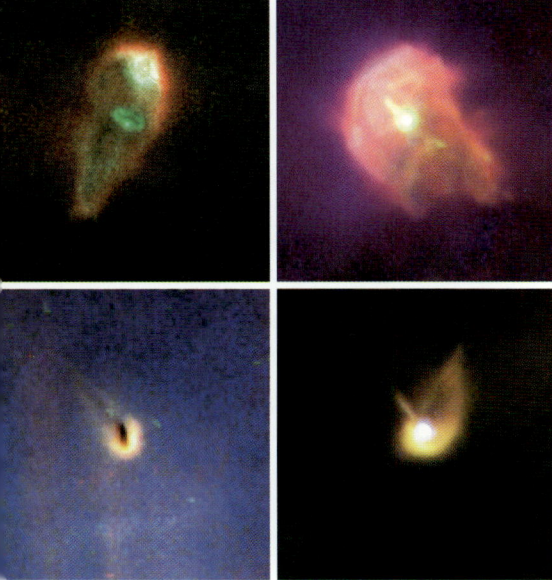

planetaren Scheibe. So entstehen zwei Bündel
heißen Gases, die in entgegengesetzte Richtungen ins All schießen. Solche *jets* ("Strahlenbündel") wurden in vielen Sternentstehungs-
regionen entdeckt.
Wo diese *jets* auf Verdichtungen in der übrigen
Wolke stoßen, entstehen Schockwellen, die
das Gas stark erhitzen. Der Protostern versteckt
sich meistens im Zentrum einer dunklen Wolke
und mit einem normalen Teleskop ist er nicht
zu sehen. Die heißen Schockwellen entstehen
jedoch weit entfernt vom Stern und werden nach
ihren Entdeckern Herbig-Haro-Objekte genannt.

Planeten im Kommen Aus abgeflachten Gas- und
Staubscheiben um gerade geborene Sterne können
Planetensysteme entstehen.

Die Evolution leichter Sterne

Erst wenn Druck und Temperatur im Zentrum einer sich verdichtenden Gaswolke so ansteigen, dass spontane Kernfusionsreaktionen auftreten, kann man wirklich von einem Stern sprechen. Der Schwerkraftdruck, der den Stern zur weiteren Verdichtung veranlassen will, wird vom Gasdruck und der Energieproduktion im Zentrum erwidert. So entsteht eine stabile Gleichgewichtssituation, die viele Milliarden Jahre andauern kann. Der Wasserstoffvorrat im Zentrum des Sterns ist jedoch irgendwann erschöpft. Im heißen Zentrum hat sich dann ein Kern aus Helium gebildet, der ständig größer und schwerer wird.

Zuerst entdeckt wurde der Weiße Zwerg Sirius B, der schwache Begleiter des hellen Sterns Sirius. Alvan Clark fand ihn 1862.

Zentrum derart, dass Helium zu Kohlenstoff zu verschmelzen beginnt. Etwas später verschmelzen die Kohlenstoffatome zu Sauerstoff. Diese neuen Fusionsreaktionen produzieren so viel Energie, dass der Stern sich noch weiter aufbläht, bis er ein Überriese ist. Riesen und Überriesen sind zwar sehr hell, doch ihre Temperatur ist niedrig, da die produzierte Energie über eine große Oberfläche verteilt wird. Deshalb strahlen sie vorwiegend rotes Licht aus. Im Stadium eines Überriesen wird der Stern instabil. Die Außenschichten beginnen zu pulsieren, und im Laufe von einigen 10 000 Jahren werden enorme Mengen Gas ins Weltall ge-

WASSERSTOFF-MANTEL

FUSION VON WASSERSTOFF ZU HELIUM

KERN AUS KOHLENSTOFF UND SAUERSTOFF

FUSION VON HELIUM ZU KOHLENSTOFF

Gealterte Sonne Am Ende ihres Lebens ist im Zentrum der Sonne ein Kern aus Kohlenstoff und Sauerstoff entstanden. Die Zeichnung ist nicht maßstabsgerecht.

In einem dicken Mantel um diesen Heliumkern setzt sich die Wasserstofffusion fort, so dass die Außenschichten des Sterns anschwellen: Er wird zu einem Riesenstern. Schließlich steigen Druck und Temperatur im

blasen. So entsteht ein sich langsam ausdehnender Planetarischer Nebel (s. S. 192). Was vom Stern übrig bleibt, ist ein heißer kompakter weißer Zwergstern, kaum größer als die Erde. Ein Teelöffel Materie eines Weißen Zwergs wiegt etwa 1 t. Fusionsreaktionen finden keine mehr statt, der Weiße Zwerg kühlt langsam ab und wird zu einem dunklen kalten Schwarzen Zwerg.

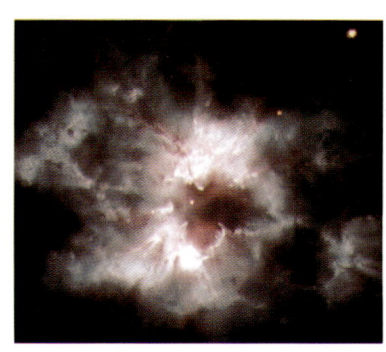

Heißer Zwerg Im Zentrum dieses jungen, seltsam geformten Planetarischen Nebels steht ein sich langsam abkühlender weißer Zwergstern.

> ## Tipp für Sterngucker
> *Der helle Stern Arktur im Sternbild Bootes ist ein orangeroter Riesenstern, in dem Helium in Kohlenstoff und Sauerstoff umgesetzt wird.*

Die Evolution schwerer Sterne

Große schwere Sterne müssen in ihrem Zentrum mehr Energie produzieren, um ein Gegengewicht zur Schwerkraft aufzubauen. In einem schweren Stern laufen Kernfusionsreaktionen somit auch schneller ab als in einem leichten Stern. Ihr Brennstoffvorrat ist zwar größer, doch wird er viel schneller verbraucht, was eine kürzere Lebensdauer zur Folge hat. Ein Stern, der 20-mal so schwer ist wie die Sonne, produziert fast 50 000-mal so viel Energie wie sie, wodurch die Wasserstofffusion nach zehn Millionen Jahren zum Erliegen kommt. In der darauf folgenden Heliumverbrennungsphase schwillt der Stern zu einem Überriesen an. Danach erfolgen in seinem Zentrum Fusionsreaktionen von Kohlenstoff, Neon, Sauerstoff und Silizium. Schließlich hat der Stern die Struktur einer Zwiebel mit konzentrischen Schichten, in denen sich verschiedene Fusionsreaktionen abspielen. Im Zentrum, bei einer Temperatur von 2–3 Milliarden °C, schmelzen die Atomkerne von Silizium zu schweren Kernen aus Eisen zusammen. Nun ist das Schicksal des Sterns besiegelt. Die Eisenkerne können nicht zu schwereren Elementen fusionieren, da hierbei keine Energie gewonnen wird. Die Energieproduktion kommt zum Stillstand, und der Stern bricht unter seinem Eigengewicht zusammen. Der Kern schrumpft im Bruchteil einer Sekunde zu einem äußerst kom-

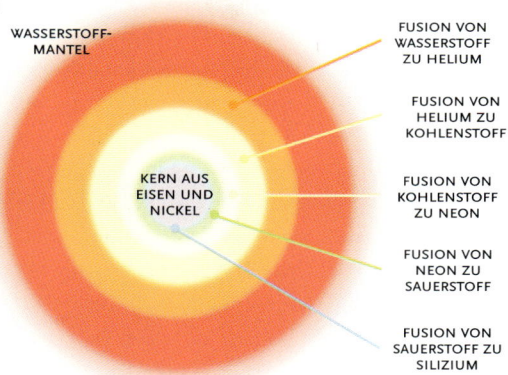

WASSERSTOFF-MANTEL

FUSION VON WASSERSTOFF ZU HELIUM

FUSION VON HELIUM ZU KOHLENSTOFF

FUSION VON KOHLENSTOFF ZU NEON

KERN AUS EISEN UND NICKEL

FUSION VON NEON ZU SAUERSTOFF

FUSION VON SAUERSTOFF ZU SILIZIUM

Kosmische Zwiebel Ein schwerer Stern besteht am Ende seines Lebens aus einzelnen Schichten, in denen jeweils andere Fusionsreaktionen ablaufen.

pakten Ball mit einem Durchmesser von 1–30 km zusammen. Gewaltige Schockwellen zerreißen den Stern, und seine äußeren Schichten werden mit enormer Geschwindigkeit ins All geschleudert. Der Stern spritzt auseinander in einer blendenden Supernova-Explosion.

Danach ist am Ort der Explosion einige 100 Jahre eine anschwellende Gasschicht zu beobachten: ein Supernova-Überrest (s. S. 194). Von dem Stern bleibt nur ein kleiner, fast unsichtbarer Neutronenstern (s. S. 186) oder ein Schwarzes Loch übrig.

SUPERNOVA-EXPLOSIONEN IM MILCHSTRASSENSYSTEM			
AHR	STERNBILD	MAXIMALE HELLIGKEIT	EINZELHEITEN
85	Zentaur	-8^m?	Beobachtet in China
86	Schütze	?	Beobachtet in China
93	Skorpion	0^m	Beobachtet in China
006	Wolf	-7^m5	7100 LJ
054	Stier	-4^m5	Bildung des Krabben-Nebels
81	Kassiopeia	?	Beobachtet in China und Japan
572	Kassiopeia	-4^m	Beobachtet von Tycho Brahe
604	Schlangenträger	-2^m5	Beobachtet von Johannes Kepler
680	Kassiopeia	6^m	Sehr schwach durch interplanet. Staub
987	Goldfisch	3^m	In der großen Magellanschen Wolke

Gewaltsamer Tod Eine Supernova (links unten) kann fast ebenso hell sein wie die Galaxie, in der sie erscheint.

DAS MILCHSTRASSENSYSTEM

Neutronensterne und Pulsare

Bei einer Supernova-Explosion fällt der Kern eines schweren Sterns in sich zusammen und wird zu einem Himmelskörper, der schwerer ist als die Sonne, doch nicht viel größer als die Stadt München oder Köln. Die Dichte beträgt etwa 100 Millionen t/cm^3. Bei dieser gewaltigen Dichte schmelzen Protonen und Elektronen zu Neutronen zusammen. Deshalb wird solch ein superkompakter Ball Neutronenstern genannt. Neutronensterne sind besonders klein und strahlen daher fast kein Licht aus. Sie machen sich allerdings manchmal anders bemerkbar: Wenn der Neutronenstern sich z. B. in einem

Geschwindigkeitsrausch **Ein sehr schwacher Neutronenstern (siehe Pfeil) verursacht mit seiner hohen Geschwindigkeit eine Bugwelle (lila, eingekreist).**

Bündel mit elektromagnetischer Strahlung ins All, die nicht genau mit der Rotationsachse übereinstimmen. Wenn eines dieser Bündel bei der schnellen Rotation über die Erde hinwegpeitscht,

Der zuerst entdeckte Radiopulsar blinkte so regelmäßig, dass man glaubte, die Botschaft einer außerirdischen Kultur erhalten zu haben.

Doppelsternsystem befindet, saugt er aufgrund seiner starken Schwerkraft die Materie des Begleiters auf. Das Gas wird dabei so heiß, dass eine energiereiche Röntgenstrahlung erzeugt wird. Mit Röntgensatelliten wurden viele Dutzend solcher Röntgendoppelsterne entdeckt. Neutronensterne drehen sich extrem schnell (einige hundertmal pro Sekunde) und besitzen ein sehr starkes Magnetfeld. Sie senden zwei

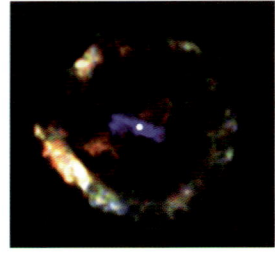

Zentraler Pulsar **Röntgenfoto eines Pulsars, der sich genau im Zentrum einer heißen, expandierenden Schale von Sternengas befindet.**

ist der Neutronenstern als Pulsar zu sehen: eine schnell blinkende Quelle von Licht, Radiostrahlung oder Röntgenstrahlung.

Der erste Pulsar wurde 1967 zufällig entdeckt, und inzwischen sind rund 1000 bekannt. Liegt die Frequenz über ca. 50 Puls pro Sekunde, spricht man von einem Millisekundenpulsar. Millisekundenpulsare drehen sich wahrscheinlich deshalb so schnell, weil sie wie Kreisel durch die Materie eines Begleiters beschleunigt werden, der mit hoher Geschwindigkeit auf der Oberfläche aufgeschlagen ist.

Manchmal ereignen sich auf der Oberfläche von Neutronensternen kräftige Sternbeben oder magnetische Explosionen, die enorme Mengen energiereicher Gammastrahlen produzieren. Ein solches Objekt wird *soft gamma repeater* oder Magnetar genannt.

Magnetische Murmel **Neutronensterne sind kleine, kompakte Himmelskörper mit einem sehr starken Magnetfeld.**

Schwarze Löcher und Gammablitze

In einem Neutronenstern sind die Kernteilchen extrem eng gestapelt. So bieten sie der enormen Schwerkraft Widerstand. Ist der Neutronenstern jedoch zu schwer – mehr als drei- oder viermal so schwer wie die Sonne – stürzt der Stern in sich zusammen. Man kennt keinen Mechanismus, der diesen finalen Schwerkraftkollaps verhindern könnte. Das Ergebnis ist ein Schwarzes Loch. Die Existenz von Schwarzen Löchern wurde 1784 schon von dem englischen Astronomen John Michel (1724–1793) vorausgesagt und 1796 nochmals von Pierre Simon de Laplace (1749–1827). Eine gute physikalische Beschrei-

Die Zahl der stellaren Schwarzen Löcher im Milchstraßensystem wird auf etwa 100 Millionen geschätzt.

Superexplosion Beim Kollabieren eines schweren, schnell rotierenden Sterns wird ein extrem starker Stoß von Gammastrahlen produziert: der so genannte Gammablitz.

bung gab allerdings erst Albert Einstein mit seiner Relativitätstheorie.

Ein Schwarzes Loch ist ein Gebiet im Weltall, wo die Schwerkraft so groß ist, dass selbst Licht mit einer Geschwindigkeit von 300 000 km/s es nicht überwinden kann. Der so genannte Horizont eines Schwarzen Lochs führt also nur in eine Richtung: Alles kann im Schwarzen Loch verschwinden, es kommt jedoch nie mehr heraus. Je schwerer das

Schwarze Loch, umso größer ist der Durchmesser dieses kreisförmigen Horizonts.

Sehr schwere Sterne, die schnell rotieren, kollabieren am Ende ihres Lebens in einem so genannten stellaren Schwarzen Loch. Bei der Bildung des Schwarzen Lochs wird ein äußerst starker Gammstrahlenblitz frei. Solche Gammablitze, die von Satelliten in einer Erdumlaufbahn beobachtet wurden, sind die schwersten Explosionen im Weltall überhaupt.

Schwarze Löcher sind per definitionem unsichtbar, ihre Existenz kann also nur indirekt mit dem Schwerkrafteinfluss auf ihre Umgebung nachgewiesen werden. Was mit der Materie geschieht, die hinter dem Horizont eines Schwarzen Lochs verschwindet, ist nicht bekannt.

Allesfresser Ein Schwarzes Loch (rechts) saugt das Gas eines begleitenden Sterns auf. Die Röntgenstrahlung des stark erhitzten Gases verrät die Existenz des Lochs.

Unterschiedliche Nebel

Im Altertum wusste man schon, dass außer Sonne, Mond, Planeten und Sternen auch verschwommene Nebelflecken am Himmel zu sehen sind, wie z. B. die auffälligen Magellanschen Wolken (s. S. 206). Doch auch kleinere Nebel wie der Orion-Nebel und der Andromeda-Nebel sind unter günstigen Bedingungen mit bloßem Auge sichtbar.

Die Magellanschen Wolken und der Andromeda-Nebel sind nahe Galaxien, die sich außerhalb unseres eigenen Milchstraßensystems befinden (s. S. 214). Der verschwommene Lichtfleck, den wir sehen, setzt sich aus dem Licht von Milliarden Sternen zusammen. Der Orion-Nebel dagegen befindet sich innerhalb des Milchstraßensystems, er ist ein ausgedehntes Gebiet von Gas- und Staubwolken, das von innen durch eben geborene Sterne beleuchtet wird.

Der Andromeda-Nebel ist kein Nebel, sondern eine Galaxie – deshalb sollte man ihn eigentlich besser Andromeda-Galaxie nennen.

In einigen Nebeln, wie dem Orion-Nebel, wird das Gas (vorrangig Wasserstoff) stark erhitzt, wodurch es selbst Licht auf einigen ganz bestimmten Wellenlängen ausstrahlt. Im Spektrum eines solchen Emissionsnebels (s. S. 38) sind

Heißes Gas Ein Emissionsnebel strahlt selbst Licht aus. Das Gas in diesem Nebel wird von heißen hellen Sternen, die im Nebel eingebettet sind, erhitzt.

dann helle Spektrallinien zu sehen, die die chemische Zusammensetzung des Nebels verraten. Glühender Wasserstoff ergibt z. B. eine auffallend rote Farbe.

Kühlere Nebel strahlen kein Licht aus, sondern

Reflektierender Staub Flüchtige Staub- und Gaswolken im offenen Sternhaufen der Plejaden reflektieren Sternenlicht. So entsteht ein Reflexionsnebel.

absorbieren einen Teil des Lichts von weiter entfernten Sternen. Auch diese Absorption erfolgt unter ganz bestimmten Wellenlängen. Im Spektrum des Hintergrundsterns sind dann dunkle Linien zu erkennen, die durch die Filterwirkung der näher gelegenen Absorptionsnebel entstehen. Manche Nebel reflektieren das Licht nahe gelegener Sterne, so genannte Reflexionsnebel. Dunkle Nebel sind kühle Zusammenballungen von Gas und Staub von so großer Dichte, dass sie ferner gelegene Sterne vollständig unserem Blick entziehen. Sie sind u.a. sichtbar als bizarre dunkle Schleier im leuchtenden Band der Milchstraße.

Dunkle Wolke Der Pferdekopf-Nebel im Sternbild Orion ist ein Absorptionsnebel: Kühler Staub schirmt das Licht leuchtender Gasnebel ab.

Sternentstehungsgebiete

Die meisten Emissionsnebel – heiße Gasnebel, die selbst Licht ausstrahlen – sind Sternentstehungsgebiete: ausgedehnte, flüchtige Wolken, in denen neue Sterne geboren werden (s. S. 182). Oft gehören sie zu einer größeren, dunklen Wolke mit so niedriger Temperatur, dass es außer freien Atomen dort auch Moleküle gibt, wie molekularen Wasserstoff (H_2) und Kohlenmonoxid (CO). Solche Molekülwolken bilden die größten zusammenhängenden Objekte im Milchstraßensystem, die Ausmaße von mehreren 100 LJ erreichen können.

Erst wenn in einem bestimmten Teil einer Molekülwolke neue Sterne entstanden sind, wird das Umfeld eines solchen eben geborenen Stern-

Allein im Zentrum des Orion-Nebels befinden sich schon mehr als zweitausend neugeborene Sterne und entstehende Sterne.

haufens durch die energiereiche UV-Strahlung der jungen Sterne erleuchtet. Der Staub in der Wolke wird zum Teil verdampfen und das Gas ionisiert: Die Gasatome verlieren ein Elektron oder mehrere. Der ionisierte Gasnebel beginnt zu leuchten und wird von der Erde aus als auffälliger Emissionsnebel sichtbar, soweit er dem Blick nicht durch einen näher gelegenen Teil der kühlen Molekülwolke entzogen wird.

Auf lang belichteten Aufnahmen von Sternent-

Kosmisches Kinderzimmer Junge Sterne blasen einen Hohlraum in eine ausgedehnte Molekülwolke.

Staub und Sterne In den dunklen „Staubsäulen" des Adler-Nebels werden neue Sterne geboren.

BEKANNTE EMISSIONSNEBEL

NUMMER	NAME	STERNBILD	ENTFERNUNG IN LICHTJAHREN*
M 8	Lagunen-Nebel	Schütze	4500
M 16	Adler-Nebel	Schlange	7000
M 17	Omega-Nebel	Schütze	3000
M 20	Trifid-Nebel	Schütze	5000
M 42	Orion-Nebel	Orion	1500
NGC 2070	Tarantel-Nebel	Goldfisch	167 000
NGC 2237	Rosetten-Nebel	Einhorn	5500
NGC 2264	Konus-Nebel	Einhorn	2400
NGC 3372	Carina-Nebel	Schiffskiel	8000
NGC 7000	Nordamerika-Nebel	Schwan	1600

* Die Entfernung der meisten Emissionsnebel ist nicht genau bekannt

stehungsgebieten, die mit Teleskopen aufgenommen wurden, sind zahlreiche Einzelheiten zu sehen, wie z. B. zarte Gasschleier und Staubwolken, dunkle „Staubsäulen", die sich langsam unter der Einwirkung von Strahlungsverdampfung, Verdichtungen und Schockwellen auflösen, und oft auch protoplanetare Scheiben um eben geborene Sterne, aus denen neue Planetensysteme entstehen können. Mit einem Amateurteleskop ist meist nicht mehr als ein schwacher, farbloser Nebelfleck zu sehen (s. S. 198).

DAS MILCHSTRASSENSYSTEM

Offene Sternhaufen

Ein offener Sternhaufen ist eine Ansammlung von Dutzenden oder Hunderten von Sternen, die über ein Gebiet mit einem Durchmesser von höchstens wenigen Dutzend Lichtjahren verstreut liegen. Mit einem Teleskop sind die Sterne in einem offenen Sternhaufen einzeln zu sehen, wobei man zwischen den Sternen grundsätzlich auch schwache Hintergrundobjekte wahrnehmen kann; daher die Bezeichnung „offen". Offene Sternhaufen entstehen in großen Sternentstehungsgebieten (s. S. 189). Eine große Gas- und Staubwolke sinkt unter Einwirkung von Schwerkraft in sich zusammen, wobei sie in kleinere Fragmente zerfällt. In kurzer Zeit entstehen so viele Dutzende oder Hunderte von neuen Sternen, die alle dasselbe Alter haben. Viele bekannte Sternentstehungsgebiete, wie der Adler-Nebel und der Rosetten-Nebel, beherbergen in ihrem Zentrum tatsächlich eine Gruppe neugeborener heller Sterne. Im Verlauf vieler Millionen Jahre „blasen die jungen Sterne ihre Umgebung sauber" und hinterlassen dann einen isolierten offenen Sternhaufen.

Funkelnder Zwilling In 7000 LJ Entfernung, im Sternbild Perseus, steht der berühmte Doppelsternhaufen h und Chi Persei.

Die Sterne in dem Sternhaufen sind zwar alle gleich alt, doch die schwersten Sterne entwickeln sich schneller und schließen ihr kurzes Leben mit einer Supernova-Explosion ab. Ältere offene Sternhaufen enthalten daher auch nur relativ leichte Zwergsterne wie die Sonne. Ein offener Sternhaufen löst sich im Lauf von

Die Plejaden, das Siebengestirn, enthalten nur sechs helle Sterne. Nach der Legende ist der siebte Stern in den Großen Bären gewandert: der Stern Alkor (s. S. 178).

100 Millionen Jahren langsam auf. Infolge von gegenseitigen Schwerkraftstörungen werden Sterne oft mit hoher Geschwindigkeit in den Weltraum geschleudert und nach etwa einer Milliarde Jahren ist vom Sternhaufen nichts mehr übrig.

Große Familie Im offenen Sternhaufen M 93 im Sternbild Puppis befinden sich etwa 80 Sterne in einem Gebiet mit 20 LJ Durchmesser.

Sieben Schwestern Die Plejaden (das Siebengestirn) sind der bekannteste offene Sternhaufen. Dieses Amateurfoto zeigt Gasnebel, die das Licht der Sterne reflektieren.

Sieben Schwestern

Der bekannteste offene Sternhaufen sind die Plejaden, das Siebengestirn, im Sternbild Stier. Der Sternhaufen ist mit bloßem Auge leicht sichtbar als eine auffallende kleine Wolke mit sechs oder sieben schwachen Sternen. Mit einem Fernglas sind auch Dutzende schwächerer Sterne zu sehen. Insgesamt umfasst das Siebengestirn etwa 500 Sterne. Der Stern-

> *Tipp für Sterngucker*
> In einer klaren Herbstnacht kann man den Doppelsternhaufen mit bloßem Auge suchen, auf halbem Weg zwischen den Sternbildern Kassiopeia und Perseus.

haufen ist schätzungsweise 100 Millionen Jahre alt und befindet sich in einer Entfernung von nur 380 LJ. Ein anderer bekannter offener Sternhaufen am nördlichen Himmel ist die Krippe (Praesepe) im Sternbild Krebs. Sie ist mit bloßem Auge nur schwer, doch mit dem Fernglas oder einem kleinen Teleskop leicht zu finden. Der Abstand beträgt etwa 500 LJ. Im Sternbild Perseus befindet sich der berühmte Doppelsternhaufen h und Chi Persei, ebenfalls ein dankbares Beobachtungsobjekt für Interessierte mit Fernglas oder auch Amateurteleskop.

Da offene Sternhaufen relativ junge Objekte sind, kommen sie fast ausschließlich in den Spiralarmen des Milchstraßensystems vor, wo sich die größte Sternentstehungsaktivität zeigt. Am Sternenhimmel sind sie daher besonders im leuchtenden Band der Milchstraße oder in dessen Nähe zu finden (s. S. 200). Insgesamt sind etwa 1000 offene Sternhaufen im Milchstraßensystem bekannt; die wirkliche Zahl liegt zweifellos viel höher.

BEKANNTE OFFENE STERNHAUFEN

NUMMER	STERNBILD	GESAMT-HELLIGKEIT	SCHEINBARER DURCHMESSER	ENTFERNUNG IN LICHTJAHREN
M 6	Skorpion	4^{m}6	26'	1500
M 7	Skorpion	3^{m}3	50'	800
M 11	Schild	5^{m}8	14'	5600
M 23	Schütze	6^{m}9	27'	2150
M 35	Zwillinge	5^{m}5	30'	2800
M 36	Fuhrmann	6^{m}3	12'	4100
M 37	Fuhrmann	6^{m}2	24'	4400
M 38	Fuhrmann	7^{m}4	21'	4200
M 39	Schwan	4^{m}6	30'	7300
M 41	Großer Hund	4^{m}6	38'	2300
M 44	(Praesepe) Krebs	3^{m}7	95'	600
M 45	(Plejaden) Stier	1^{m}6	110'	435
NGC 4755	Kreuz d. Südens	4^{m}2	10'	6800
Hyaden	Stier	0^{m}5	330'	150
h und Chi Persei	Perseus	4^{m}5	35'	7000/8100

DAS MILCHSTRASSENSYSTEM

Planetarische Nebel

William Herschel, der Entdecker des Planeten Uranus (s. S. 160), stieß mit seinen selbst gebauten Teleskopen auf einige runde Nebelflecken am Sternenhimmel, die – ebenso wie Uranus – wie schwach erleuchtete Planetenscheiben aussahen. Er nannte sie Planetarische Nebel, obwohl er wusste, dass sie in Wirklichkeit mit Planeten nichts zu tun haben. Die irreführende Bezeichnung benutzt man aber noch heute.

Planetarische Nebel sind sich ausdehnende Gasschichten, die Sterne wie die Sonne am Ende ihres Lebens in den Raum blasen (s. S. 184). Der Stern schwillt erst zu einem Roten Riesen an, wird dann instabil und verliert schließlich den Großteil

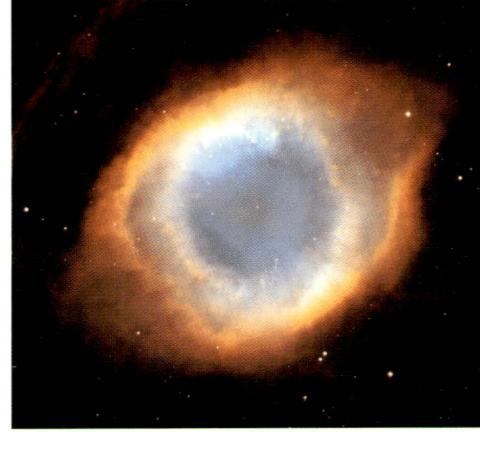

Farbige Seifenblase Fotomosaik des Helix-Nebels im Sternbild Wassermann, aufgenommen vom Hubble-Weltraumteleskop.

seines Mantels. Nach der Bildung des Planetarischen Nebels schrumpft der Stern wieder zu einem kompakten Weißen Zwerg zusammen. Die UV-Strahlung dieses Weißen Zwergs ionisier[t] das Gas im Nebel, das dadurch in unterschied-

> *Tipp für Sterngucker*
> *Zur Beobachtung eines Planetarischen Nebels wählt man eine starke Vergrößerung, denn die meisten haben kaum mehr Durchmesser als einige Dutzend Bogensekunden.*

> **William Huggins glaubte Ende des 19. Jahrhunderts, die grünliche Farbe Planetarischer Nebel werde durch ein unbekanntes Element – Nebulium –hervorgerufen.**

lichen Farben zu leuchten beginnt, wobei die meisten Strahlen von zweimal ionisierten Sauerstoffatomen im grünen Teil des Spektrum[s] ausgehen.

Planetarische Nebel sind immer junge Objekte[.] Sie sind höchstens einige 10 000 Jahre lang sichtbar, und zwar weil das Gas in einem Plane[-]tarischen Nebel mit einer Geschwindigkeit von mehreren 100 km/s in den Raum expandiert,

Glühender Ring Diese professionelle Aufnahme des Rin[g-]Nebels im Sternbild Leier zeigt zarte Gasschlieren, die schon vor langer Zeit vom Stern weggeblasen wurde[n.]

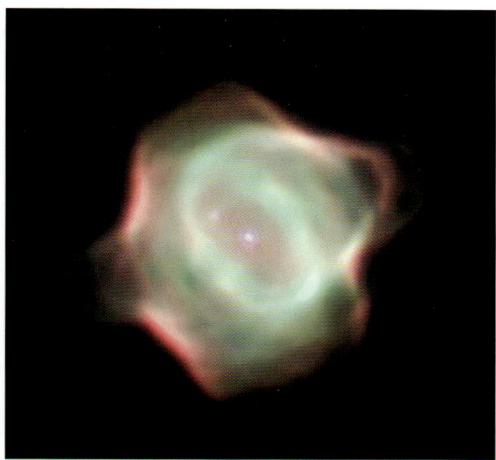

sodass es in recht kurzer Zeit zu weit vom Zentralstern entfernt ist, um noch ionisiert zu werden. Daher haben auch die meisten Planetarischen Nebel einen Durchmesser von weniger als 1 LJ, obwohl auf lange belichteten Fotos oft in größerer Entfernung vom zentralen Stern noch flüchtige Gasschleier zu sehen sind.

Seltsame Formen

Manche Planetarischen Nebel sind kugelrund und zeigen die Struktur einer Seifenblase, als sei auf einmal zu viel Gas in alle Richtungen mit derselben Geschwindigkeit ausgetreten. Andere Planetarische Nebel sind weniger symmetrisch und besitzen eine ausgeprägtere Struktur. Wieder

Junge Beute Der Stechrochen-Nebel ist ein eben geborener Planetarischer Nebel im südlichen Sternbild Altar.

andere zeigen deutliche Anzeichen mehrmaliger Ausbrüche. Grundsätzlich kann man aus der Form eines solchen Nebels Informationen über die letzten Lebensphasen des Sterns erhalten. Die meisten Planetarischen Nebel sind weit entfernt von der Erde. Zudem sind sie recht klein, sodass es schwierig ist, ihre Struktur gründlich zu erforschen. Mit dem Hubble-Weltraumteleskop gelangen in den letzten Jahren jedoch zahlreiche erstaunliche Aufnahmen, aus denen hervorgeht, dass Planetarische Nebel einen gewaltigen Formenreichtum aufweisen. Es wurde auch die auffallende bipolare Struktur vieler Planetarischer Nebel entdeckt, als würde

Verkehr nach beiden Seiten Im Ameisen-Nebel im südlichen Sternbild Winkelmaß wird Gas in zwei entgegengesetzte Richtungen geblasen.

das Gas vornehmlich in zwei entgegengesetzte Richtungen entweichen.

Die Ursache für diese bipolare Struktur ist nicht ganz klar. Starke Magnetfelder im Umfeld des sterbenden Sterns spielen vermutlich eine wichtige Rolle. Auch das Vorliegen von Staubteilchen oder vielleicht sogar Planeten in einer flachen Scheibe um den Stern kann dazu führen, dass das Sterngas vornehmlich in zwei Richtungen senkrecht zu dieser Scheibe entweicht.

Es gibt schätzungsweise 10 000 Planetarische Nebel im Milchstraßensystem. Die meisten werden jedoch von interstellaren Staubwolken verdeckt.

BEKANNTE PLANETARISCHE NEBEL				
NUMMER	NAME	STERNBILD	HELLIGKEIT	SCHEINBARER DURCHMESSER
M 27	Hantel-Nebel	Füchschen	7^m6	350"
M 57	Ring-Nebel	Leier	9^m7	70"
M 76	Kleiner Hantel-Nebel	Perseus	10^m1	160"
M 97	Eulen-Nebel	Großer Bär	9^m9	200"
NGC 246		Walfisch	8^m0	225"
NGC 1535		Eridanus	9^m6	18"
NGC 2392	Eskimo-Nebel	Zwillinge	9^m9	13"
NGC 3132		Segel	8^m2	50"
NGC 3242		Wasserschlange	8^m6	16"
NGC 6210		Herkules	9^m3	15"
NGC 6543	Katzenaugen-Nebel	Drache	8^m8	18"
NGC 6572		Schlangenträger	9^m0	8"
NGC 7009	Saturn-Nebel	Wassermann	8^m3	25"
NGC 7293	Helix-Nebel	Wassermann	6^m5	770"
NGC 7662		Andromeda	9^m2	20"

Supernova-Überreste

Wie der Name schon sagt, ist ein Supernova-Überrest das, was von einer Supernova (einem explodierten Riesenstern) übrig bleibt. Wenn ein schwerer Stern am Ende seines Lebens seine Brennstoffvorräte verbraucht hat, fällt sein Kern in sich zusammen und wird zu einem Neutronenstern oder einem Schwarzen Loch. Dabei wird der größte Teil des Sterns mit gewaltiger Geschwindigkeit in den Weltraum geschleudert

Die Sterne in der Nähe der Sonne bilden eine Gruppe, deren Entstehung vor Millionen Jahren durch mehrere Supernova-Explosionen angeregt wurde.

Chinesisches Feuerwerk Der Krabben-Nebel im Sternbild Stier entstand 1054 bei einer Sternexplosion, die von chinesischen Astronomen beobachtet wurde.

(s. S. 185). Diese expandierende Gaswolke, die auch Materie aus dem interstellaren Raum ansaugt, wird Supernova-Überrest genannt. Der bekannteste Supernova-Überrest ist der Krabben-Nebel im Sternbild Stier. Indem man früher aufgenommene Fotos dieses Nebels

mit heutigen verglich, konnte man berechnen, dass der Nebel irgendwann Mitte des 11. Jahrhunderts begonnen hat zu expandieren. Die Sternexplosion, bei der der Nebel entstand, wurde im Jahr 1054 von chinesischen und koreanischen Astronomen beobachtet und aufgezeichnet, die einen „Gaststern" dort auftauchen sahen, wo sich heute der Krabben-Nebel befindet.

Da das Gas eines Supernova-Überrests extrem heiß ist (durch Schockwellen, doch auch durch die ener-

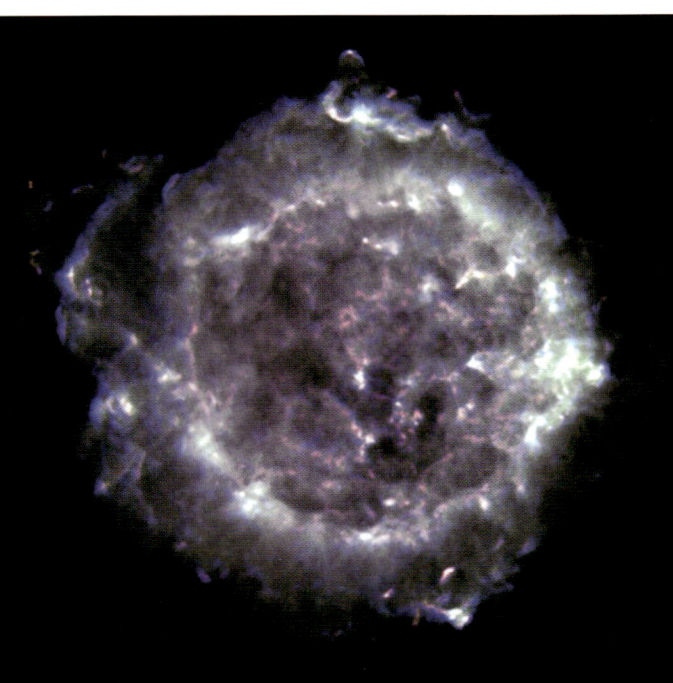

Jung und hitzig Aufnahme der Radiostrahlen des heißen Gases in Cassiopeia A, einem Supernova-Rest, der etwa 1680 entstanden sein muss.

giereiche Strahlung des zentralen Neutronensterns), überträgt es neben sichtbarem Licht auch Röntgenstrahlen. Außerdem sind Supernova-Überreste oft Quellen von Radiostrahlung, die von sich schnell bewegenden Elektronen in Magnetfeldern ausgeht. Im sichtbaren Licht sind sie oft nicht sehr auffallend, es sei denn, sie sind jung und nicht allzu weit entfernt. Ein neu entstandener Supernova-Überrest ist fast kugelförmig, doch schon schnell verformt sich die expandierende Gaswolke wegen der unterschied-

BEKANNTE SUPERNOVA-ÜBERRESTE		
NUMMER	STERNBILD	DAZUGEHÖRENDE SUPERNOVA-EXPLOSION
M 1 (Krabben-Nebel)	Stier	1054
G327.6+14.6	Wolf/Zentaur	1006
Cassiopeia A	Kassiopeia	1680?
Gum-Nebel	Segel/Puppis	?
Keplers Supernova-Überrest	Schlangenträger	1604
Schleier-Nebel	Schwan	ca. 15 000 Jahre alt
Tychos Nova	Kassiopeia	1572
Vela Supernova-Überrest	Segel	ca. 10 000 Jahre alt

lichen Dichte der interstellaren Materie im Umfeld. Nach vielen tausend Jahren sind nur noch unregelmäßige Gasschleier sichtbar, wie z. B. im Schleier-Nebel im Sternbild Schwan. Mit Radioteleskopen und Röntgensatelliten wurden etwa 200 Supernova-Überreste im Milchstraßensystem aufgespürt und beobachtet. Die meisten befinden sich im Innern des Milchstraßensystems 10 000 LJ entfernt von der Erde. Von einigen Supernova-Überresten weiß man, bei welcher Supernova-Explosion sie entstanden sind, doch in den meisten Fällen ist die eigentliche Sternexplosion von der Erde aus nicht zu sehen gewesen, da sie von interstellarem Staub absorbiert wurde.

Interstellares Spinnennetz **Flüchtige Gasschlieren im Schleier-Nebel im Sternbild Schwan, ein etwa 15 000 Jahre alter Supernova-Rest.**

Der Messier-Katalog

Der Krabben-Nebel, der bekannteste Supernova-Überrest im Milchstraßensystem, ist das erste Objekt des Messier-Katalogs. Der französische Astronom und Kometenjäger Charles Messier (1730–1817) publizierte diesen Katalog in der zweiten Hälfte des 18. Jahrhunderts. Messier stieß bei seinen nächtlichen Beobachtungen oft auf kleine schwache Nebel, die man fälschlicherweise für Kometen hätte halten können. Die erste Ausgabe seines Katalogs (1771) enthielt 45 Objekte; die definitive Version (1781) 103. Der Messier-Katalog enthält sehr unterschiedliche Objekte: Emissionsnebel, offene Sternhaufen, Kugelsternhaufen, Planetarische Nebel, Supernova-Überreste und Galaxien. Einige bekannte Messier-Objekte

(mit ihren Messiernummern) sind der Andromeda-Nebel (M 31), der Orion-Nebel (M 42), die Plejaden (M 45) und der Ring-Nebel (M 57).
Andere Astronomen haben den Katalog später noch um einige Objekte ergänzt, sodass die höchste Nummer nun M 110 ist. Alle Messier-Objekte sind von der Nordhalbkugel aus mit einem nicht zu schwachen Amateurteleskop zu sehen.
Umfangreicher ist der Dreyersche Katalog (New General Catalogue, NGC) nebelartiger Objekte am Sternenhimmel, der von Johan Dreyer erstellt und 1888 veröffentlicht wurde. Der NGC-Katalog umfasst 7840 Objekte. Später fügte Dreyer seinem Katalog zwei Indexkataloge hinzu, die zusammen 5386 Objekte enthalten.

Kugelsternhaufen

Kugelsternhaufen sind gewaltige Ansammlungen von vielen 10 000 oder 100 000 Sternen. Wie der Name schon sagt, zeigen solche Sterngruppen einen kugelförmigen Aufbau. Ihre Durchmesser betragen Dutzende bis Hunderte von Lichtjahren. Sie sind also viel größer als offene Sternhaufen (s. S. 190) und enthalten auch viel mehr Sterne. Ein anderer wichtiger Unterschied ist ihr Alter: Offene Sternhaufen sind junge Objekte, während Kugelsternhaufen (auch Kugelhaufen genannt) zu den ältesten Objekten des Weltalls zählen.

Auch die Verteilung der Kugelsternhaufen am Sternenhimmel ist anders als bei offenen Sternhaufen. Letztere befinden sich in den Spiralarmen des Milchstraßensystems, wo die meisten neuen Sterne entstehen. Kugelsternhaufen befinden sich in einem großen, relativ kugelförmigen Halo um das Milchstraßensystem herum. Zum Zentrum hin zeigen sie zwar eine gewisse Konzentration, doch sie scheinen in keinerlei Beziehung zum abgeplatteten Milchstraßensystem zu stehen.

Die Sterne in Kugelhaufen sind fast ausnahmslos Milliarden Jahre alt. Als Kugelhaufen vor langer Zeit entstanden, enthielten sie zweifellos auch viele schwere helle Sterne, doch die sind schon lange erloschen und haben in einer Supernova-Explosion (s. S. 185) ihr Ende gefunden. Heute sind in Kugelsternhaufen ausschließlich leichte, sich langsam entwickelnde Sterne zu finden.

Sternenschwarm Einige 100 000 Sterne sitzen eng zusammen in M 80, einem Kugelhaufen im Sternbild Skorpion.

Während es in unserem Milchstraßensystem höchstens 200 Kugelhaufen gibt, hat man in einigen großen elliptischen Galaxien (s. S. 215) viele Tausend gefunden, die auch nicht alle gleich alt sind. Über Einzelheiten ist zwar noch nicht viel bekannt, doch ist eindeutig, dass

Tipp für Sterngucker
In den Tropen und auf der südlichen Halbkugel sind 47 Tucanae und Omega Centauri, die beiden hellsten Kugelsternhaufen, leicht mit bloßem Auge zu sehen.

Moderne Forschung
Mit großen Teleskopen auf der Erde und im Weltraum konnte man auch Kugelsternhaufen in anderen Galaxien entdecken und beobachten.

Zusammenrottung Nahaufnahme von Omega Centauri, nem der größten Kugelsternhaufen im Milchstraßensystem

Kompakter Kern M 15 im Sternbild Pegasus ist ein Kugelhaufen mit einem sehr kompakten Zentrum, in dem sich eventuell ein Schwarzes Loch befindet.

rum eine wahre Geburtswelle neuer großer Sternhaufen. Die Sterne eines Kugelhaufens bewegen sich in elliptischen Bahnen um das Zentrum, wobei sie regelmäßig dicht aneinander vorbeiziehen und sogar zusammenstoßen. Dabei

Kugelsternhaufen die Schlüssel zur Bildung und Evolution der Galaxien sind.

Bildete sich eine spiralförmige Galaxie aus einer großen, sich zusammenziehenden Gaswolke (s. S. 218), so entstanden wahrscheinlich zuerst Kugelsternhaufen. Erst später entstand die abgeplattete Scheibe des Systems, in dem sich danach die ersten Sterne bildeten. Wenn zwei Galaxien zusammenstoßen und zu einem elliptischen Riesensystem verschmelzen (s. S. 222), dann ist dies wahrscheinlich wiede-

Im Zentrum eines Kugelhaufens stehen die Sterne etwa hundertmal so nah zusammen wie im Umkreis der Sonne.

entstehen seltsame Sterne, die sozusagen ein zweites Leben beginnen und trotz ihres hohen Alters jung aussehen: die so genannten „blauen Nachzügler" (blue stragglers). Viele Kugelhaufen enthalten zudem auch zahlreiche Röntgendoppelsterne (s. S. 186).

Infolge von Schwerkraftstörungen, u.a. bei Doppelsternen im Zentrum des Kugelhaufens, werden Sterne oft mit rasender Geschwindigkeit nach außen geschleudert, wobei dieselben Störungen auch verhindern, dass das Zentrum in sich zusammenstürzt und zu einem Schwarzen Loch wird. Kugelsternhaufen „verdampfen" also ganz allmählich, wobei sie durch die Gezeitenkräfte des Milchstraßensystems langsam auseinanderbewegt werden.

BEKANNTE KUGELSTERNHAUFEN

NUMMER	STERNBILD	HELLIGKEIT	SCHEINBARER DURCHMESSER	ENTFERNUNG IN LICHTJAHREN
M 3	Jagdhunde	6^m2	16,2'	33 900
M 4	Skorpion	5^m6	26,3'	7 200
M 5	Schlange	5^m7	17,4'	24 500
M 12	Schlangenträger	6^m7	14,5'	16 000
M 13	Herkules	5^m8	16,6'	25 100
M 15	Pegasus	6^m2	21,5'	33 600
M 22	Schütze	5^m1	29,0'	10 400
M 55	Schütze	6^m3	16,3'	17 600
M 62	Schlangenträger	6^m5	14,1'	22 500
M 92	Herkules	6^m4	11,2'	26 700
NGC 2808	Schiffskiel	6^m2	13,8'	30 300
NGC 6397	Altar	5^m7	15,8'	7 500
NGC 6541	Kreuz des Südens	6^m3	29,6'	22 800
NGC 6752	Pfau	5^m4	55,3'	13 000
47 Tucanae	Tukan	4^m0	30,9'	14 700
Omega Centauri	Zentaur	3^m7	36,3'	17 300

DAS MILCHSTRASSENSYSTEM

Nebel und Galaxien im Visier

Will man Nebel und Galaxien (s. S. 216) beobachten, ist grundsätzlich ein lichtstarkes Teleskop erforderlich. Die meisten nebelartigen Objekte sind nicht nur schwach, sondern auch ziemlich ausgedehnt, wodurch ihre Oberflächenhelligkeit gering ist. Daher sind mit einem kleinen Instrument wie einem Fernglas oder Linsenteleskop nur die allerhellsten Objekte sichtbar. Um auch die schwächeren sehen zu können, braucht man ein großes, lichtstarkes Binokular oder ein mittelgroßes Teleskop. In einer klaren mondlosen Nacht sollte man einen dunklen Beobachtungsort außerhalb einer

Massengeburt Amateuraufnahme des Lagunen-Nebels (unten) und des Trifid-Nebels, zwei Sternentstehungsgebiete im Sternbild Schütze.

Versierte Amateurastronomen unternehmen Messier-Marathons und versuchen, alle 110 Messier-Objekte in einer Nacht zu finden.

geschlossenen Ortschaft und weit entfernt von störenden Lichteinflüssen aufsuchen, um dann den Nebel oder die Galaxie anhand der Sternkarten in diesem Buch oder mit einem ausführlichen Sternatlas zu suchen. Für größere Objekte, wie den Orion-Nebel und den Andromeda-Nebel, wählt man eine geringe Vergrößerung, sodass das gesamte Objekt ins Bildfeld passt.

Am nächtlichen Herbsthimmel sind zwei helle Galaxien zu sehen: der Andromeda-Nebel (M 31) und der in der Nähe gelegene Dreiecks-Nebel M 33 im Sternbild Dreieck. In den Herbstmonaten ist auch der Helix-Nebel zu sehen, ein großer und ziemlich heller Planetarischer Nebel im Sternbild Wassermann.
Im Winter sind Orion-Nebel (M 42) und der Krabben-Nebel (M 1) im Sternbild Stier die bekanntesten Nebelobjekte. Am Frühlingshimmel sind wieder einige schöne Galaxien zu beobachten: M 51 (der Strudel-Nebel) im Sternbild Jagdhunde, M 81 und M 82 im Großen Bären und M 65 und M 66 im Löwen.
Der beste Beobachtungszeitraum für Nebel ist jedoch der Sommer, wenn das Sternbild Schütze zu sehen ist. Leider steht es in Deutschland nie sehr hoch über dem Horizont. Im Schützen sind der Lagunen-Nebel (M 8), der Omega-Nebel (M 17) und der Trifid-Nebel (M 20) zu finden. Höher am Himmel stehen zwei helle Planetarische Nebel: der Ring-Nebel (M 57) im Sternbild Leier und der Hantel-Nebel (M 27) im Fuchs.

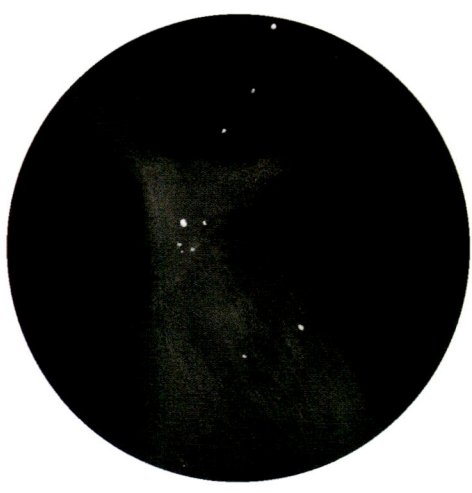

Flüchtiger Lichtstreifen Zeichnung vom Zentrum des Orion-Nebels, in der Mitte die vier Trapezsterne.

Sternhaufen im Visier

Der bekannteste offene Sternhaufen, das Siebengestirn (die Plejaden, M 45) im Sternbild Stier,
ist leicht mit bloßem Auge zu entdecken, ebenso
die Hyaden in unmittelbarer Nähe des Sterns
Aldebaran.

Die Krippe (Praesepe, M 44) im Krebs und der
Doppelsternhaufen im Perseus können bei
günstigen Bedingungen auch ohne optische
Hilfsmittel beobachtet werden.

Gleiches gilt für M 13, den Kugelsternhaufen
im Herkules. Alle anderen Sternhaufen am
nördlichen Himmel sind ohne Fernglas nicht
zu sehen.

Winterlicher Sternhaufen Amateurfoto von M 37, einem
der offenen Sternhaufen im Wintersternbild Fuhrmann.

*Der helle Stern Aldebaran im Sternbild
Stier gehört nicht zu dem offenen
Sternhaufen der Hyaden, er steht nur
zufällig im Vordergrund.*

Zur Beobachtung offener Sternhaufen ist jedes
Fernglas geeignet. Bei ausreichender Vergrößerung sind die meisten offenen Sternhaufen in
ihre Einzelsterne „aufzulösen". Bei Kugelhaufen
ist das viel schwieriger: Um einzelne Sterne
trennen zu können, ist ein großes Amateurteleskop erforderlich, obwohl manche Kugelhaufen auch schon mit mittelgroßen Instru-

menten etwas mehr Struktur zeigen. Vornehmlich für Kugelsternhaufen muss man ein
lichtstarkes Teleskop verwenden, sodass auch
schwächere Außenbereiche des Haufens
sichtbar werden. In den Herbstmonaten ist
der Doppelsternhaufen im Sternbild Perseus
(h und Chi Persei) hoch oben am Himmel
ausgezeichnet zu sehen. Etwas mehr in Hori-
zontnähe, im Pegasus, ist der Kugelhaufen
M 15 zu finden. Im Winter sind die Plejaden
und die Hyaden im Stier die auffallendsten
Sternhaufen. Etwas weniger hell sind M 35 in
den Zwillingen und M 41 im Großen Hund.
Am Frühlingshimmel ist die Krippe (M 44) im
Sternbild Krebs der einzige helle offene
Sternhaufen. Im Sommer sind
die offenen Sternhaufen M 6
und M 7 zu sehen, tief über dem
Horizont im Sternbild Skorpion.
In den Sommermonaten können
außerdem drei helle Kugelsternhaufen beobachtet werden: M 4
im Skorpion, M 22 im Schützen
und M 13 im Sternbild Herkules.

Südlicher Kugelhaufen Amateurfoto
von Omega Centauri, einem
Kugelhaufen, der von Deutschland
aus nicht zu sehen ist.

DAS MILCHSTRASSENSYSTEM

Die Milchstraße am Himmel

An klaren, mondlosen Abenden ist am Sternenhimmel ein nebliges Lichtband zu sehen. Nach
der griechischen Mythologie ist diese lang
gezogene Bahn milchigweißen Lichts entstanden, als der gerade geborene Halbgott
Herakles (bei den Römern bekannt als Herkules)
so ungestüm trank, dass die Muttermilch
der Göttin Juno über den Himmel sprühte.
Seit Menschengedenken wird dieses Lichtband
die Milchstraße genannt.
In vielen Kulturen spielte die Milchstraße eine
wichtige Rolle in der Mythologie. Für die
Germanen war sie der Weg der verstorbenen
Seelen, auf dem die
gefallenen Krieger
nach Walhalla reisten.
Die Indianer hatten
ähnliche Vorstellungen:
Der himmlische Pfad
führte in das legendäre
Königreich Ponemah,
und die hellen Sterne
der Milchstraße waren
die Lagerfeuer der
Reisenden. In China
nannte man die Milchstraße *Tien ho*, den himmlischen Fluss. Die vielen Fische (die Sterne)
in diesem Fluss ergriffen die Flucht, wenn die

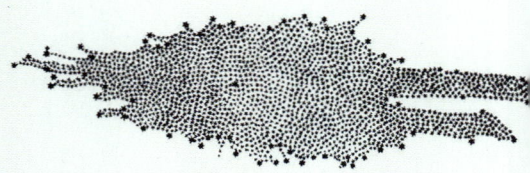

Herschels Milchstraße Zeichnung des
Milchstraßensystems nach William Herschel, Ergebnis
von Beobachtungen des Sternenhimmels.

hakenförmige schmale Mondsichel erschien; das
erklärt auch, warum die Milchstraße nicht gut
zu sehen ist, wenn der Mond am Himmel steht.
Die Milchstraße legt sich wie ein Gürtel um die
Himmelskugel (s. S. 50) und umschließt die
Erde von allen Seiten. Die eine Hälfte der Milchstraße befindet sich immer unterhalb des
Horizonts, und der südlichste Teil des Licht-
bandes ist von unseren Breitengraden niemals
zu sehen. Zudem ist die Milchstraße das ganze
Jahr hindurch nicht immer gleich gut sichtbar.
Im Frühjahr liegt sie abends tief über dem
nordwestlichen Horizont und fällt dadurch
kaum auf. Im Sommer steht sie höher über dem
Horizont und überdies ist ihr hellerer Teil zu
sehen. Im Herbst und im Winter steht die
Milchstraße hoch oben am Himmel, ist dort
jedoch etwas weniger hell.

*In Skandinavien heißt
die Milchstraße*
Vintergatan *(Winter-
weg), denn dort ist
sie besonders in den
langen Nächten
der Wintermonate
gut zu sehen.*

Mit einem Beispiel ist die Projektionsvorstellung leicht zu verdeutlichen: Wenn man sich nachts in einem Außenbezirk der Stadt befindet, in dem alle Mauern durchsichtig sind, sieht man die Lichter der übrigen Gebäude vor allem in einem Band leuchten, wobei eine starke Konzentration in Richtung Stadtzentrum zu beobachten ist. Schaut man nach oben oder unten, so sieht man nur eine geringe Zahl von Lichtern in der direkten Umgebung, z. B. in den obersten Etagen der Nachbarhäuser.

Für die Milchstraße gilt dasselbe: Die Sonne befindet sich in einem der Randbezirke einer abgeflachten Galaxie. Die anderen Sterne der Galaxie sehen wir insbesondere in einem Band um uns herum, wobei eine Konzentration in Richtung Milchstraßenzentrum festzustellen ist. Schauen wir in einer Richtung senkrecht auf dieses flache System, also „nach oben" oder „nach unten", dann sehen wir nur wenige Sterne in unserer direkten Umgebung.

Projektion

Im griechischen Altertum neigte man schon zu der Auffassung, dass die Milchstraße lediglich ein lang gezogenes Band zahlreicher schwacher, weit entfernter Sterne sei. Galileo Galilei beobachtete als Erster mit seinem selbst gebauten Teleskop einzelne Sterne der Milchstraße (s. S. 25), und William Herschel erkannte, dass die Milchstraße in Wirklichkeit die Projektion einer abgeflachten Galaxie ist, zu der auch die Sonne gehört.

> ### Tipp für Sterngucker
> *An einem dunklen, mondlosen Sommerabend ist im Sternbild Schwan ein lang gezogenes dunkles Staubband zu sehen, das die Milchstraße in zwei Teile teilt.*

Übrigens glaubten die Astronomen bis zu Beginn des 20. Jahrhunderts, dass die Sonne sich nahe dem Zentrum des Milchstraßensystems befinde, da die Sterndichte der Milchstraße in alle Richtungen mehr oder weniger gleich ist. Heute wissen wir, dass dies durch die Absorptionskraft interstellarer Staubwolken bewirkt wird.

Himmlisches Panorama 360°-Panorama der Milchstraße, erstellt aus vielen einzelnen Amateuraufnahmen.

DAS MILCHSTRASSENSYSTEM

Blick durch das Fernglas

In der Milchstraße gibt es immer etwas zu sehen. Man findet dort nicht nur helle Sterne, sondern auch zahllose Sternhaufen und Nebel. Außerdem gibt es schwache Sterne, die ab und zu so dicht beieinander stehen, dass man fast von hellen Sternwolken sprechen kann. Viele dieser Milchstraßenobjekte kann man schon mit einem Fernglas gut erkennen. Im Sternbild Kassiopeia, dem nördlichsten Punkt der Milchstraße, befinden sich einige offene Sternhaufen (s. S. 190). Die Milchstraße ist hier zwar nicht besonders hell, doch es wimmelt nur so von schwachen Sternen. Etwas weiter westlich, im nördlichen Teil des Schwan, ist die

Die schönsten Zeichnungen der Milchstraße schuf in der ersten Hälfte des 20. Jahrhunderts der Amsterdamer Astronom Anton Pannekoek.

Sightseeing im All Zahlreiche sehenswerte Nebel und Sternhaufen zeigt diese Amateuraufnahme der Milchstraße in den Sternbildern Skorpion und Schütze.

Sterndichte noch größer. Mit einem lichtstarken Fernglas sind dort auch ausgedehnte Emissionsnebel zu sehen (s. S. 189), u.a. der Nordamerika-Nebel, dicht neben dem hellen Stern Deneb. Mitten im Sommerdreieck, das aus den Sternen Deneb, Wega und Atair gebildet wird, ist die Milchstraße auffallend hell. Hier ist auch ein langes dunkles Staubband zu sehen, das sich weit nach Süden erstreckt. Im Sommerdreieck befindet sich der Hantel-Nebel (M 27), einer der größten Planetarischen Nebel überhaupt (s. S. 192). Das Sternbild Schild enthält nicht nur mehrere helle offene Sternhaufen, darunter M 11, sondern auch helle Sternwolken, die schon mit bloßem Auge gut zu sehen sind.

Staubiges Zentrum

Das Zentrum des Milchstraßensystems befinde sich in der Nähe der Sternbilder Schütze und Skorpion. Auch wenn das eigentliche Zentrum durch dicke Staubwolken verdeckt wird, so ist

Sommerlicher Glanz Amateurfoto der Milchstraße im Sommerdreieck mit den hellen Sternen Deneb, Wega und Atair.

Südliche Schönheit Amateuraufnahme des Kohlensack-Nebels im Sternbild Kreuz des Südens (links) und der helle Carina-Nebel im Schiffskiel (rechts).

die Milchstraße hier doch am eindrucksvollsten. Leider stehen beide Sternbilder in Deutschland nie hoch über dem Horizont und sind zudem nur im Sommer zu sehen, wenn es nicht vollkommen dunkel wird.

Eine der hellsten Sternwolken ist M 24 im Schützen. In unmittelbarer Nähe findet man auch auffallende Emissionsnebel: den Adler-Nebel (M 16), den Omega-Nebel (M 17), den Trifid-Nebel (M 20) und den Lagunen-Nebel (M 8). Auch zahlreiche Sternhaufen sind im Schützen und Skorpion zu sehen, z. B. die offenen Sternhaufen M 6, M 7 und M 23, und die Kugelhaufen M 4, M 22 und M 55 (s. S. 196). Weiter im Süden erstreckt sich die Milchstraße über die Sternbilder Zentaur, Kreuz des Südens, Schiffskiel, Segel und Puppis. Hier sind vor allem der dunkle Kohlensack-Nebel im Kreuz des Südens und der helle Eta-Carina-Nebel im Schiffskiel interessante Beobachtungsobjekte, und viele helle Sterne in diesem Bereich der Milchstraße bieten einen besonders prächtigen Anblick. Leider sieht man diesen Teil der Milchstraße nur auf der südlichen Halbkugel.

Wintermilchstraße

In den Wintersternbildern Großer Hund, Einhorn, Orion und Zwillinge ist die Milchstraße weniger hell als in den Sommersternbildern Schwan, Schütze und Skorpion. Doch sind hier

viele hellere Sterne und schöne offene Sternhaufen zu bewundern, darunter M 41 und M 35, und natürlich bekannte Sternentstehungsgebiete wie der Orion-Nebel (M 42) und der Rosetten-Nebel (NGC 2237). Weiter im Norden, im Sternbild Fuhrmann, befinden sich auch drei offene Sternhaufen (M 36, M 37 und M 38), während im Stier natürlich die hellen Plejaden und Hyaden zu sehen sind, die sich wie der Orion-Nebel außerhalb des eigentlichen Milchstraßenbandes befinden.

Im Sternbild Perseus schließlich erscheinen helle Sternwolken im direkten Umfeld des Sterns Algenib (α Persei). Zwischen den Sternen η und ζ Persei ist mit einem lichtstarken Teleskop der California-Nebel, ein lang gezogener Emissionsnebel zu sehen, und auf halbem Wege zwischen Perseus und Kassiopeia liegt der berühmte Doppelsternhaufen h und χ Persei, nördlich davon noch zwei Emissionsnebel.

California in Perseus Amateurfoto des California-Nebels, einem lang gestreckten Emissionsnebel im Sternbild Perseus.

Die Struktur des Milchstraßensystems

Unsere Galaxie, deren Projektion auf der Himmelskuppel die Milchstraße bildet (s. S. 200), ist eine große Spiralgalaxie. Von unserer Position aus, in den Randbezirken des Systems, ist von ihrer Struktur kaum etwas zu sehen. Durch die Beobachtung anderer Spiralgalaxien gewinnen Astronomen jedoch einen guten Eindruck vom Aufbau unseres eigenen Milchstraßensystems. Der amerikanische Astronom Harlow Shapley (1885–1972) leitete aus der Verteilung von Kugelsternhaufen am Himmel ab, dass sich die Sonne nicht im Zentrum des Milchstraßensystems befindet. Der Niederländer Jan Oort (1900–1992) und der Schwede Bertil Lindblad (1895–1965) wiesen 1927 nach, dass das Milchstraßensystem rotiert. Mit den niederländischen Radioteleskopen in Kootwijk und Dwingeloo wurde gegen Ende der 1950er Jahre die Spiral-

Das Milchstraßensystem umfasst schätzungsweise 100 Milliarden Sterne. Die meisten sind schwache Zwergsterne, die noch weniger Energie abstrahlen als die Sonne.

struktur des Milchstraßensystems entdeckt. Die flache Scheibe des Milchstraßensystems besitzt einen Durchmesser von etwa 100 000 LJ; die Sonne befindet sich in etwa 27 000 LJ Entfernung vom Zentrum und braucht für einen Umlauf 230 Millionen Jahre (das „galaktische Jahr"), wobei sie ca. 220 km/s zurücklegt. Die Dicke der Scheibe mit den auffälligen Spiralarmen beträgt etwa 1500 LJ. In den Spiralarmen ist am meisten Gas und Staub angesammelt, sodass hier auch die Sternbildungsaktivität am stärksten ist.

Neben jungen Sternen in dieser Scheibe (von den Astronomen Population-I-Sterne genannt) befinden sich im Milchstraßensystem auch viel ältere Sterne (Population II), die sich bevorzugt in einer etwas lang gezogenen Aufwölbung im Kern aufhalten. Dieser zentrale „Bauch" verleiht dem Milchstraßensystem das Aussehen eines doppelten Spiegeleis. Auch außerhalb des Zentrums gibt es Population-II-Sterne, in einem ausgedehnten, etwas kugelförmigen Halo, wo auch die Kugelsternhaufen (s. S. 196) zu finden sind.

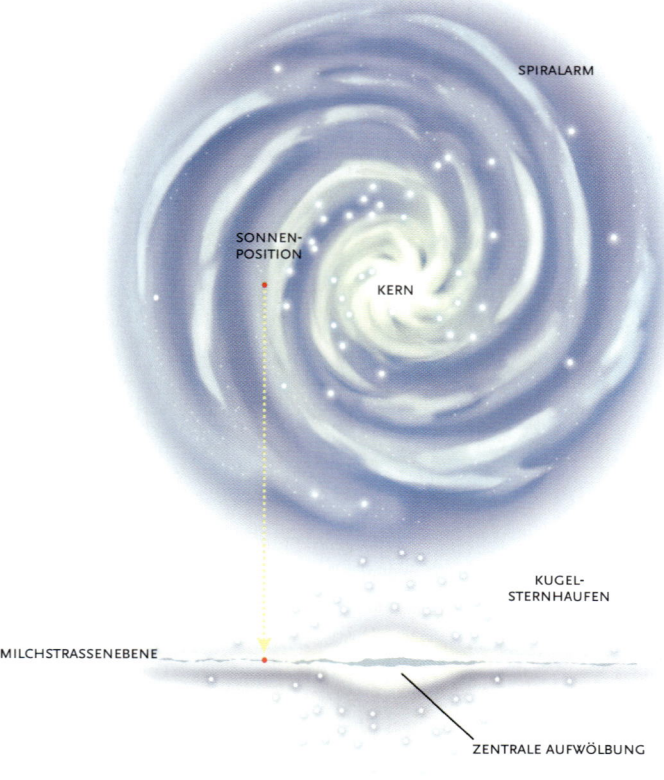

SPIRALARM

SONNEN-
POSITION

KERN

KUGEL-
STERNHAUFEN

MILCHSTRASSENEBENE

ZENTRALE AUFWÖLBUNG

Flache Scheibe Das Milchstraßensystem ist eine flache, rotierende Scheibe mit Sternen und einer zentralen Aufwölbung in einem ausgedehnten Halo.

Die Ökologie des Milchstraßensystems

Das Milchstraßensystem scheint eine statische Einheit zu sein, doch der Schein trügt. Würde die Zeit schneller ablaufen, könnten wir erkennen, dass es sich um ein dynamisches, zusammenhängendes System handelt, in dem kein einziges Objekt oder kein Vorgang losgelöst vom Ganzen gesehen werden kann.

Das Milchstraßensystem entstand in der Jugend des Weltalls aus einer großen, sich zusammenballenden Gaswolke (s. S. 218). Diese Wolke erfuhr später eine Abplattung durch die steigende Rotationsgeschwindigkeit.

Wie die Spiralstruktur entstanden ist, weiß man nicht genau, wahrscheinlich sind die Spiral-

Die Asymmetrie der Supernova-Explosionen hat zur Folge, dass Neutronensterne und Pulsare rasend schnell in eine Richtung „weggeschleudert" werden können.

arme Dichtewellen innerhalb der Scheibe, verursacht durch die Gezeitenkräfte kleiner Satellitengalaxien wie den Magellanschen Wolken (S. S. 206).

Bewegen sich Gas- und Staubwolken infolge der Rotation des Milchstraßensystems durch eine solche Dichtewelle, werden sie stärker

zusammengepresst, was die Entstehung neuer Sterne auslöst.

In den Spiralarmen befinden sich daher auch die meisten Sternentstehungsgebiete und junge offene Sternhaufen.

Den schwersten Sternen in einem solchen Sternhaufen ist nur ein kurzes Leben vergönnt (s. S. 185). Sie zerbersten Millionen Jahre später in heftigen Supernova-Explosionen, wobei Schockwellen und neue Verdichtungen in der sie umgebenden Materie entstehen. Diese Reaktionen regen wiederum zur Bildung neuer Sterne an.

Schließlich kommt die Sternbildungsaktivität zum Stillstand, in einem anderen Teil des Milchstraßensystems jedoch hat derselbe Prozess schon wieder begonnen. Die Überreste der erloschenen Sterne – Weiße Zwerge (s. S. 184), Neutronensterne, Pulsare (s. S. 186) und Schwarze Löcher (s. S. 187) – verteilen sich allmählich in der gesamten Galaxie und sind kaum noch am kosmischen Kreislauf beteiligt.

Staub und Gas Sternexplosionen verursachen Schockwellen in kühlen Staub- und Wasserstoffgaswolken auf der Fläche des Milchstraßensystems.

Satelliten der Milchstraße

Als der portugiesische Entdecker Fernando de Magellan (1480–1521) 1519 die Südspitze Südamerikas umschiffte, sah er am nächtlichen Sternenhimmel zwei große, bizarr geformte Nebelflecken, die seitdem die Magellanschen Wolken heißen. Die Große Magellansche Wolke befindet sich im Sternbild Goldfisch, die Kleine Magellansche Wolke im Tukan, genau zwischen dem hellen Stern Achernar und dem südlichen Himmelspol. Die Wolken sehen aus wie kleine, aus der Milchstraße herausgerissene Fetzen. Die Magellanschen Wolken sind Begleitgalaxien des Milchstraßensystems: kleine, unregelmäßige

Die Große Magellansche Wolke wurde schon 964 von dem arabischen Astronomen al-Sûfî (s. S. 16) beschrieben; man sieht sie von Südarabien aus.

Kleiner Bruder Die Kleine Magellansche Wolke, darüber der große Kugelhaufen 47 Tucanae, der Teil unseres Milchstraßensystems ist.

Sternsysteme in einer Entfernung von 160 000 und 210 000 LJ. Die Sonnenmasse passt ca. 10 Milliarden mal in die Große Magellansche Wolke und in die viel kleinere und leichtere Kleine Magellansche Wolke etwa 1 Milliarde mal. Zur Großen Magellanschen Wolke gehört der Tarantel-Nebel, das größte bekannte Sternentstehungsgebiet im All. Hier explodierte im Februar

1987 eine helle Supernova, die mit bloßem Auge sichtbar war.

Die Kleine Magellansche Wolke enthält viele Nebel und Sternhaufen. Aus der Untersuchung der Cepheiden in der Kleinen Magellanschen Wolke – einem besonderen Typ veränderlicher Sterne (s. S. 180) – leitete Henrietta Leavitt 1912 die Perioden-Helligkeits-Beziehung ab, die heute Grundlage der kosmologischen Entfernungsskala (s. Kasten) ist. Nahe bei der Kleinen Magellanschen Wolke befindet sich der Kugelsternhaufen 47 Tucanae, der jedoch Teil unserer eigenen Galaxie ist.

Die Magellanschen Wolken ziehen in unregelmäßigen Ellipsenbahnen um das Milchstraßen-

Nachbar von nebenan Die Große Magellansche Wolke, ein unregelmäßig geformter Begleiter des Milchstraßensystems. Links der helle Tarantel-Nebel.

DAS MILCHSTRASSENSYSTEM

Unscheinbarer Zwerg
**Die schwachen Sternchen auf
diesem Foto gehören zu einer
kleinen Zwerggalaxie im südlichen
Sternbild Luftpumpe.**

die Beobachtungen, die man
bei einem Sagittariuszwerg,
einem kleinen elliptischen Begleiter des Milchstraßensystems
machte, der 1994 im Sternbild
Schütze entdeckt wurde. Der
Sagittariuszwerg (offiziell
SagDEG = Sagittarius Dwarf
Elliptical Galaxy) ist durch
die Gezeitenkräfte der Milchstraße so stark verformt, dass
er kaum noch als Galaxie zu
erkennen ist. Losgerissene
Sterne haben sich im Lauf der
Zeit in einem gigantischen
Bogen am Himmel verteilt.

Außer SagDEG und den Magellanschen Wolken
begleiten noch neun Zwerggalaxien das Milchstraßensystem, meist mit einem Durchmesser
von nicht mehr als 1000 LJ (s. S. 210). Alle
zwölf – in Zukunft werden wahrscheinlich noch
mehr entdeckt – bewegen sich im Gravitationsfeld der Milchstraße und in sehr ferner Zukunft
werden sie Stück für Stück vom Milchstraßensystem verschlungen worden sein.

Dass dies schon in der Vergangenheit regelmäßig passiert ist, beweist die Entdeckung von
„Sternströmen" und „Ringen"
im Milchstraßensystem, lang
gezogenen Strukturen von
Sternen, die alle etwa dasselbe
Alter haben, deren Geschwindigkeit und Bewegungsrichtung
sich jedoch von den Umge-
bungssternen abhebt. Auch
der interessante große Kugelsternhaufen Omega Centauri,
der etwa fünf Millionen einzelne Sterne enthält, könnte
der dichte Kern eines aus-
einandergerückten Satelliten-
systems sein.

system herum. Dabei werden sie ganz allmählich
durch die Gezeitenkräfte auseinandergetrieben.
So entstand der Magellansche Strom: ein im-
mens lang gezogener Schleier von Wolken neutralen Wasserstoffgases, der mit Radioteleskо-
pen sichtbar gemacht werden konnte. In einigen
Milliarden Jahren werden diese beiden kleinen Galaxien vom Milchstraßensystem verschluckt sein.

Zwölf Zwerge

Dass kleine Satellitengalaxien tatsächlich von
der Milchstraße verschlungen werden, beweisen

Die Perioden-Helligkeits-Beziehung

Die amerikanische Sternkundlerin Henrietta Leavitt (1868–1921)
entdeckte 1912, dass zwischen der Periode und der durchschnittlichen absoluten Helligkeit (Leuchtkraft) veränderlicher Sterne des
Cepheiden-Typs eine Beziehung besteht: Je mehr Energie der Stern
ausstrahlt, umso länger ist die Lichtveränderungsperiode. Mit
dieser Perioden-Helligkeits-Beziehung ist die Entfernung von jedem
Cepheiden leicht zu berechnen. Aus der beobachteten Periode kann
man die absolute Helligkeit ableiten, und indem man diese mit
der beobachteten, scheinbaren Helligkeit vergleicht, lässt sich die
Entfernung berechnen. Die Entfernung aller nahe gelegenen Galaxien
wird mit dieser Methode bestimmt, indem man die einzelnen
Cepheiden in dem System beobachtet.

Dunkle Materie und der Halo des Milchstraßensystems

Außer Sternen, Gasnebeln und Sternhaufen befinden sich im Milchstraßensystem große Mengen geheimnisvoller dunkler Materie. Das geht aus Messungen der Geschwindigkeiten von Gaswolken hervor, die weit vom Zentrum entfernt sind. Die dunkle Materie ist wahrscheinlich in einem riesigen kugelförmigen Gebiet verteilt, das wie ein Halo die Galaxie umhüllt. Man weiß jedoch kaum, wie diese dunkle Materie zu bewerten ist. Der niederländische Astronom Jan Oort machte bereits 1932 auf die Existenz dunkler Materie in der direkten Umgebung der Sonne aufmerksam. Die vertikalen Geschwindigkeiten von Sternen,

> *Schwere Objekte im Milchstraßenhalo werden MACHOs genannt:*
> **MAssive Compact Halo Objects.**

die senkrecht auf die Fläche des Milchstraßensystems auftreffen, sind nämlich größer, als man dies aufgrund der Schwerkraft von bekannten Sternen und Gaswolken angenommen hätte. Spätere Radiobeobachtungen der Wolken neutralen Wasserstoffgases bestätigten die Schlussfolgerungen von Oort. So wurde auch in fast allen anderen Galaxien die Existenz großer Mengen dunkler Materie nachgewiesen.

Doch nicht allein aufgrund von Beobachtungen nimmt man an, dass das Milchstraßensystem von einem dunklen Halo umhüllt ist, sondern es gibt auch theoretische Argumente. Man hat berechnet, dass die dünne, rotierende Scheibe einer Spiralgalaxie wie der Milchstraße nicht stabil ist, es sei denn, sie sei in einen weitgehen[d] kugelförmigen Halo dunkler Materie eingebettet. Ein Teil der dunklen Materie im Milchstraßenhal[o] besteht vielleicht aus kühlen dunklen Objekten, wie z. B. erloschenen Weißen Zwergen, ins Trudel[n] geratenen Planeten oder Schwarzen Löchern. Au[s] Geschwindigkeitsmessungen ergibt sich jedoch,

Ein „Macho" wird erwischt Die dunkle Materie im Milchst[ra]ßenhalo besteht teilweise aus sehr schwachen Zwergstern[en]

dass die Gesamtmenge dunkler Materie sehr vi[el] größer sein muss, als es mit diesen Objekten je[mals] erklärt werden könnte. Daher neigt man allgemei[n] zu der Auffassung, dass Galaxien wie das Milch[-] straßensystem von ausgedehnten Halos mit ge[-] heimnisvollen Elementarteilchen umgeben sind, die zwar Anziehungskraft auf ihre Umgebung au[s]üben, doch darüber hinaus in keinerlei Wechsel[-] beziehung zu der „normalen" Materie stehen, au[s] der sich Sterne und Planeten zusammensetzen.

Schnelle Rotation Die Außenbereiche von Galaxien rotieren schneller als man erwartet. Daraus folgert man, dass diese Galaxien viel dunkle Materie enthalten.

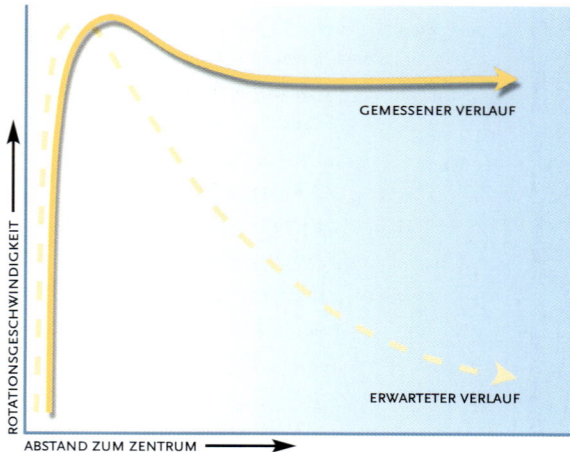

GEMESSENER VERLAUF

ERWARTETER VERLAUF

ROTATIONSGESCHWINDIGKEIT

ABSTAND ZUM ZENTRUM

Ein Schwarzes Loch im Kern des Milchstraßensystems

Das Zentrum des Milchstraßensystems ist mit optischen Teleskopen nicht zu sehen: Es wird durch interstellare Staubwolken verdunkelt. Mit Radio- und Infrarotteleskopen gelang es jedoch, den Staub zu durchdringen und die Erscheinungen im Milchstraßenzentrum zu untersuchen. Die diesbezügliche Forschung hat ergeben, dass sich im Innern ein superschweres Schwarzes Loch verbirgt, das etwa 2 $\frac{1}{2}$ Millionen mal schwerer als die Sonne ist. Erste Hinweise auf das Vorliegen des Schwarzen Lochs im Zentrum der Galaxie fand man bereits Mitte des 20. Jahrhunderts, als die Astronomen eine helle Radioquelle im Sternbild Schütze ent-

schwindigkeit um das Milchstraßenzentrum schwärmen. Sie sind nur mit großen Teleskopen und empfindlichen Infrarotdetektoren auszumachen. Im Laufe einiger Jahre wird man feststellen können, wie die Sterne ihre Position mit Geschwindigkeiten von einigen 1000 km/s ändern und aus den beobachteten Bahnbewegungen kann dann die Masse der Objekte berechnet werden, um die sie kreisen. Diese Masse scheint 2,6 Millionen mal so schwer zu sein wie die Sonne. Da das Objekt im Zentrum kleiner sein muss als unser Sonnensystem, ist ein riesiges Schwarzes Loch die einzige plausible Erklärung.

> *Das Schwarze Loch im Milchstraßenzentrum befindet sich in einem sicheren Abstand von 27 000 LJ. Sonne und Erde sind also nicht in Gefahr.*

deckten. Die fast punktförmige Strahlenquelle wird heute Sgr A* genannt (Sagittarius A-Stern). Sie fällt exakt mit dem dynamischen Zentrum des Milchstraßensystems zusammen. Die Radiostrahlung stammt vermutlich aus dem direkten Umfeld eines schweren Schwarzen Lochs. Überzeugender noch sind die jüngsten Beobachtungen von hellen Sternen, die mit hoher Ge-

Herumschwirrende Sterne Der markierte Stern zieht in 15 Jahren einmal in einer kleinen Ellipsenbahn um das unsichtbare Schwarze Loch im Milchstraßenzentrum.

Im Gegensatz zu den superschweren Schwarzen Löchern in vielen anderen Galaxien sendet das Schwarze Loch im Zentrum des Milchstraßensystems fast keine Röntgenstrahlung aus. Dies legt die Vermutung nahe, dass es momentan „auf Diät" ist und nicht oder kaum Materie aus seiner Umgebung aufsaugt.

Aktives Zentrum Röntgenaufnahme aus dem Innern der Milchstraße. Im Zentrum befindet sich ein massereiches Schwarzes Loch.

Die Lokale Gruppe

Dem amerikanischen Astronomen Edwin Hubble gelang es zu Beginn des 20. Jahrhunderts als Erstem, einzelne Sterne der Andromeda-Galaxie (M 31) zu fotografieren. Seither ist unumstritten, dass der Andromeda-Nebel nicht zu unserer eigenen Galaxie gehört, sondern eine ähnliche Ansammlung vieler Milliarden Sterne in riesiger Entfernung ist. Auch im Dreiecks-Nebel (M 33) konnten einzelne Sterne beobachtet werden. Bei den meisten anderen „Spiralnebeln", die Hubble untersuchte, gelang dies jedoch nicht. Er kam daher zu dem Schluss, dass das Milchstraßensystem Teil einer kleinen, recht kompakten Gruppe von Galaxien ist. Diese Gruppe mit einem

Eindrucksvolle Spirale Sterne, Staubwolken und Spiralarme der Andromeda-Galaxie, dem nächsten großen Nachbarn der Milchstraße.

Durchmesser von etwa 10 Millionen LJ wird heut die Lokale Gruppe genannt.

Die Milchstraße und die Andromeda-Galaxie sind die weitaus größten, hellsten und masse-reichsten Mitglieder der Lokalen Gruppe. M 33 ist eine Idee kleiner und schwächer und umfass viel weniger Sterne. Zur Lokalen Gruppe gehöre außerdem noch etwa 40 kleine Zwerggalaxien. Einige dieser Zwerggalaxien bewegen sich auf Bahnen um eines der größeren Gruppenmitglie der. So wird das Milchstraßensystem von zwölf

> *Tipp für Sterngucker*
> Die Andromeda-Galaxie und M 33 liegen beidseitig des hellen Sterns Mirach (β Andromedae).
> Weiß man dies, so ist M 33 leicht zu finden.

Gute Nachbarschaft 3D-Karte der Galaxien der Lokalen Gruppe. Das Milchstraßensystem und der Andromeda-Nebel sind die größten.

SEXTANS A SEXTANS B

NGC 3109
ANTLIA

LEO A

LEO I
LEO II

MILCHSTRASSENSYSTEM

IC 10
NGC 205
M 32
ANDROMEDA-NEBEL (M31)
ANDROMEDA I
ANDROMEDA III

PHOENIX NGC 6822

SEXTANS ZWERG
URSA MINOR
DRACO

IC 1613

PEGASUS

TUCANA CETUS

CARINA
GROSSE MAGELLANSCHE WOLKE
SAGDEG IN CMA
SCULPTOR

NGC 147
NGC 185
DREIECKS-NEBEL (M33)
LGS 3

WOLF-LUNDMARK

KLEINE MAGELLANSCHE WOLKE
FORNAX

AQUARIUS

SAGDEG

ANDROMEDA II

Zwerggalaxien begleitet, von denen die Große und die Kleine Magellansche Wolke die beiden größten sind (s. S. 206).

Auch zum Andromeda-Nebel gehören zwei relativ große und eine Reihe kleiner Satellitengalaxien, während eine der Zwerggalaxien in der Lokalen Gruppe wahrscheinlich ein Begleiter des Dreiecks-Nebels (M33) ist. Es gibt jedoch auch Zwerggalaxien, die einsam oder in kleinen Grüppchen überleben.

Die nächsten Nachbarn

Die Andromeda-Galaxie (M 31) und M 33 sind die nächsten großen Nachbarn unserer Milchstraße. Sie stehen dicht zusammen am Himmel und sind im Herbst am besten zu sehen. Die Andromeda-Galaxie ist in einer klaren, mondlosen Nacht mit bloßem Auge sichtbar, doch will man M 33 sehen, so ist zumindest ein Fernglas notwendig.

Bei M 31 handelte es sich um eine eindrucksvolle Spiralgalaxie in ca. 2,9 Millionen LJ Entfernung, auf die wir schräg von oben blicken. Auf lang belichteten Fotos sind die eindrucksvollen Spiralarme zu sehen und auch die zentrale Wölbung sowie die dunklen Staubwolken in der Scheibe der Galaxie. M 31 zählt etwa 300 Kugelsternhaufen, von denen der hellste, G1 genannt, größer und massereicher ist als Omega Centauri, der größte Kugelhaufen im Milchstraßensystem. Der Andromeda-Nebel wird von zwei kleinen elliptischen Galaxien, M 32 und M 110, flankiert, die bereits mit einem kleinen Teleskop zu sehen sind.

M 33, im Sternbild Dreieck, ist kleiner und schwächer – etwa halb so groß wie das Milchstraßensystem. Die Entfernung beträgt ca. 3 Millionen LJ. Im Gegensatz zur Milchstraße und dem Andromeda-Nebel besitzt M 33 wahrscheinlich kein superschweres Schwarzes Loch im Zentrum, Messungen der Geschwindigkeiten von Sternen ergaben zumindest nichts. In einem der Spiralarme der Galxie gibt es allerdings ein gigantisches Sternentstehungsgebiet, NGC 604.

Die Lokale Gruppe ist ein stabiles System. Die Galaxien bewegen sich auf recht chaotischen Bahnen im wechselseitigen Gravitationsfeld. Einige Zwerggalaxien sind vor langer Zeit wahrscheinlich aus der Gruppe hinausgetrudelt, andere wurden von größeren Galaxien verschluckt. In ferner Zukunft werden die Milchstraße und der Andromeda-Nebel auch zusammenstoßen und möglicherweise zu einer einzigen großen elliptischen Galaxie verschmelzen (s. S. 222).

DIE HELLSTEN MITGLIEDER DER LOKALEN GRUPPE

GALAXIE	TYP*	ENTFERNUNG IN LJ	EINZELHEITEN
Andromeda-Nebel (M 31)	S	2,9 Mio.	Größtes System der Lokalen Gruppe
Milchstraßensystem	S	–	Unsere Heimatgalaxie
Dreiecks-Nebel (M 33)	S	3 Mio.	
Große Magellansche Wolke	Irr	160 000	Begleiter des Milchstraßensystems
IC 10	Irr	2,7 Mio.	
NGC 6822	Irr	1,8 Mio.	
M 32	E	2,9 Mio.	Begleiter von M 31
M 110	E	2,9 Mio.	Begleiter von M 31
Kleine Magellansche Wolke	Irr	210 000	Begleiter des Milchstraßensystems
NGC 3109	Irr	4 Mio.	
NGC 185	E	2 Mio.	Begleiter von M 31
IC 1613	Irr	2,5 Mio.	
NGC 147	E	1,9 Mio.	Begleiter von M 31
Sextans	A	Irr	4,8 Mio.
Sextans	B	Irr	4,2 Mio.
WLM (Wolf-Lundmark-Melotte)	Irr	3 Mio.	
SagDEG	dE	80 000	Begleiter des Milchstraßensystems
Fornax	dE	450 000	
Pegasus	Irr	2,5 Mio.	
And VII	dE	2,5 Mio.	Begleiter von M 31
Leo I	dE	900 000	Begleiter des Milchstraßensystems
Leo A	Irr	2,2 Mio.	
And II	dE	2,2 Mio.	Begleiter von M 31
And I	dE	2,5 Mio.	Begleiter von M 31
And VI	dE	2,5 Mio.	Begleiter von M 31

* S = Spiralgalaxie, E = Elliptische Galaxie, Irr = Unregelmäßige Galaxie, d = Zwerggalaxie

6 Das Weltall

17. Galaxien

18. Die Evolution des Weltalls

19. Leben im Weltall

Bekanntschaft mit Sternsystemen

Sternsysteme bzw. Galaxien sind in gewissem Sinne die Bausteine des Weltalls. Sie sind große Ansammlungen von vielen Milliarden Sternen, die durch die Schwerkraft zusammengehalten werden. Viele Galaxien enthalten auch große Molekülwolken, Sternentstehungsgebiete, offene Sternhaufen und Kugelsternhaufen, Nebel, Pulsare und Schwarze Löcher. Eigentlich trifft man dort alle Arten astronomischer Objekte an. Der Raum zwischen den Galaxien ist praktisch leer. Ende des 19. Jahrhunderts wurde von einigen Astronomen bereits spekuliert, dass die unzähligen Spiralnebel, die mit Teleskopen am Ster-

Die Zahl der Galaxien im Weltall ist nicht genau bekannt, sie wird auf 100 bis 200 Milliarden geschätzt.

nenhimmel zu beobachten sind, in Wirklichkeit extragalaktische Systeme sind (extragalaktisch bedeutet: außerhalb des Milchstraßensystems gelegen). Andere Astronomen glaubten jedoch, dass aus rotierenden Nebeln in unserem eigenen Milchstraßensystem neue Sterne entstehen.

Im April 1920 kam es in Washington zu einer großen öffentlichen Debatte zwischen den amerikanischen Astronomen Harlow Shapley und Heber Curtis über das wahre Wesen der Spiralnebel. Shapley verteidigte die „lokale" Hypothese, Curtis die „extragalaktische". Einen klaren Gewinner gab es nicht. Erst 1923 gelang es Edwin Hubble, einzelne Sterne im Andromeda-Nebel zu trennen. Damit stand definitiv fest, dass Spiralnebel extragalaktische Objekte sind, vergleichbar mit unserem eigenen Milchstraßensystem.

Die Erforschung der Galaxien ist eines der wichtigsten Teilgebiete der modernen Astronomie. Durch das Studium von Struktur, Inhalt und Evolution anderer Galaxien gewinnt die Astronomie einen tieferen Einblick in die Natur unseres eigenen Milchstraßensystems. Außerdem liefert die Erforschung ferner Galaxien und deren Verteilung im Weltall Informationen über die Entwicklung des Kosmos.

Tipp für Sterngucker
Der Andromeda-Nebel, 2,9 Millionen LJ von uns entfernt, ist das am weitesten entfernte Objekt, das mit bloßem Auge sichtbar ist.

Staubige Spirale
Dunkle Staubwolken sind typisch für die Spiralarme von NGC 4414, einer Galaxie im Sternbild Haar der Berenike.

Typen von Galaxien

Galaxien gibt es in den verschiedensten Arten und Größen. Man kann sie in groben Zügen in zwei Gruppen einteilen: in Spiralgalaxien und elliptische Galaxien. Unser Milchstraßensystem und der Andromeda-Nebel sind die bekanntesten Beispiele für eine Spiralgalaxie. Das Sternsystem M 87 im Sternbild Jungfrau ist ein bekanntes Beispiel für eine elliptische Galaxie. Spiralgalaxien (Typ S) bestehen aus drei Komponenten: einer flachen, rotierenden Scheibe mit gas- und staubreichen Spiralarmen, in denen sich die stärkste Sternentstehungsaktivität zeigt, eine zentrale „Verdickung" von älteren Sternen

galaxien. Elliptische Galaxien gibt es in sehr verschiedenen Formen und Größen: von kugelrund (E0) bis hin zu sehr lang gezogen (E9), von klei-

Edwin Hubble (1889–1953) stellte als Erster Kategorien für die unterschiedlichen Galaxien auf. Er glaubte, sie verändern im Laufe ihres Lebens ihren Typ.

nen Zwerggalaxien bis hin zu riesigen Galaxien mit vielen Billionen Sternen.

und ein ausgedehnter Halo mit dunkler Materie und Kugelsternhaufen. Spiralgalaxien werden unterteilt in die Typen Sa, Sb und Sc, je nachdem, ob die Spiralarme sehr straff „aufgewickelt" sind (Sa) oder aber sehr locker sind (Sc).
Bei vielen Spiralgalaxien ist die zentrale Verdickung länglich. Über den Ursprung eines solchen „zentralen Balkens" ist wenig Gesichertes bekannt. Von diesen Balkenspiralgalaxien (SB) gibt es ebenfalls drei Arten: SBa, SBb und SBc.
Elliptische Galaxien (Typ E) sind dreidimensionale Ansammlungen fast ausschließlich von Sternen, die kaum interstellares Gas enthalten. Die Sterne bewegen sich nicht so geordnet wie in Spiral-

Verschiedene Typen Drei Typen von Galaxien: eine Spirale (links), eine Balkenspirale und eine elliptische Galaxie.

Die linsenförmigen Galaxien (Typ S0) sind eine Mischung zwischen Spiralgalaxien und elliptischen Galaxien. Sie verfügen zwar über eine spiralförmige Scheibe, doch bestehen sie nahezu vollständig aus einer abgeflachten zentralen Verdickung, die große Ähnlichkeit mit elliptischen Galaxien hat. Schließlich gibt es noch viele unregelmäßige Systeme (Typ Irr, *irregular*): meist recht kleine Ansammlungen von einigen hundert Millionen Sternen mit kaum bemerkenswerter Struktur.

DAS WELTALL

Galaxien im Visier

Der Andromeda-Nebel und die Magellanschen Wolken (s. S. 206) sind die einzigen Galaxien, die mit bloßem Auge zu sehen sind, unter idealen Bedingungen ist allerdings auch M 33 (Dreiecks-Nebel) ohne optische Hilfe zu sehen. Leider stehen die Magellanschen Wolken für den Beobachter in Europa immer unterhalb des Horizonts. Mit einem lichtstarken Fernglas oder einem kleinen Amateurteleskop sind einige Dutzend Galaxien zu beobachten. Vorzugsweise sollte man ein lichtstarkes Teleskop mit relativ geringer Brennweite verwenden: Galaxien sind keine punktförmigen Quellen wie Sterne, ihre Oberflächenhelligkeit ist oft gering. Die meisten Galaxien erscheinen in einem kleinen Teleskop als unbedeutende, verschwommene Lichtflecken, und dabei ist von einer möglichen Spiralstruktur nichts festzustellen.

Der Andromeda-Nebel mit seinen zwei elliptischen Begleitern (M 110 ist schon mit einem kleinen Teleskop zu sehen) und der Dreiecks-Nebel sind beide im Herbst am besten zu sehen. Zur Beobachtung anderer Galaxien ist jedoch

Mexikanisches Profil Der Sombrero-Nebel (M 104) im Sternbild Jungfrau in Seitenansicht; der Nebel verdankt seinen Namen dem dunklen Staubband.

der Frühling die geeignetste Jahreszeit. Die Milchstraße liegt dann tief über dem Horizont. In Richtung Zenit schauen wir daher fast senkrecht zur Milchstraßenfläche ins Weltall hinaus, sodass die Sicht auf sehr entfernte Galaxien nicht behindert wird. Wir blicken dann auch in Richtung des Virgo-Haufens, einer gigantischen Anhäufung von Galaxien in einer Entfernung von Abermillionen LJ.

Spiralen, Strudel und Sombreros

Die hellste Galaxie am Frühlingshimmel ist M 81 im Sternbild Großer Bär. Es handelt sich um eine riesige Spiralgalaxie in 12 Millionen LJ Entfernung. Nördlich davon befindet sich die unregelmäßige Galaxie M 82, die etwas schwächer, doch wegen ihrer starken Sternbildungsaktivität im Zentrum besonders interessant ist. Nordöstlich des Sterns Mizar befindet sich die helle Spiralgalaxie M 101. Nahe beim Stern Benetnasch (η Ursae Majoris), im Stern-

> **Tipp für Sterngucker**
> *Zur Beobachtung von Galaxien verwendet man am besten ein großes lichtstarkes Fernglas oder ein lichtstarkes Teleskop mit relativ geringer Vergrößerung.*

Naher Riese M 81 im Sternbild Großer Bär ist eine relativ nahe gelegene Spiralgalaxie.

Gestörter Strudel Eine vorbeiziehende Nachbargalaxie stört die symmetrische Spiralstruktur des Strudel-Nebels (M 51) im Sternbild Jagdhunde.

elliptischen Galaxien M 49, M 87 und M 86. An der Grenze zwischen den Sternbildern Jungfrau und Rabe, einige Grad westlich des hellen Sterns Spika, ist der Sombrero-Nebel zu finden (M 104), eine Spiralgalaxie von der Seite gesehen, die wegen ihres dunklen zentralen Staubbands bekannt ist. Man kann es allerdings nur mit einem großen Teleskop sehen.

bild Jagdhunde, liegt der berühmte Strudel-Nebel (M 51), eine von oben gesehene Spiralgalaxie. Seine Entfernung beträgt 37 Millionen LJ. Etwas heller ist die kompakte Galaxie M 94, nahe dem Stern Cor Caroli (α Canum Venaticorum).

Weiter südlich, im Grenzgebiet der Sternbilder Haar der Berenike und Jungfrau, sind mit einem starken Teleskop Dutzende Galaxien zu finden, die alle zum Virgo-Haufen gehören. Die hellsten Exemplare sind die Spiralgalaxie M 64 und die

Auch im Frühlingssternbild Löwe stehen einige Galaxien, die schon mit einem kleinen Teleskop

> *Den Strudel-Nebel (M 51) im Sternbild Jagdhunde identifizierte William Parsons 1845 als ersten Nebel mit Spiralstruktur.*

zu sehen sind. Am schönsten ist das Trio M 65, M 66 und NGC 3628, zwischen den Sternen δ und ι Leonis. Etwas weiter westlich findet man noch ein Trio: M 95, M 96 und M 105. Die zwei Gruppen befinden sich in Entfernungen von 35 bzw. 38 Millionen LJ.

HELLE GALAXIEN

GALAXIE	STERNBILD	HELLIGKEIT	SCHEINBARE GRÖSSE	ENTFERNUNG IN LJ
M 31 (Andromeda-Nebel)	Andromeda	$3^{m}_{.}4$	178' x 63'	2,9 Mio.
M 33 (Dreiecks-Nebel)	Dreieck	$5^{m}_{.}7$	73' x 45'	3,0 Mio.
M 49	Jungfrau	$8^{m}_{.}4$	9' x 7,5'	60 Mio.
M 51 (Strudel-Nebel)	Jagdhunde	$8^{m}_{.}4$	11' x 7'	37 Mio.
M 64	Haar der Berenike	$8^{m}_{.}5$	9,3' x 5,4'	19 Mio.
M 65	Löwe	$9^{m}_{.}3$	8' x 1,5'	35 Mio.
M 66	Löwe	$8^{m}_{.}9$	8' x 2,5'	35 Mio.
M 81	Großer Bär	$6^{m}_{.}9$	21' x 10'	12 Mio.
M 82	Großer Bär	$8^{m}_{.}4$	9' x 4'	12 Mio.
M 86	Jungfrau	$8^{m}_{.}9$	7,5' x 5,5'	60 Mio.
M 87	Jungfrau	$8^{m}_{.}6$	7' x 7'	60 Mio.
M 94	Jagdhunde	$8^{m}_{.}2$	7' x 3'	14,5 Mio.
M 95	Löwe	$9^{m}_{.}7$	4,4' x 3,3'	38 Mio.
M 96	Löwe	$9^{m}_{.}2$	6' x 4'	38 Mio.
M 101	Großer Bär	$7^{m}_{.}9$	22' x 22'	27 Mio.
M 104 (Sombrero-Nebel)	Jungfrau	$8^{m}_{.}0$	9' x 4'	50 Mio.
M 105	Löwe	$9^{m}_{.}3$	2' x 2'	38 Mio.
M 110	Andromeda	$8^{m}_{.}5$	17' x 10'	2,9 Mio.
NGC 3628	Löwe	$9^{m}_{.}5$	14' x 3,6'	35 Mio.

Entstehung und Evolution

Über die Entstehung von Galaxien ist weit weniger bekannt als über die Entstehung der Sterne. Überall im Milchstraßensystem werden noch immer große Mengen neuer Sterne geboren (s. S. 182). Die verschiedenen Stadien des Sternentstehungsvorgangs können in allen Einzelheiten beobachtet werden. Die meisten Galaxien sind jedoch bereits vor Milliarden von Jahren entstanden, in frühester Jugend des Weltalls. Um Zeuge dieses Prozesses sein zu können, müssen Astronomen in diese Zeit zurückblicken, indem sie Objekte in Milliarden Lichtjahren Entfernung (s. S. 224) beobachten. Eines steht fest: Galaxien sind aus gewaltigen Wolken von Materie entstanden, die sich unter Einwirkung ihrer eigenen Schwerkraft zusammenzogen und immer schneller rotierten. Die sich zusammenballenden Wolken bestanden größtenteils aus dunkler Materie (s. S. 208), doch sie enthielten

Die allerersten Sterne und somit auch die allerersten Galaxien entstanden wahrscheinlich bereits nach dem Urknall vor 200 Millionen Jahren.

auch viel Wasserstoff- und Heliumgas, aus dem schon bald die ersten Sterne entstanden. Möglicherweise vollzog sich die Geburt spiralförmiger Galaxien in verschiedenen Phasen. Zuerst entstanden die zentralen „Verdickungen" und die Kugelsternhaufen, in ihnen finden sich die ältesten Sterne. Auch die ausgedehnten Halos dunkler Materie wurden in diesem Anfangsstadium gebildet. Erst später entstanden die stark abgeflachten Scheiben, in denen die Sternbildungsaktivität am größten ist.

Zweifellos sind in der Jugend des Weltalls auch zahlreiche elliptische Galaxien entstanden. Sie wurden jedoch auch noch in einem viel späteren Stadium, bei der Verschmelzung zweier Spiralgalaxien (s. S. 222), gebildet. Übrigens weisen fast alle großen Galaxien Anzeichen von Kannibalismus auf: Auch Spiralgalaxien verschlingen ihre kleinen Begleiter, was dazu führt, dass sie im Laufe von Milliarden Jahren größer und massereicher werden.

Um die Evolution von Galaxien zu erforschen, ist die Astronomie nahezu ganz auf Computersimulationen (s. S. 46) angewiesen. Auf diese Weise wurde u. a. entdeckt, dass Spiralgalaxien vorübergehend einen zentralen Balken bilden und Millionen Jahre als Balkenspirale (s. S. 215) überdauern können.

Es werde Licht Bei der Geburt der ersten Galaxien, hier eine künstlerische Impression, entstanden helle Sterne und riesige Sternhaufen.

Aktive Galaxien und Quasare

Anfang der 1960er Jahre wurden geheimnisvolle „Radiosterne" entdeckt, deren wahres Wesen niemand kannte. 1963 fand der niederländisch-amerikanische Astronom Maarten Schmidt heraus, dass es sich um weit entfernte Objekte handelt, die Hunderte Millionen LJ entfernt sind. Da diese „Radiosterne" jedoch relativ hell sind, müssen sie unglaublich viel Energie ausstrahlen. Sie werden Quasistellare Objekte oder kurz Quasare genannt.

Quasare sind die extrem hellen Kerne von aktiven Galaxien. Die enorme Energieproduktion wird durch ein superschweres Schwarzes Loch im Zentrum des Systems verursacht. Das Schwarze Loch selbst sendet natürlich keine Strahlung aus, doch es ist von einer rotierenden Scheibe extrem heißen Gases umgeben, die ständig Materie nach innen saugt. Dank der vorhandenen starken Magnetfelder wird ein Teil dieses Gases zudem in rasender Geschwindigkeit in zwei entgegengesetzten Bündeln in den Raum geblasen. Blicken wir von der Erde aus zufällig senkrecht auf eines dieser Bündel, so sehen wir ein sehr lichtstarkes Objekt, das großen Helligkeitsschwankungen unterliegt: ein Blazar oder BL Lac-Objekt (benannt nach dem Protoyp BL Lacertae im Sternbild Eidechse). Schauen wir schräg von oben auf das aktive System, so

Explosives System Auf dieser Montage eines normalen Fotos mit einer Röntgenaufnahme sieht man, wie Centaurus A (NGC 5128) Wolken heißen Gases ins All bläst.

Der nächste Quasar ist 3C 273 im Sternbild Jungfrau in etwa zwei Milliarden LJ Entfernung. Der Quasar besitzt eine Helligkeit von 13ᵐ.

sehen wir einen Quasar. Etwa 10 % aller Quasare senden Radiostrahlen aus; je nach Orientierung stammt diese Radiostrahlung aus dem Zentrum oder aus einem der beiden Bündel. Schauen wir seitlich auf die aktive Galaxie, so sehen wir hauptsächlich die Radiostrahlen aus den zwei Bündeln und sprechen von einer Radiogalaxie.

Die meisten aktiven Galaxien und Quasare befinden sich weit entfernt von der Erde, wir blicken Milliarden Jahre in die Vergangenheit zurück (s. S. 224). Das bedeutet, dass Galaxien besonders im noch jungen Weltall aktiv waren. Natürlich wird sich der „Nahrungsvorrat" der supermassiven Schwarzen Löcher im Laufe der Zeit erschöpfen.

Vorpreschendes Bündel Aus dem Zentrum der elliptischen Riesengalaxie M 87 im Sternbild Jungfrau schießt ein schmales Bündel heißen Gases ins All.

DAS WELTALL

Haufen und Superhaufen

Galaxien verbringen ihr Leben nicht als Einzelgänger. Unser Milchstraßensystem wird von kleineren Satellitengalaxien (s. S. 206) begleitet. Mit dem Andromeda-Nebel, dem Dreiecks-Nebel und einigen Dutzend Zwerggalaxien bildet das Milchstraßensystem die Lokale Gruppe (s. S. 210), die einen Durchmesser von etwa zehn Millionen LJ besitzt. Weiter entfernt liegen andere Gruppen, z. B. die M 81-Gruppe, die Sculptor-Gruppe, die Maffei-Gruppe und die NGC 5128-Gruppe. Alle diese Gruppen siedeln in den Randbezirken des Virgo-Haufens, der etwa 2000 Galaxien zählt. Der Virgo-Haufen

> *Die Struktur des Weltalls gleicht einer Seifenlauge: Dünne Filme und Schleier, in denen sich die Galaxien aufhalten, sind getrennt durch leere Superhöhlen.*

wiederum ist das Zentrum des Lokalen Superhaufens.

Überall im Weltall begegnet man dieser hierarchischen Größenskala: kleinen Gruppen von Galaxien, geordnet in mehr oder weniger kugelförmigen Haufen, die wiederum Teil eines meist lang gezogenen Superhaufens sind. Super-

Kosmisches Gruppenverhalten Viele Galaxien gehören zu einer kleinen Gruppe, wie z.B. diese Gruppe im Sternbild Wasserschlange, die 300 Millionen LJ entfernt ist.

haufen mit vielen 10 000 Mitgliedern bilden die größten zusammenhängenden Strukturen im All. Sie haben Ausmaße von mehreren 100 Millionen LJ.

Henne und Ei

George Abell war einer der ersten Astronomen, der erkannte, dass Galaxien in Haufen angeordnet sind. 1958 publizierte er seinen Katalog von mehreren 1000 Haufen, den er auf der Grundlage sorgfältiger Zählungen auf fotografischen Platten zusammengestellt hatte. Erst als man die Entfernungen von Galaxien bestimmen und dreidimensionale Karten vom Weltall herstellen konnte, wurde auch die Existenz der länglichen

Strahlendes Meeting Ein ferner Haufen von Galaxien in Richtung des mysteriösen „Großen Attraktors", der dank seiner Schwerkraft entdeckt wurde.

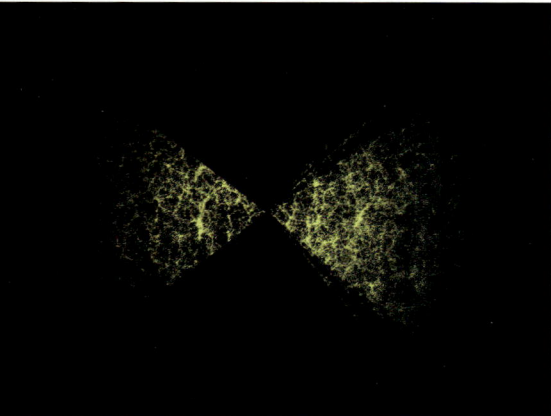

Eine Viertel Million **Die 250 000 Galaxien aus dem 2dF-Survey befinden sich in gigantischen Superclustern, getrennt voneinander durch große leere Räume.**

„Große Mauer" genannt – er besitzt eine Ausdehnung von ca. 750 Millionen LJ.
Größere Teleskope, hoch entwickelte Spektrografen und schnelle Computer ermöglichten im Laufe der 1990er Jahre viel genauere „Volkszählungen". 2002 wurde der 2dF-*Survey* abgeschlossen (2dF steht für '2 degree field') – ein Riesenprojekt, mit dem man innerhalb von vier Jahren die Entfernung von nahezu einer Viertel Million Galaxien bestimmen will. Auf der sich ergebenden Karte ist die dreidimensionale Verteilung der Galaxien bis zu einer Entfernung von etwa zwei Milliarden LJ zu sehen. Wesentlich größere *Surveys*, wie der Sloan Digital Sky Survey mit einer Million Entfernungsbestimmungen, werden gegenwärtig noch bearbeitet.
Durch die detaillierte Kartierung der groß angelegten Struktur des Kosmos erfahren Astronomen mehr über die Evolution und die Eigenschaften des Weltalls. Wäre die Ausdehnungsgeschwindigkeit des Kosmos oder die Menge dunkler Materie im All völlig anders, so hätte der Urknall vor etwa 14 Milliarden Jahren eine vollkommen andere dreidimensionale Verteilung zur Folge gehabt.

Superhaufen überzeugend nachgewiesen.
Kosmologen haben lange die Frage diskutiert, wie die groß angelegte Struktur des Weltraums entstanden ist. Nach der *Top-down*-Theorie entstanden zuerst die größten Strukturen, die Superhaufen. Erst später zerfielen sie in einzelne Haufen, Gruppen und eigenständige Galaxien.
Nach der *Bottom-up*-Theorie verlief der Prozess genau umgekehrt: Die Galaxien entstanden zuerst, später sammelten sie sich, beeinflusst durch ihre wechselseitige Schwerkraft, in Gruppen, Haufen und Superhaufen. Inzwischen steht fest, dass die letztere Theorie richtig ist. Die Bildung von Superhaufen ist in Wirklichkeit noch immer im Gang.

3D-Karten

1980 publizierten amerikanische Astronomen eine dreidimensionale Karte, auf der die Verteilung von 2400 Galaxien festgelegt war. Die Entfernung all dieser Galaxien wurde auf der Grundlage der gemessenen Rotverschiebung (s. S. 227) ermittelt. Fünf Jahre später begann man, eine größere Karte mit etwa 18 000 Galaxien zu entwickeln. Aus diesen 3D-Karten war eindeutig ersichtlich, dass Galaxien in lang gezogenen Schleiern und Fasern auftreten, die voneinander durch enorme Höhlen ohne jegliche Population getrennt sind. Einer der ersten entdeckten Superhaufen wurde sehr treffend

Jungfräulicher Haufen **Das Zentrum des Virgo-Haufens im Sternbild Jungfrau, etwa 50 Millionen LJ entfernt.**

Kosmische Kollisionen

Das Weltall besteht zwar überwiegend aus leerem Raum, doch Galaxien leben nicht isoliert. Vor allem in den dichten Zentren der Haufen gibt es immer wieder „Verkehrsunfälle". Kleine Galaxien werden von größeren verschluckt (s. S. 206) oder fliegen quer hindurch, wobei sie eine Spur ihrer Sternentstehungsaktivität hinterlassen. Wenn zwei große Galaxien miteinander kollidieren, verformen sie sich durch die wechselseitig wirkende Schwerkraft und es entstehen lang gezogene Gezeitenschleier von Gas und Sternen. Schließlich können sie miteinander zu einer riesigen Galaxie mit einem

Weltraumschrott Die auseinander treibenden Reste einer kollidierten Galaxie heben sich dunkel gegen das helle Zentrum von NGC 1275 im Sternbild Perseus ab.

> *In einigen Milliarden Jahren wird unser Milchstraßensystem mit seinem nächsten Nachbarn, dem Andromeda-Nebel, kollidieren.*

superschweren Schwarzen Loch im Zentrum verschmelzen. Die meisten großen elliptischen Galaxien in den Zentren der Haufen sind mit Sicherheit das Ergebnis von derartigen Kollisionen und Verschmelzungen.

Bei einer kosmischen Kollision bestimmt die Schwerkraft den gesamten Ablauf. Gezeitenkräfte ziehen die sich annähernden Galaxien langsam auseinander, wobei ihre Geschwindigkeit steigt. Die Bahnen der Sterne werden gestört, einige werden sogar in den intergalaktischen Raum

geschleudert. Bei einem Zusammentreffen kommen die einzelnen Sterne übrigens nicht miteinander in Berührung – dazu stehen sie viel zu weit auseinander. Die interstellaren Wolken aus Gas und Staub in den zwei Galaxien jedoch prallen aufeinander. Dabei werden Schockwellen und Verdichtungen erzeugt, was die Geburt vieler neuer Sterne zur Folge hat. Befinden sich in den kollidierenden Galaxien Schwarze Löcher, werden sich die gierigen Monster an den Gaswolken „gütlich tun", die dann nach innen gesaugt werden. Hierbei werden riesige Mengen von Energie frei. Die beiden Schwarzen Löcher verschmelze vielleicht sogar zu einem einzigen kolossalen Schwarzen Loch das starke Ströme von Teilchen und Strahlung in den Raum bläst. So kann ein „schlafender" Quasar (s. S. 219) zu neuem Leben erweckt werden.

Gezeitentanz Schleier von Gas und Sternen werden durch Gezeitenkräfte aus zwei Galaxien im Sternbild Haar der Berenike gelöst.

Gravitationslinsen

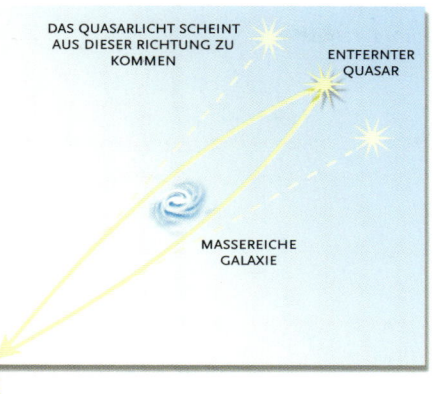

DAS QUASARLICHT SCHEINT
AUS DIESER RICHTUNG ZU
KOMMEN

ENTFERNTER
QUASAR

MASSEREICHE
GALAXIE

Gekrümmtes Licht Lichtstrahlen werden in einem starken Gravitationsfeld etwas abgelenkt.

Einstein sagte bereits voraus, dass Sterne als Gravitationslinsen fungieren können: Das Licht entfernterer Objekte wird durch die Schwerkraft des Sterns abgelenkt, fokussiert und verstärkt. Fritz Zwicky erkannte später, dass die Wirkung von Gravitationslinsen von Galaxien einfacher zu finden sein muss, doch erst im Jahr 1979 fand man die erste Gravitationslinse. Inzwischen sind viele bekannt und in einigen Fällen wirken die natürlichen Linsen tatsächlich wie Teleskope, um weit entfernte schwache Objekte zu beobachten, die andernfalls unsichtbar wären.

Materie wird von Schwerkraft beein-flusst. Licht jedoch auch. Im Gravita-tionsfeld eines Sterns bewegt sich Licht nicht mehr in einer geraden Linie. Oder vielleicht sollte man besser sagen, das Licht bewegt sich in zwar gerader Linie durch den Raum, doch der Raum ist gekrümmt. Nach Albert Einsteins all-gemeiner Relativitätstheorie ist das, was wir Schwerkraft nennen, in Wirklichkeit die Krüm-mung des Raums.

Ein Lichtstrahl, der sich einem Himmelskörper nähert, wie bei der Sonne, wird ein klein wenig durch die Schwerkraft abgelenkt. Dieses Ab-lenken des Lichts wurde 1919 bei einer totalen Sonnenfinsternis zum ersten Mal überzeugend demonstriert.

Das Bild einer Galaxie oder eines Quasars kann durch eine Gravitationslinse in zwei oder vier Komponenten zerlegt oder zu einem langen, dünnen Lichtbogen ausgedehnt werden. Das Schwerkraftfeld eines großen, schweren Haufens verformt die Bilder schwacher Galaxien im Hinter-grund, als würden diese in einem Zerrspiegel gesehen.

Aus den gemessenen Verformungen können Astronomen die Masseverteilung im Haufen ableiten. So erweisen sich Gravitationslinsen als nützliche Hilfsmittel bei der Erforschung dunkler Materie im All.

Schwache Linsenwirkung

Selbst wenn sich in einem bestimmten Teil des Sternenhimmels keine auffallenden Gravitations-linsen befinden, werden die Bilder entfernter Gala-xien durch das allgemeine Gravitationsfeld des Alls ein wenig verformt. Diese „schwache Linsen-wirkung" kann man nur statistisch untersuchen, indem man Hunderte oder Tausende von Galaxien analysiert. Die schwache Linsenwirkung liefert Informationen über die Massedichte des Weltalls.

Deformiertes Bild Die Bilder entfernter Hintergrund-galaxien werden durch die Schwerkraft der Galaxien im Vordergrund zu dekorativen Lichtbögen verformt.

Rückblick in die Vergangenheit

Licht besitzt keine unendlich hohe Geschwindig-keit. Teleskope arbeiten daher quasi wie Zeit-maschinen. Schaut man ein weit entferntes Objekt im Weltall an, dann schaut man auch in vergangene Zeiten zurück. So können Astro-nomen die Geschichte des Weltalls studieren. Die Lichtgeschwindigkeit beträgt 300 000 km/s. In einer Sekunde umrundet ein Lichtstrahl siebenmal die Erde und in 1 $^1/_2$ Sekunden hat er schon den Mond passiert. Das Licht der Sonne, die sich 150 Millionen km von der Erde entfernt befindet, braucht etwa acht Minuten, um uns zu erreichen. Das bedeutet, dass das Licht, das wir jetzt von der Sonne erhalten, vor acht Minuten ausgestrahlt wurde. Wir sehen die Sonne also so, wie sie vor acht Minuten aussah.

Für Sterne gilt dasselbe. Einen Stern in einer Entfernung von 10 LJ sehen wir so, wie er vor zehn Jahren ausgesehen hat. Bei einem 1500 LJ entfernten Stern schauen wir 15 Jahrhunderte in die Zeit zurück. Würde dieser Stern heute explodieren, so erreichte das Licht der Explosion die Erde erst in 1500 Jahren.

Galaxien sind viel weiter entfernt. Der Andromeda-Nebel ist 2,9 Millionen LJ von der Erde entfernt.

Das Weltall existiert schon seit 14 Milliarden Jahren, daher sind Objekte, die weiter als 14 Milliarden LJ entfernt sind, nicht zu sehen: Ihr Licht ist bei uns noch nicht angekommen.

Das Licht dieser Galaxie, das heute auf der Erde ankommt, brach dort vor 2,9 Millionen Jahren auf, als die frühestens Vorfahren des Menschen in der afrikanischen Savanne lebten.

Evolution

Mit großen Teleskopen sind Galaxien in Entfer-nungen von Milliarden LJ zu sehen. Beim Beob-achten so weit entfernter Objekte schaut der Astronom also auch Milliarden Jahre zurück in die Zeit, als das Weltall noch jung war. Je größer die Entfernung einer Galaxie, umso weiter schaut man in die Zeit zurück. Leider ist die Beobachtung sehr weit entfernter Galaxien jedoch sehr schwierig.

Indem man die Eigenschaften von Galaxien in verschiedenen Entfernungen untersucht, hofft man, mehr Informationen über die Evolution des Weltalls zu erhalten. Na-türlich ist es nicht möglich, die Evolution einer einzigen Galaxie zu erkennen, doch wenn man sehr viele Systeme verschiedenen Alters unter-sucht, erhält man immerhin ein vernünftiges allgemeines Bild.

Es scheint, als würde ein außerirdisches Wesen den Lebenslauf von Menschen ergründen, indem es einen Besuch im Altersheim, im

Entfernte Spirale Zwischen schwa-chen Vordergrundsternen der Milch-straße ist eine weit entfernte schwache Spiralgalaxie zu erkennen

Büro, einer Grundschule und dem Kreißsaal eines Krankenhauses abstattet.

Zeit des Rückblicks

Bei den sehr großen Entfernungen im Weltall beginnt der Begriff „Entfernung" seine Bedeutung zu verlieren. Entfernungen sind auf jeden Fall nicht direkt messbar, und der Abstand zu einer entfernten Galaxie verändert sich ständig infolge der Ausdehnung des Weltalls (s. S. 226). Was man jedoch sehr wohl messen kann, ist die Rot-

Endlose Dekoration **Fast jeder Lichtfleck auf diesem Foto ist eine Galaxie in Milliarden Lichtjahren Entfernung.**

verschiebung im Licht einer Galaxie (s. S. 227). Diese Rotverschiebung ist ein Maß für die Zeit, die das Licht bis zur Erde unterwegs gewesen ist: Je länger das Licht unterwegs ist, umso größer ist die Rotverschiebung.

Wenn Astronomen sagen, eine Galaxie befinde sich in drei Milliarden LJ Entfernung, so meinen sie damit eigentlich, dass das Licht dieser Galaxie drei Milliarden Jahre benötigte, um zur Erde zu gelangen. Die „Rückblickzeit" ist also drei Milliarden Jahre: Wir sehen die Galaxie so, wie sie vor drei Milliarden Jahren aussah.

In Wirklichkeit stand die Galaxie jedoch vor drei Milliarden Jahren weniger als drei Milliarden LJ entfernt und steht inzwischen weiter entfernt als drei Milliarden LJ.

Kosmischer Fernblick **Die Galaxien auf dieser Infrarotaufnahme sind sehr weit entfernt: Das aufgefangene Licht ging vor etwa zehn Milliarden Jahren auf die Reise zu uns.**

DAS WELTALL

Die Ausdehnung des Weltalls

1923 entdeckte der amerikanische Astronom Edwin Hubble die wahre Natur von Galaxien: gigantischen Ansammlungen von Sternen weit außerhalb unseres eigenen Milchstraßensystems (s. S. 214). In späteren Jahren konnte man die Geschwindigkeiten einiger Galaxien messen. Zum Erstaunen aller stellte sich heraus, dass sich fast alle Sternsysteme vom Milchstraßensystem entfernen. Außerdem war diese „Fluchtgeschwindigkeit" größer bei den kleinen, schwachen Galaxien, von denen man annehmen konnte, dass sie weiter entfernt waren.

Im Januar 1929 veröffentlichte Hubble einen bahnbrechenden Artikel in der Fachzeitschrift *Proceedings of the National Academy of Sciences,* in dem er die Beobachtungen mit der Theorie erklärte, dass das Weltall sich ausdehne. Alle Entfernungen im Weltall (jedenfalls in großem Umfang) nehmen ständig zu, was zur Folge hat, dass alle Galaxien vom Milchstraßensystem abzurücken scheinen.
Die Milchstraße nimmt jedoch keine besondere Stellung ein: Auch von jedem anderen Punkt im Weltall aus sieht man, dass sich alle Galaxien entfer-

Ein sich ausdehnendes Weltall braucht nicht unbedingt begrenzt zu sein. Auch in einem unendlichen Weltall können die Entfernungen zunehmen.

nen. In einem solchen sich ausdehnenden Weltall spricht man automatisch von einem proportionalen Verhältnis zwischen Entfernung und beobachteter Fluchtgeschwindigkeit.
Die Proportionalitätskonstante zwischen Entfernung und Fluchtgeschwindigkeit wird Hubble-Konstante (H_0) genannt. Nach den jüngsten Messungen beträgt diese 71 km/s je Megaparsec: Eine Galaxie in einer Entfernung von einem Megaparsec (1 Mpc oder auch 3,26 Millionen LJ) besitzt eine Fluchtgeschwindigkeit von 71 km/s, eine Galaxie in einer Entfernung von 10 Mpc weist eine Geschwindigkeit von 710 km/s auf.
Die Ausdehnung des Weltalls dürfen wir uns nicht als ein Auseinanderdriften von Galaxien in einen existenten, statischen Raum vorstellen.
Es ist vielmehr der leere Raum selbst, der sich ausdehnt und dabei die Galaxien mit sich führt. (Oft wird der Vergleich mit einem aufgehenden Rosinenteig angestellt, in dem die Rosinen die Galaxien darstellen und der Teig das sich ausdehnende Weltall ist.)

Mehr Platz Die Abstände zwischen den Galaxien werden größer, nicht weil sie sich voneinander entfernen, sondern weil das Weltall selbst expandiert.

Rotverschiebung

Die Fluchtgeschwindigkeit einer Galaxie wird aus der Rotverschiebung im Spektrum (s. S. 38) abgeleitet. Die Rotverschiebung ist vergleichbar mit dem bekannten Dopplereffekt bei Geräuschen. Wenn sich eine Geräuschquelle entfernt, hört man einen niedrigeren Ton (eine niedrigere Frequenz oder auch eine längere Wellenlänge) als bei der Annäherung.

Für Licht gilt dasselbe: Wenn sich ein Stern von uns entfernt, kommt das Licht von diesem Stern mit einer etwas längeren Wellenlänge (mit rötlicherer Farbe) auf der Erde an. Der Effekt

Das Licht sehr weit entfernter Galaxien unterliegt einer so starken Rotverschiebung, dass man zur Beobachtung ein Infrarotteleskop braucht.

Wenn eine Spektrallinie normalerweise eine Wellenlänge von 600 nm besitzt, jedoch mit einer Wellenlänge von 660 nm wahrgenommen wird, spricht man von einer Wellenlängenverschiebung von 10 %. Die Rotverschiebung (mit z gekennzeichnet) beträgt dann 0,1. Wenn die wahrgenommene Wellenlänge 900 nm beträgt, ist die Rotverschiebung $z = 0,5$; $z = 1$ entspricht einer gemessenen Wellenlänge von 1200 nm. Im Fall der Galaxien können wir uns die Rotverschiebung besser als einen Effekt der Ausdehnung des Weltalls vorstellen. Licht wird mit einer bestimmten Wellenlänge ausgesandt, doch aufgrund der Ausdehnung des Weltalls werden die Lichtwellen gedehnt, dies hat zur Folge, dass sie mit einer längeren Wellenlänge ankommen. Je größer die Entfernung zu einer Galaxie, umso länger ist die Reisezeit und umso stärker werden die Lichtwellen in die Länge gezogen. Auf diese Weise ist die Rotverschiebung im Spektrum einer Galaxie ein direktes Maß für die Zeit, die das Licht unterwegs war, und somit für die Entfernung zu ihr.

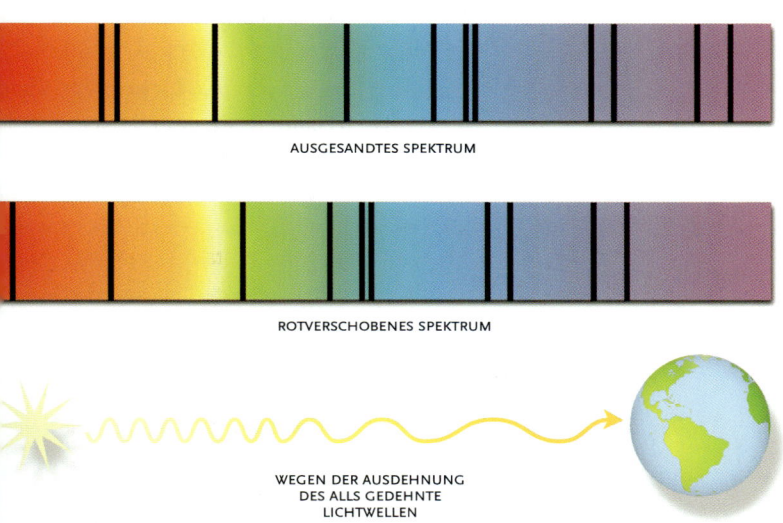

AUSGESANDTES SPEKTRUM

ROTVERSCHOBENES SPEKTRUM

WEGEN DER AUSDEHNUNG
DES ALLS GEDEHNTE
LICHTWELLEN

Lang gezogene Wellen **Wegen der Ausdehnung des Alls werden die Lichtwellen gedehnt. Daher erreichen sie die Erde mit längerer Wellenlänge und rötlicher Farbe.**

ist meist nur gering, da die Lichtgeschwindigkeit so hoch ist. Um die Rotverschiebung eines Himmelskörpers zu bestimmen, ist ein empfindlicher Spektrograph erforderlich, mit dem man die Wellenlängenverschiebung der Spektrallinien messen kann.

DAS WELTALL

Die Urknalltheorie

Als Edwin Hubble 1929 die Ausdehnung des Weltalls entdeckte (s. S. 226), nannte er mit keinem Wort die Implikationen dieser Entdeckung. Erst der belgische Astronom und Jesuitenpater Georges Lemaître (1894–1966) zog die Schlussfolgerung, dass das sich ausdehnende Weltall vor vielen Jahren viel kompakter gewesen sein muss und vielleicht aus der Explosion einer Art von Uratom hervorgegangen ist.

George Gamow (1904–1968) führte Lemaîtres Arbeit fort. Er erkannte, dass das junge, kompakte Weltall so heiß gewesen sein muss, dass spontane Kernfusionsreaktionen auftraten. So entstand die Theorie vom *Hot Big Bang* (dem heißen Urknall), wobei – zumindest nach Gamow – alle Elemente im Weltall gebildet wurden. Die Bezeichnung *Big Bang* wurde übrigens erst 1950 von dem britischen Astronomen Fred Hoyle (1915–2001) eingeführt, der nicht an die Urknalltheorie glaubte und zusammen mit einigen Kollegen nachwies, dass fast alle schweren Elemen-

Wissenschaftliche Schöpfungsgeschichte Der Jesuit Georges Lemaître erwog als Erster, dass das Weltall in einer Urexplosion entstanden sein könnte.

te in der Natur durch Kernfusionsreaktionen im heißen Kern der Sterne gebildet werden. Die großen Mengen von Helium im Weltall allerdings konnte Hoyle nicht erklären.

Unterstützung für die Urknalltheorie

Jahrzehntelang wurde die Urknalltheorie als eine interessante, jedoch recht unbeweisbare Hypothese betrachtet. Im Laufe der 1960er Jahre änderte sich diese Einstellung. Messungen der Mengen von Helium, Deuterium (schwerer Wasserstoff) und Lithium im Weltall schienen sich genau mit den Vorstellungen von der Urknalltheorie zu decken. Ohne eine extrem heiße, kompakte Anfangsphase des Weltalls sind die gemessenen Mengen nicht zu erklären. Und Beobachtungen an fernen Radiogalaxien (s. S. 219) ließen keinen Zweifel daran, dass das Weltall vor langer Zeit anders aussah als heute, sodass Hoyles Idee von einem ewigen und unveränderlichen Weltall nicht länger haltbar war.

Die wichtigste Unterstützung erfuhr die Urknalltheorie 1965 jedoch durch die zufällige Entdeckung der kosmischen Hintergrundstrahlung (s. S. 230): ein schwaches allgegenwärtiges Radiorauschen, das als verdünnter und abgekühlter Rest der energiereichen Strahlung des Urknalls betrachtet wird. Inzwischen liegen zahlreiche andere „Beweise" für die Richtigkeit der Urknall-

Auf heißer Spur Edwin Hubble entdeckte die Ausdehnung des Weltalls, doch er zog keine Schlussfolgerungen zum Ursprung des Universums.

Jugendliches Weltall Lang belichtete Fotos des Hubble-Weltraumteleskops gewähren einen Blick in die frühe Jugend des Weltalls.

Dichteschwankungen in der sich abkühlenden Urmaterie bildeten sich später die Galaxien.

Den Urknall dürfen wir uns nicht als eine Explosion vorstellen, die zu einem bestimmten Zeitpunkt irgendwo in einem leeren Weltall stattfand. Sowohl Raum als auch Zeit entstanden beim Urknall, ebenso Materie und Energie.

Es ist daher auch sinnlos, der Frage nachzugehen, was vor dem Urknall geschah. Leider können wir mit den heutigen Theorien der Physik den wirklichen Augenblick der Schöpfung

theorie vor. Obwohl noch längst nicht alle Details bekannt sind, wird die Idee von einer heißen, kompakten Anfangsphase des Weltalls kaum noch diskutiert.

Die moderne Urknalltheorie

Nach der heutigen Vorstellung von der Urknalltheorie entstand das Weltall vor ca. 13,7 Milliarden Jahren aus einer extrem kleinen, superkompakten Zusammenballung reiner Energie. Nach einer sehr kurzen Periode exponentieller Beschleunigung (Inflationszeitalter), verursacht durch die Quanteneigenschaften des leeren Raums, entstanden die ersten Elementarteilchen (u.a. Quarks und Elektronen) und kam die heutige „lineare" Ausdehnung des Weltalls zustande. Quarks verschmolzen zu Neutronen und Protonen (Wasserstoffkernen) und nach drei Minuten waren schon Kerne aus Helium, Deuterium und Lithium entstanden.

Erst nach etwa 400 000 Jahren entstanden die ersten neutralen Atome und kosmische Hintergrundstrahlung wurde produziert. Aus kleinen

Der Begriff Big Bang *wurde 1950 von Fred Hoyle eingeführt, um die Urknalltheorie lächerlich zu machen. Er hatte jedoch durchschlagenden Erfolg und wird heute noch benutzt.*

nicht beschreiben. Die Urknalltheorie bleibt somit eine recht ungreifbare Theorie, auch wenn an der heißen, kompakten Anfangsphase des Weltalls kaum noch zu zweifeln ist.

Simuliertes Weltall Computersimulationen veranschaulichen, wie kleine Dichteschwankungen ein weit verzweigtes Netz von Superhaufen entstehen lassen.

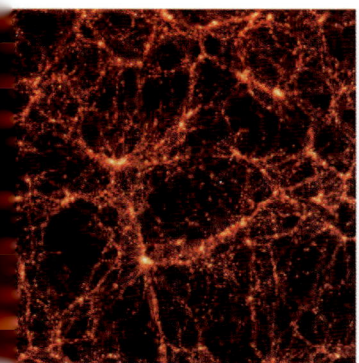
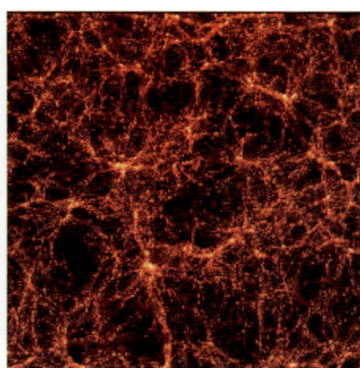
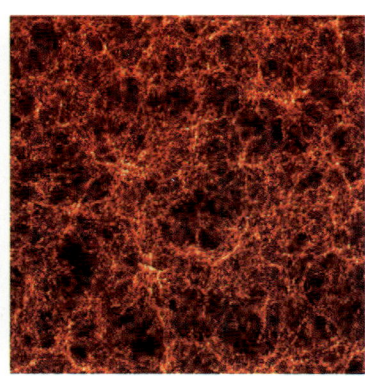

Die kosmische Hintergrundstrahlung

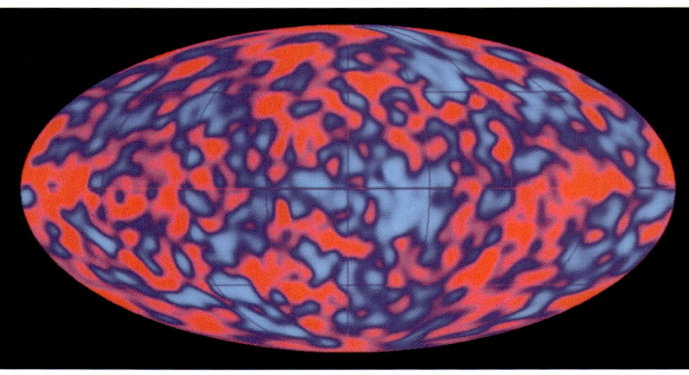

Die kosmische Hintergrundstrahlung wird auch „Echo des Urknalls" genannt. Sie besteht aus Photonen, die kurz nach Entstehung des Weltalls ausgesandt wurden. Die Erforschung der kosmischen Hintergrundstrahlung bietet Informationen über die Eigenschaften des gerade geborenen Kosmos.

Auf die Existenz kosmischer Hintergrundstrahlung wies in den 1940er Jahren bereits George Gamow hin. Gamow hatte erkannt, dass die Energie des heißen Urknalls nach Milliarden von Jahren infolge der Ausdehnung des Weltalls verdünnt und abgekühlt sein muss. Seine Theorie geriet allerdings in Vergessenheit. Erst 1965 wurde die kosmische Hintergrundstrahlung zufällig von den amerikanischen Radiotechnikern Arno Penzias und Robert Wilson entdeckt, die versuchten, den Ursprung eines geheimnisvollen Störsignals in ihrer Radioantenne zu ergründen. Die kosmische Hintergrundstrahlung ist ein sehr schwaches Radiorauschen mit Spitzenhelligkeit auf einer Wellenlänge von etwa 1 mm. Dieses Rauschen gelangt aus allen Richtungen des Weltalls zu uns und zeigt immer und überall dieselbe Strahlungstemperatur und -intensität.

Die kosmische Hintergrundstrahlung ist das

Kosmisches Geburtsfoto Himmelskarte der minimalen Temperaturunterschiede in der kosmischen Hintergrundstrahlung, gemessen vom Satelliten COBE.

älteste wahrnehmbare Signal im Weltall. Kurz nach dem Urknall, als das Weltall noch eine sehr hohe Temperatur und Dichte aufwies, war die glühend heiße „Ursuppe" undurchsichtig. Die

> *Die kosmische Hintergrundstrahlung wurde von den Entdeckern zunächst als Störung betrachtet – verursacht durch Taubendreck auf der Antenne!*

Materie bestand in diesen ersten 100 000 Jahren aus einzelnen elektrisch geladenen Teilchen (positiven Atomkernen und negativen Elektronen). Strahlung kann sich in einem so dichten Plasma nicht ausdehnen: Jedes ausgesandte Photon wird innerhalb kürzester Zeit durch ein Elektron absorbiert oder zerstreut.

Etwa 380 000 Jahre nach dem Urknall hatte sich die Materie ausreichend abgekühlt, um neutrale Atome bilden zu können. Elektronen banden sich an Atomkerne, und die enge Verbindung zwischen Materie und Energie war zu Ende. Ab diesem Zeitpunkt konnten sich Photonen ungehindert durch das Weltall bewegen. Dies sind die ersten „freien" Photonen mit einer kurzen Wellenlänge und hoher Energie, die man nun

Zufallsentdeckung Arno Penzias und Robert Wilson vor der Radioantenne, mit der sie 1965 zufällig die kosmische Hintergrundstrahlung entdeckten.

mit empfindlichen Detektoren als kosmische Hintergrundstrahlung mit niedriger Energie und langen Wellen wahrnehmen kann.

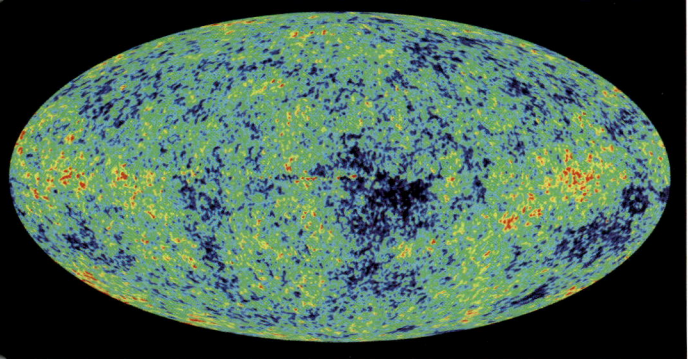

Gewaltiges Echo Der WMAP-Satellit erhielt von den „Kräuselungen" in der kosmischen Hintergrundstrahlung – dem Echo des Urknalls – ein viel genaueres Bild.

Geburtsfoto

Der amerikanische COBE-Satellit (COsmic Background Explorer) zeichnete 1991 erstmals minimale Temperaturschwankungen in der kosmischen Hintergrundstrahlung auf. Die Hintergrundstrahlung besitzt eine Durchschnittstemperatur von 2,7 K (2,7 Grad über dem absoluten Nullpunkt), doch COBE entdeckte lokale Unterschiede von etwa 1/100 %. Die Himmelskarte, auf der die Temperaturschwankungen sichtbar sind, wird auch als das Geburtsfoto des Weltalls bezeichnet, da die kosmische Hintergrundstrahlung Informationen über

Tipp für Sterngucker
Wenn man den Fernsehapparat auf einen Kanal ohne Sender einstellt, stammt 1 % des „Schnees" auf dem Bildschirm von Photonen der kosmischen Hintergrundstrahlung.

die früheste Jugend des Universums liefert. Inzwischen sind die Temperaturschwankungen sehr viel genauer durch die Wilkinson Microwave Anisotropy Probe (WMAP) ergründet worden.

Bei den Temperaturschwankungen handelt es sich um Spuren minimaler Dichtefluktuationen im heißen Urknallgas, aus dem später Galaxien und Galaxienhaufen entstanden.

Durch den Vergleich der statistischen Eigenschaften dieser Fluktuationen mit denen der heutigen Verteilung der Galaxien und Haufen im Weltall gewinnen die Kosmologen Einblick in die Bedingungen, Konstellationen und die Evolution des Kosmos. Neben den Temperaturschwankungen in der kosmischen Hintergrundstrahlung wird mit äußerst empfindlichen Radioteleskopen auch die Polarisierung der Hintergrundstrahlung erforscht. Hieraus gewinnt man Kenntnis über die Bewegungen im Urknallgas. Mit dem zukünftigen europäischen Satelliten Planck, der 2007 gestartet werden soll, hoffen Kosmologen, sogar äußerst schwache Polarisationssignale aufzuspüren, die bei Quantenprozessen im Inflationszeitalter (s. S. 228) entstanden sein müssen, im ersten minimalen Bruchteil einer Sekunde nach der Entstehung des Weltalls.

Schöpfungsforschung Mit dem Cosmic Background Imager in Chile kann die Geburt des Weltalls von Grund auf untersucht werden.

DAS WELTALL

Kritische Dichte und dunkle Materie

Die Ausdehnung des Weltalls (s. S. 226) wird durch die wechselseitige Schwerkraft der gesamten Materie im Weltall hervorgerufen. Je höher die kosmische Materiedichte ist, umso stärker ist diese Abbremsung.

Oberhalb einer bestimmten kritischen Dichte (abhängig von der Expansionsgeschwindigkeit) kann die Schwerkraft sogar die Ausdehnung in Zukunft zum Stillstand bringen und in eine Kontraktion umkehren.

In den 1970er Jahren galt das Hauptinteresse der Kosmologie der Suche nach zwei Zahlen: der Hubble-Konstanten (H_o), die eine Maßeinheit

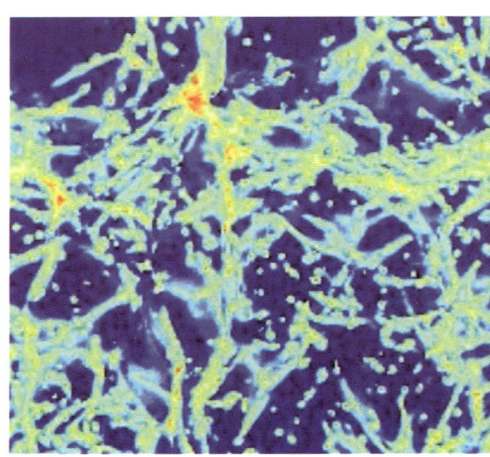

Schlappes Spinnennetz Computersimulation von Gasschlieren im „leeren" Raum zwischen den Haufen. Heißes Gas ist nicht heiß genug, um starke Röntgenstrahlung zu erzeugen.

> *Schrumpft das Weltall irgendwann wieder, so endet es in einem Spiegelbild des Urknalls. Dieses hypothetische Ereignis wird* **Big Crunch** *genannt.*

für die Expansionsgeschwindigkeit des Weltalls ist, und der durchschnittlichen Materiedichte des Weltalls, gekennzeichnet mit dem griechischen Großbuchstaben Omega (Ω).

Wenn Ω gleich 1 ist, so bedeutet dies, dass die wirkliche Materiedichte gleich der kritischen Dichte ist. Ist Ω kleiner als 1, dann wird sich das Weltall ewig ausdehnen; ist Ω größer als 1, dann kehrt sich die Ausdehnung irgendwann wieder in eine Kontraktion um.

Nach Einsteins allgemeiner Relativitätstheorie besteht zudem eine enge Beziehung zwischen dem Wert von Ω und der Krümmung des Raums. Ein „geschlossenes Weltall" mit hoher Materiedichte ist positiv gekrümmt: Parallele Linien laufen zusammen; die Summe der Winkel eines Dreiecks ist größer als 180° und der Umfang eines Kreises mit einem Durchmesser D ist kleiner als πD. Ein „offenes Weltall" mit niedriger Materiedichte ist negativ gekrümmt: Parallele Linien laufen auseinander, die Summe der Winkel eines Dreiecks ist kleiner als 180° und der Umfang eines Kreises ist größer als πD. Ein „kritisches Weltall", in dem Ω gleich 1 ist, zeigt die flache Geometrie, die wir kennen.

Verschiedene Arten dunkler Materie

1979 stellte der amerikanische Physiker Alan Guth die Inflationshypothese auf, die beschreibt, wie das Weltall in den allerersten Augenblicken seines Bestehens eine kurze Phase exponentieller Ausdehnung erlebte. Diese Hypothese lös

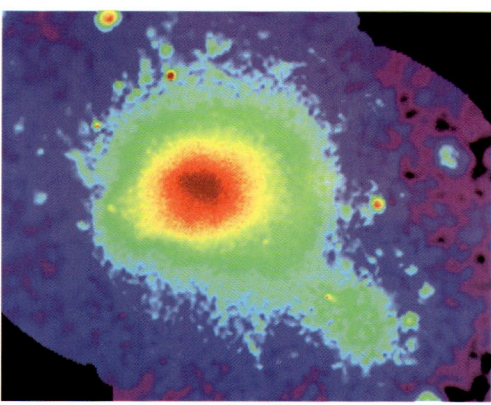

Schweres Gas Röntgenfoto des Coma-Haufens. Die Röntgenstrahlung entsteht in den riesigen heißen Gasmassen im Raum zwischen den Galaxien.

DAS WELTALL

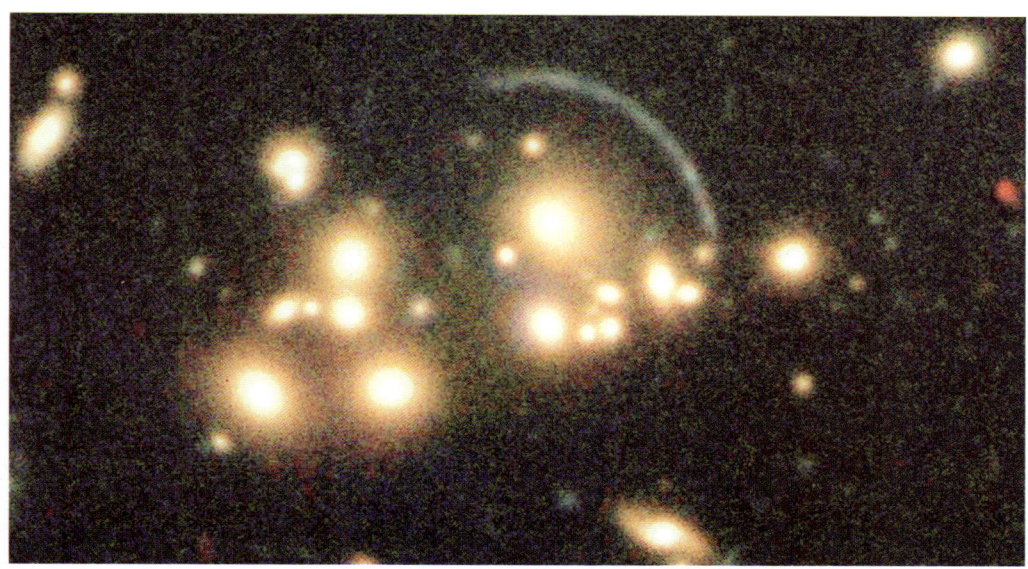

te verschiedene Probleme der „klassischen" Urknalltheorie und wird heute allgemein als unverzichtbarer Bestandteil der „neuen" Urknalltheorie betrachtet.

Der Erfolg der Inflationshypothese hatte jedoch seinen Preis: Die Theorie besagt, dass das Weltall flach oder die durchschnittliche Dichte gleich der kritischen Dichte (ca. 10^{-29} g/cm^3) ist. Wer jedoch die Zahl der Sterne in einer Galaxie und die Zahl der Galaxien im Weltall grob schätzt, erhält als Ergebnis eine durchschnittliche Dichte, die 100-mal kleiner ist.

Die Entdeckung großer Mengen dunkler Materie in den Halos der Galaxien (s. S. 208) und Galaxienhaufen (s. S. 220 und 223) bietet keine Lösung. Aus Berechnungen von Kernfusionsreaktionen während des Urknalls geht nämlich

Dunkle Linse Aus der festgestellten Linsenwirkung eines Galaxienhaufens kann die Menge der dunklen Materie im Haufen abgeleitet werden.

hervor, dass die Gesamtmenge der Atome im Weltall höchstens 4 % der kritischen Dichte ausmacht. Gäbe es mehr baryonische Materie (Materie, die aus Baryonen besteht, der Sammelbegriff für die Protonen und Neutronen in den Kernen aller Atome), dann würden im Weltall andere Mengen von Helium, Deuterium und Lithium zu finden sein.

Mitte der 1990er Jahre wurde daher angenommen, dass das Weltall zwei Arten von Materie enthält. 4 % des Weltalls sollen aus normaler baryonischer Materie bestehen. Nur ein Viertel davon (1 % der gesamten) ist sichtbar, der Rest ist die baryonische dunkle Materie, die vermutlich aus flüchtigen Gaswolken im intergalaktischen Raum besteht. Die restlichen 96 % des Weltalls würden aus nicht-baryonischer dunkler Materie bestehen, wahrscheinlich in Form mysteriöser Elementarteilchen. Inzwischen hat man herausgefunden, dass die Wirklichkeit möglicherweise noch sonderbarer ist (s. S. 234).

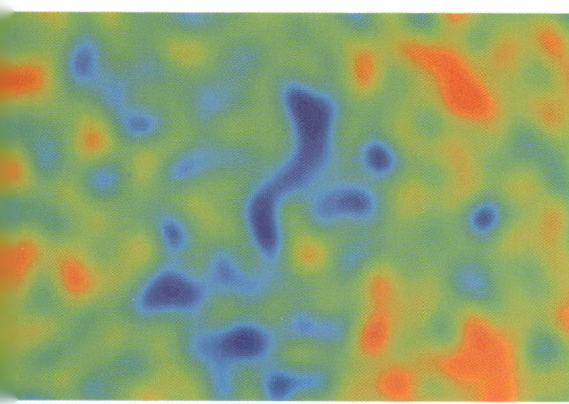

Düsterer Ausblick Karte über die Verteilung von dunkler Materie, die sich in Kürze aus den Beobachtungen des neuen Südpol-Teleskops ergeben könnte.

DAS WELTALL

233

Beschleunigte Expansion des Weltalls

Würde die Expansion des Weltalls durch die Schwerkraft abgebremst, müsste die Hubble-Konstante – ein Maß für die Ausdehnungsgeschwindigkeit – früher größer gewesen sein als heute. (Eigentlich kann überhaupt nicht von einer Konstanten die Rede sein, Astronomen bevorzugen den Begriff Hubble-Parameter.) Um die Geschichte des sich ausdehnenden Universums zu erforschen, hätte man die Hubble-Konstante zu verschiedenen Zeitpunkten in der Vergangenheit messen müssen. So könnte man den Verlangsamungs-Parameter ableiten – eine Zahl, die angibt, wie stark die Ausdehnung abgebremst wird.

Nach der Entdeckung der Ausdehnung des Weltalls nannte Einstein die Einführung der kosmologischen Konstante die größte Eselei seiner Karriere.

Im Laufe der 1990er Jahre gelang es Astronomen, Präzisionsmessungen an Supernovae in fernen Galaxien durchzuführen und zu erforschen, wo man mehr als 100 Millionen Jahre in die Zeit zurückblickt (s. S. 224). Zum Erstaunen aller zeigte sich, dass die Ausdehnung des Weltalls gegenwärtig nicht abgebremst wird, sondern sich vielmehr in einer Beschleunigungsphase befindet. Die Ursache für diese mysteriöse Beschleunigung muss man in einer ebenso geheimnisvollen „dunklen Energie" im leeren Raum suchen.

Weit entfernte Supernovae

Edwin Hubble entdeckte in den 20er Jahren des vergangenen Jahrhunderts, dass eine direkte proportionale Beziehung zwischen der Entfernung einer Galaxie und ihrer Rotverschiebung besteht. Diese Beziehung wird Hubble-Effekt genannt: Wenn eine Galaxie doppelt so weit entfernt ist, muss ihre Rotverschiebung auch doppelt so groß sein. Bei sehr großen Distanzen geht diese lineare Beziehung jedoch verloren. Verlief die Ausdehnung vor langer Zeit schneller, so hat eine sehr weit von der Erde entfernte Galaxie eine etwas höhere Rotverschiebung als man auf der Grundlage des Hubble-Effekts erwarten dürfte.

Um diese feinen Abweichungen vom Hubble-Effekt für ferne Galaxien aufzuzeichnen, ist nicht nur die Rotverschiebung eines solchen Systems zu messen, sondern auch eine unabhängige Entfernungsbestimmung durchzuführen. Astronomen benutzen dafür einen bestimmten Typ der Supernova-Explosion (Typ Ia). Diese Supernovae erzeugen immer dieselbe Energiemenge, also aus der beobachteten Helligkeit kann einfach die Entfernung abgeleitet werden. Supernovae sind zwar selten, doch durch die ständige Beobachtung Tausender weit entfernter Galaxien mit automatisierten Teleskopen, kommt man dem Geheimnis auf die Spur.

GRÖSSE DES WELTALLS

BESCHLEUNIGTE AUSDEHNUNG

OFFENES WELTALL

KRITISCHES WELTALL

HEUTE

GESCHLOSSENES WELTALL (ZUSAMMENBRUCH)

ZEIT

URKNALL

Zukunftsvisionen **Die neuesten Messungen lassen vermuten, dass die Ausdehnung des Weltalls nie ein Ende findet.**

Ferner Blitz Aus Beobachtungen weit entfernter Supernova-Explosionen hat man gefolgert, dass das Weltall sich ständig schneller ausdehnt.

Düstere Zukunft

1998 veröffentlichten zwei konkurrierende Teams von Astronomen ihre ersten Ergebnisse. Es ergab sich tatsächlich eine Ausnahme vom Hubble-Effekt, doch nicht in der erwarteten Richtung. Aus Helligkeitsmessungen entfernter Supernovae geht hervor, dass das Weltall sich früher nicht schneller ausdehnte als heute, sondern vielmehr langsamer. Mit anderen Worten: die Expansion beschleunigt sich gegenwärtig.

Die Ursache dieser beschleunigten Expansion ist nicht bekannt. Man weiß zwar, dass im Weltall eine mysteriöse „dunkle Energie" wirksam ist, die den leeren Raum auseinander drückt, doch über das eigentliche Wesen dieser „Antischwerkraft" ist fast nichts bekannt. Möglicherweise geht es um die so genannte kosmologische Konstante – eine abstoßende Wirkung des Vakuums, die von Albert Einstein eingeführt wurde, bevor man die Ausdehnung des Weltalls entdeckt hatte. Eines steht jedoch fest: In einem sich immer schneller ausdehnenden Weltall kann die Schwerkraft dies niemals bewirken. Die Ausdehnung wird also nie zum Stillstand kommen und wird sich bestimmt nicht in eine Kontraktion umkehren. Das bedeutet, dass das Weltall einer düsteren Zukunft entgegensieht. In Milliarden von Jahren werden keine neuen Sterne mehr geboren und entfernen sich die Galaxien immer weiter voneinander, um schließlich selbst zu zerfallen und zu verdampfen. Was übrig bleibt, ist eine kalte, schwarze Leere, in der erloschene Weiße Zwerge, Neutronensterne und Schwarze Löcher umherschwirren.

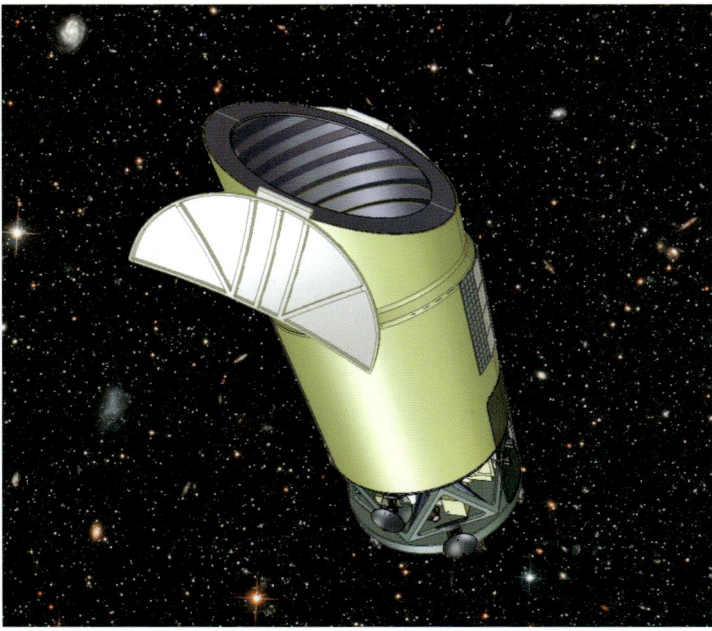

Supernovae-Jäger Der SNAP-Satellit soll Supernovae aufspüren, um Daten zur beschleunigten Ausdehnung des Weltalls zu sammeln.

Das bizarre Weltall

Die Entdeckung, dass sich das Weltall immer schneller ausdehnt (s. S. 234), lässt keinen Zweifel daran, dass „dunkle Energie" ein wichtiger Faktor im Universum ist. Diese Schlussfolgerung wird inzwischen durch Messungen der kosmischen Hintergrundstrahlung (s. S. 230) und der groß angelegten Struktur des heutigen Weltalls bestätigt. Berücksichtigt man alle Messergebnisse, so gibt es nur eine Schlussfolgerung: Wir leben in einem bizarren Weltall, in dem die uns vertrauten Atome und Moleküle nur eine untergeordnete Rolle spielen.

> *Das Weltall ist wie ein Eisberg: Der größte Teil der Materie ist dunkel und befindet sich unter der Oberfläche, wobei der Ozean ein endloses Meer dunkler Energie ist.*

Nach Einsteins Relativitätstheorie sind Materie und Energie die zwei Seiten einer Medaille. Bei einer Inventarisierung des Inhalts des Weltalls müssen also auch beide berücksichtigt werden. Aus den neuesten Ergebnissen geht hervor, dass fast 73 % dieses Inhalts aus dunkler Energie bestehen, deren wahren Charakter niemand kennt.

Die restlichen 27 % bestehen aus Materie – nur etwas mehr als ein Viertel.

Nicht weniger als 85 % der gesamten Materie oder 23 % des Gesamtinhalts des Weltalls bestehen aus unbekannten Elementarteilchen, die zwar Masse besitzen, jedoch kaum zu normaler Materie in Beziehung treten. Das ist die so genannte nicht-baryonische dunkle Materie. Die restlichen 15 % der gesamten Materie (4 % des Gesamtinhalts des Weltalls) bestehen aus Baryonen (Protonen und Neutronen, die Bausteine aller Atomkerne) und Elektronen, oder: aus Atomen und Molekülen. Von dieser baryonischen Materie sind drei Viertel unsichtbar (3 % des Gesamtinhalts des Weltalls): die baryonische dunkle Materie. Alle sichtbaren Sterne, Galaxien, Planeten und Nebel bilden zusammen nur ein Viertel der baryonischen Materie bzw. 1 % des Gesamtinhalts des Weltalls. Diese Relationen fordern uns zu Bescheidenheit auf. Die Astronomen Nikolaus Kopernikus und Edwin Hubble machten schon deutlich, dass der Mensch im Weltall eine sehr untergeordnete Rolle spielt. Der Geologe Charles Lyell und der Biologe Charles Darwin erkannten ebenso, dass der Mensch in Relation zur Zeit kaum eine Bedeutung hat, und nun stellt sich noch heraus, dass die Materie, aus der wir bestehen, nur eine winzige Verunreinigung im Weltall ist.

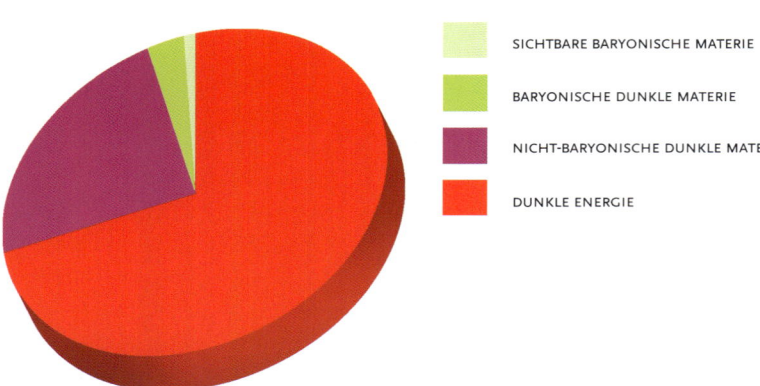

SICHTBARE BARYONISCHE MATERIE

BARYONISCHE DUNKLE MATERIE

NICHT-BARYONISCHE DUNKLE MATERIE

DUNKLE ENERGIE

Kleines Tortenstück Sichtbare Atome und Moleküle verursachen eine kleine „Verschmutzung" im Meer dunkler Materie und dunkler Energie.

Kosmische Rätsel

Reiner Zufall? Das Weltall verdankt seine Vielfalt einer präzisen „Abstimmung" der Naturkonstanten. Niemand weiß, wie sie entstanden ist.

Die Astronomie und insbesondere die Kosmologie (die Disziplin der Astronomie, die sich mit Struktur, Eigenschaften und Evolution des Weltalls als Ganzem befasst) hat in den letzten

> *Folgt man der Auffassung einiger Theoretiker, so wird bei der Entstehung eines Schwarzen Lochs in unserem Weltall ein vollständig neues Universum anderer Dimension geboren.*

Jahren eine revolutionäre Entwicklung erfahren. Doch es gibt noch zahlreiche ungelöste Rätsel. So ist die wahre Natur der baryonischen dunklen Materie nicht vollständig geklärt. Astronomen und Teilchenphysiker haben auch keinerlei Anhaltspunkte, woraus die nicht-baryonische dunkle Materie besteht. Und bei der Frage nach der dunklen Energie, die die beschleunigte Expansion des Weltalls bewirkt, tappen die Wissenschaftler erst recht im Dunkeln (s. S. 234). Was genau in den ersten Sekundenbruchteilen nach der Entstehung des Weltalls geschah, ist

nicht bekannt. Warum die Naturkonstanten (wie Lichtgeschwindigkeit, Gravitationskonstante oder Protonenmasse) die Werte haben, die sie haben, weiß kein Mensch. Sogar die Frage, ob das Weltall endlich oder unendlich ist, konnte noch nicht zufriedenstellend beantwortet werden.

Hinzu kommt noch, dass einige Astronomen an wichtigen Fundamenten der Kosmologie rütteln. Es wurde zwar suggeriert, dass das Schwerkraftgesetz von Newton nicht auf die trägen rotierenden Randbezirke der Galaxien zutrifft und dass keine großen Mengen dunkler Materie erforderlich sind, um die festgestellten Bewegungen zu erklären.

Anderen Forschern zufolge werden die Rotverschiebungen von Galaxien nicht ausschließlich durch die Ausdehnung des Weltalls verursacht, und Quasare (s. S. 219) stehen uns viel näher als man denkt.

Das größte Rätsel ist allerdings, warum das Weltall exakt über diese Eigenschaften verfügt, die das Entstehen komplexer Strukturen, Sterne, Planeten und Leben ermöglichen. Das ist schwer zu begreifen, wenn es nur ein Weltall gibt. Wie wir wissen, ist unser Kosmos ein Teil eines gigantischen Multiversums, in dem alle denkbaren Möglichkeiten irgendwann und irgendwo Wirklichkeit werden. Auf jeden Fall ist es nicht verwunderlich, dass wir uns in einem Weltall befinden, in dem die Umstände die Entstehung von Leben begünstigen.

DAS WELTALL

Bedingungen für Leben

Wie einmalig ist das Leben auf der Erde? Existiert Leben auch an anderen Orten im Weltall? Gleicht es dem Leben auf unserem Planeten? Gibt es außerirdische Zivilisationen? Können wir je zu ihnen Kontakt aufnehmen? – Fragen, auf die niemand eine Antwort kennt. Doch sie bewegen die Menschheit schon seit Jahrhunderten, denn es sind fundamentale Fragen, die uns eine überraschende Sicht auf unseren eigenen Standort im Kosmos eröffnen.

Niemand weiß, wie das Leben auf der Erde entstanden ist (s. S. 239). Wir wissen auch nicht, ob dies ein ganz natürlicher, selbstverständlicher Prozess war oder auf ein einzigartiges, außergewöhnliches Ereignis zurückzuführen ist. Dennoch haben sich Astronomen und Biologen ein gutes Bild von den Voraussetzungen machen können, die vorliegen müssen, wenn irgendwo Leben entstehen soll.

Leben entsteht durch komplexe Moleküle. Die sind jedoch empfindlich: Bei zu hohen Temperaturen oder bei zu großen Mengen tödlicher Strahlung ist Leben unmöglich. Aus diesem Grund kann es im Raum zwischen den Sternen, wo die gefährliche kosmische Strahlung (s. S. 43) freies Spiel hat, keine komplexen Lebensformen geben. Leben auf der Oberfläche eines Sterns ist auch wegen der hohen Temperatur unmöglich. Leben braucht außerdem viel Energie, und die wird im Weltall vornehmlich von Sternen geliefert. Deshalb kann Leben wahrscheinlich nur auf einem kühlen Planeten vorkommen, der sich in einer Umlaufbahn um einen Stern befindet. Die Atmosphäre oder das Magnetfeld des Planeten bieten Schutz vor

Manche Mikroorganismen können unter sehr extremen Bedingungen überleben, z. B. tief unten in der Erdkruste und hoch oben in der Atmosphäre.

schädlicher Strahlung aus dem Weltall. Die Existenz von Wasser scheint auch eine wichtige Voraussetzung zu sein. Nur in einer Flüssigkeit können einfach und schnell komplizierte chemische Reaktionen erfolgen und Wasserstoff und Sauerstoff – die Bestandteile von Wasser – sind nun einmal sehr weit verbreitete Elemente im Weltall.

Wässriges Leben
Auf der Erde hat sich dank der Existenz von Wasser Leben entwickeln können.

Die Wiege des Lebens

Das Leben auf der Erde ist vor etwa vier Milliarden Jahren entstanden, kurz nach der Entstehung unseres Planeten. In der bewegten Anfangsphase des Sonnensystems wurde die Erde ständig von kosmischen Projektilen (s. S. 136) bombardiert. Sobald das Urbombardement einigermaßen abgeflaut war, erschienen die ersten einzelligen Mikroorganismen auf der Bild-

Der exzentrische britische Wissenschaftler Fred Hoyle war der Auffassung, dass viele Viren aus dem Weltraum stammen.

Pränatale Wolke Organische Moleküle – die Bausteine des Lebens – kommen in großen Mengen in Gas- und Staubwolken im interstellaren Raum vor.

fläche. Aus der Tatsache, dass dies relativ schnell vor sich ging, schließt man, dass die Entstehung von Leben kein langwieriger und mühsamer Prozess war oder dass die präbiotische Evolution – die Bildung organischer Moleküle, aus denen sich später die ersten lebenden Zellen entwickelten – weitgehend nicht auf der Erde stattgefunden hat, vielleicht sogar im interstellaren Raum. Der schwedische Chemiker und Nobelpreisträger Svante Arrhenius (1859–1927) mutmaßte bereits zu Beginn des 20. Jahrhunderts, dass die ersten „Lebenskeime" vielleicht aus dem All stammen. Später meinte man sogar, dass komplette Mikroorganismen in dunklen molekularen Wolken (s. S. 189) entstanden sein könnten, wo sie von ausgedehnten Staubnebeln gegen ultraviolettes Licht und kosmische Strahlung abgeschirmt

wurden. Das Leben auf der Erde käme dann aus dem Kosmos. Diese Panspermie-Theorien haben heute kaum Anhänger, doch es wurde entdeckt, dass im Raum zwischen den Sternen große Mengen komplexer organischer Moleküle vorkommen – Moleküle, die hauptsächlich aus Kohlenstoff, Wasserstoff, Sauerstoff und Stickstoff bestehen. Seltsamerweise ist die Energie „schädlicher" ultravioletter Strahlen und kosmischer Strahlung ausgerechnet zur Bildung solcher Moleküle notwendig. Diese Energie setzt chemische Reaktionen in den mikroskopisch dünnen Eisschichten in Gang, die die kosmischen Staubteilchen umgeben. Auf diese Weise entstehen sogar Aminosäuren – die Bausteine von Eiweißen. Es wird allgemein angenommen, dass diese organischen Moleküle von Kometen und Meteoriten auf die Erde gebracht wurden. Ein Teil der präbiotischen Evolution hat sich also bereits im All vollzogen. Damit könnte erklärt werden, wie auf der Erde so schnell Leben entstehen konnte.

Himmlischer Klapperstorch Präbiotische Moleküle gelangten wahrscheinlich mit Kometen auf die Erde.

DAS WELTALL

Spuren von Leben auf dem Mars?

So weit bekannt, ist die Erde der einzige Planet im Sonnensystem, auf dem es Leben gibt. Nicht ausgeschlossen ist jedoch, dass vor langer Zeit auch auf dem Planeten Mars Mikroorganismen gelebt haben (s. S. 144). Wie einige Astrobiologen meinen, kann es vielleicht heute noch Leben auf dem Roten Planeten geben.

Die amerikanische Raumsonde Mariner 9 entdeckte Anfang der 1970er Jahre Rinnen und Strömungsmuster auf dem Mars, die die Vermutung nahe legen, dass auf dem Planeten vor langer Zeit ein milderes Klima herrschte. Höchstwahrscheinlich gab es irgendwann

Die verunglückte britische Marslandefähre Beagle 2 wurde nach der H.M.S. Beagle genannt, dem Schiff, mit dem Charles Darwin zu den Galapagos-Inseln reiste.

fließendes Wasser auf dem Mars (s. S. 147). Wenn der Mars in der Jugend des Sonnensystems der Erde sehr ähnlich war, so ist dort vielleicht auch Leben entstanden.

Die zwei amerikanischen Viking-Fähren, denen im Sommer 1976 eine weiche Landung auf dem Mars gelang, suchten nach Spuren von Leben. Dazu wurden

Bodenproben an Bord automatischer Laboratorien untersucht. Eines von drei Viking-Experimenten registrierte ein starkes Signal, doch das Vorliegen organischer Aktivität wurde nie mit Sicherheit festgestellt. Nach Meinung der meisten Forscher gab es besondere chemische Reaktionen im Marsboden.

Ein Stein vom Mars

1984 wurde am Fuß der Alan Hills in der Antarktis ein großer Meteorit gefunden, von dem feststeht, dass er vom Mars stammt. Der Stein muss bei einem Einschlag auf dem Mars ins Weltall geschleudert und nach langer Zeit auf der Erde gelandet sein. Im Sommer 1986 gaben amerikanische Forscher bekannt, dass sie in diesem Marsmeteoriten (ALH84001) fossile Spuren von Marsbakterien gefunden haben.

Es handelte sich um organische Verbindungen (u.a. polyzyklische aromatische Kohlenwasserstoffe, die auf der Erde von Mikroorganismen produziert werden), merkwürdige Karbonatkügelchen und Magnetitkristalle und möglicherweise sogar Nanofossilien von Marsmikroben. Mit dieser Entdeckung wuchs das öffentliche Interesse an neuen amerikanischen Raumflügen zum Mars, u.a. auch an dem Flug des Mars Pathfinder, der im Sommer 1997 weich auf dem Planeten landete.

Mars Pathfinder und sein Roboterfahrzeug Sojourner waren jedoch nicht dazu geeignet, biologische Aktivität auf dem Mars zu suchen. Und kritische Geologen ließen zudem wissen, dass fast alle „Lebenszeichen" in ALH84001 mit Erdverunreinigungen oder anorganischen Prozessen erklärt werden konnten. Obwohl inzwischen feststeht, dass es unter der Marsoberfläche große Wassermengen gibt (s. S. 147), ist die Frage nach Leben auf dem Roten Planeten noch immer ungeklärt.

Geheimnisvoller Stein In dem Marsmeteoriten ALH84001 wurden mögliche fossile Spuren von Marsbakterien gefunden.

Unbemanntes Raumlabor Die unbemannten Viking-Landefähren hatten ein automatisches Labor an Bord, das bei der Suche nach Leben auf dem Mars assistierte.

Aktivität und nach Marsbakterien suchen sollen. Bedauerlicherweise ist Beagle 2 wahrscheinlich auf der Marsoberfläche zerschellt.

Die amerikanischen Marsrover Spirit und Opportunity sind eher auf geologische Untersuchungen spezialisiert. Das gilt auch für die amerikanischen Marsflüge, die in den kommenden Jahren starten werden, wie der Mars Reconaissance Orbiter (2005), der kleinere Scout Missions (2007) und der Smart Lander (2009). Die ESA plant für 2011 einen neuen Lander mit biologischen Experimenten: ExoMars. Schließlich will man etwa im Jahr 2015 Gestein vom Mars zu Laboruntersuchungen zur Erde bringen. Vielleicht wird die Frage nach Leben auf dem Mars dann endlich beantwortet.

Neue Projekte

Um den Jahreswechsel 2003/2004 hätte die britische Landefähre Beagle 2 – Teil der Raumsonde Mars Express – weich in Isidis Planitia landen sollen, einem ebenen Gebiet im Sedimentgestein nördlich des Marsäquators. Die kleine Landefähre hätte mit modernster Apparatur nach Wasser, nach Spuren biologischer

Neuer Versuch Die britische Marsfähre Beagle 2 sucht Anfang 2004 erneut nach Wasser und Leben auf dem Mars.

Exoplaneten

Die Suche nach außerirdischem Leben beginnt mit der Suche nach Planeten bei anderen Sternen. Über die Existenz solcher Exoplaneten wurde jahrhundertelang spekuliert. Auch mit den allergrößten Teleskopen sind sie nicht sichtbar: Ein ferner Planet ist sehr klein und schwach und wird wegen des geringen scheinbaren Abstands zu seinem Mutterstern vollständig überstrahlt. Um Exoplaneten aufzuspüren, muss man auf indirekte Techniken zurückgreifen.

Der niederländische Astronom Peter van de Kamp (1901–1995) hat als Erster ernsthaft nach Exoplaneten gesucht. Jahrzehntelang beobachtete er Barnards Pfeilstern – einen schwachen Zwergstern in 5,8 LJ Entfernung im Sternbild Schlangenträger. Van de Kamp glaubte, dass der Stern sich leicht taumelnd am Himmel bewegt.

Heißer Jupiter Zeichnung eines Riesenplaneten, der in geringer Entfernung um einen sonnenartigen Stern kreist.

Dieses Schlingern soll durch die Schwerkraft von zwei jupiterähnlichen Planeten verursacht werden, die um den Stern kreisen.

Heißer Jupiter

Inzwischen steht fest, dass Van de Kamps Instrumentarium nicht genau genug war. Die Planeten bei Barnards Pfeilstern gibt es nicht. Doch kurz nach Van de Kamps Tod im Herbst 1995, wurde zum ersten Mal die Existenz eines Exoplaneten in einer Bahn um den Stern 51 Pegasi nachgewiesen. Andere Entdeckungen folgten dann Schlag auf Schlag: Ende 2004 waren schon etwa 130 Exoplaneten bekannt.

Bizarre Planetenbahnen Die Exoplaneten, die man bisher entdeckt hat, ziehen alle in sehr kleinen oder extrem lang gezogenen Bahnen um ihren Mutterstern.

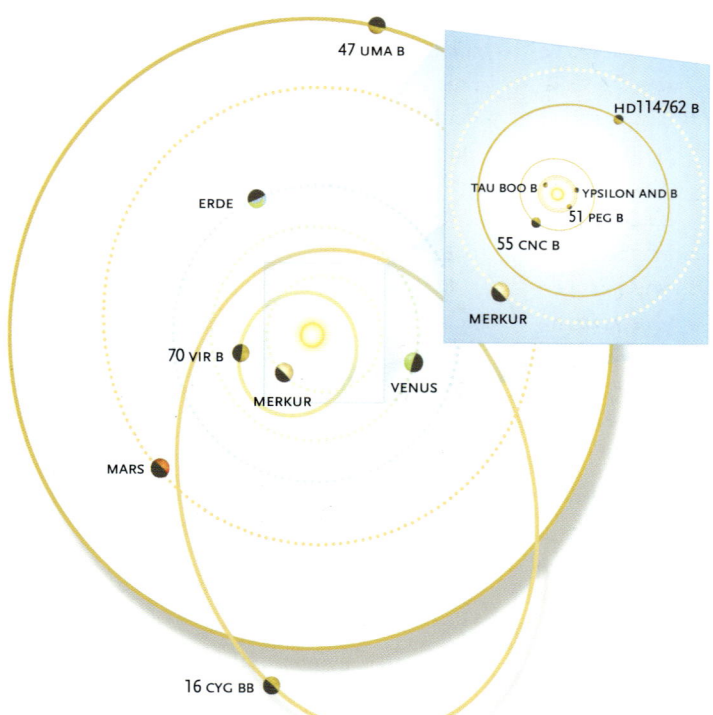

47 UMA B
HD114762 B
TAU BOO B
YPSILON AND B
51 PEG B
55 CNC B
ERDE
MERKUR
70 VIR B
MERKUR
VENUS
MARS
16 CYG BB

Verdampfender Planet Einige gasförmige Planeten kreisen so dicht um ihren Mutterstern, dass sie im Laufe von 100 Millionen Jahren vollständig verdampfen.

innen gewandert. Ein erdartiger Planet im selben System wäre während dieses Migrationsvorgangs in den Raum getaumelt oder vielleicht sogar in dem Stern gelandet.

Es ist nicht klar, was der Fund dieser bizarren Planetensysteme genau zu bedeuten hat. Vielleicht ist unser Planetensystem die Ausnahme von der Regel (s. S. 249). Auf der anderen Seite gilt, dass die Radialgeschwindigkeitstechnik bei weitem die empfindlichste für schwere Planeten in kleinen Umlaufbahnen ist. Es kann sein, dass es „normale" Planetensysteme viel häufiger gibt; wir haben sie nur noch nicht entdeckt.

Fast alle bisher gefundenen Exoplaneten wurden mit Hilfe der Radialgeschwindigkeitstechnik entdeckt. Durch die Gravitation eines schweren Planeten in einer engen Bahn treten kleine Schwankungen in der radialen Geschwindigkeit des Sterns auf – der Geschwindigkeit auf uns zu oder von uns weg. Diese periodischen Schwankungen machen sich durch einen minimalen Dopplereffekt im Spektrum des Sterns bemerkbar. Mit einem sehr empfindlichen Spektroskop sind die sich ergebenden Wellenlängenverschiebungen messbar, und man kann so die Umlaufzeit und die Mindestmasse des Planeten berechnen.

Tipp für Sterngucker

Der erste Stern, bei dem ein Exoplanet gefunden wurde, ist 51 Pegasi. Er ist mit bloßem Auge im Sternbild Pegasus zu sehen, genau rechts neben dem Herbstpunkt.

Seltsamerweise scheinen die meisten Exoplaneten Riesenplaneten zu sein, die sich in einer sehr engen Bahn um ihren Mutterstern bewegen. Die Umlaufzeit beträgt oft nur ein paar Tage. Solche „heißen Jupiter" können nicht so nahe bei dem Stern entstanden sein. Vermutlich wurden sie weiter entfernt geboren und sind erst später nach

Durchgänge

Wenn wir von der Erde aus genau seitlich auf die Bahn eines Exoplaneten blicken, wandert er bei jeder Umrundung einmal vor dem Stern entlang. Dabei wird ein Teil des Lichts vom Stern verschluckt. Auf der Erde sehen wir das Licht des Sterns dann ein wenig schwächer werden. Solch ein Planetendurchgang macht es möglich, Durchmesser, Masse und Dichte des Planeten

Der Planet mit der kürzesten bekannten Umlaufzeit ist OGLE-TR-3b. Er kreist alle 28,5 Stunden einmal um seinen Mutterstern.

genau zu bestimmen. Es kann im Prinzip auch die Zusammensetzung der Planetenatmosphäre untersucht werden.

Da man bei Hunderttausenden von Sternen ständig die Helligkeit überprüft, ist es den Astronomen möglich, Planetendurchgängen auf die Spur zu kommen. In nächster Zukunft werden dann vielleicht mehr Exoplaneten mit der Durchgangsmethode entdeckt.

Projekte der Zukunft

Die bis heute gefundenen Exoplaneten sind einzeln mindestens ebenso groß und schwer wie der Planet Saturn in unserem eigenen Sonnensystem. Mit den heutigen Instrumenten und Techniken kann man einen so kleinen Planeten wie die Erde noch nicht in einer Umlaufbahn um einen anderen Stern entdecken. Doch dies kann sich bald ändern. Wenn erst einmal die Zwillingsschwestern der Erde gefunden werden, kann auch nach Zeichen biologischer Aktivität auf diesen Planeten gesucht werden. Vielleicht ist die Entdeckung außerirdischen Lebens in 15 Jahren bereits eine Tatsache.

Mit der Radialgeschwindigkeitsmethode (s. S. 242) ist es kaum möglich, erdähnliche Planeten zu entdecken. Mit der Durchgangstechnik könnte das jedoch sehr wohl gelingen, falls die Beobachtungen aus dem Weltall kommen. Ein Planet wie die Erde fängt bei einem Durchgang etwa ein Hundertstel Prozent des Lichts seines Muttersterns ab. Mit einem empfindlichen Raumteleskop kann eine so minimale Helligkeitsabnahme registriert werden. Die amerikanische Raum-

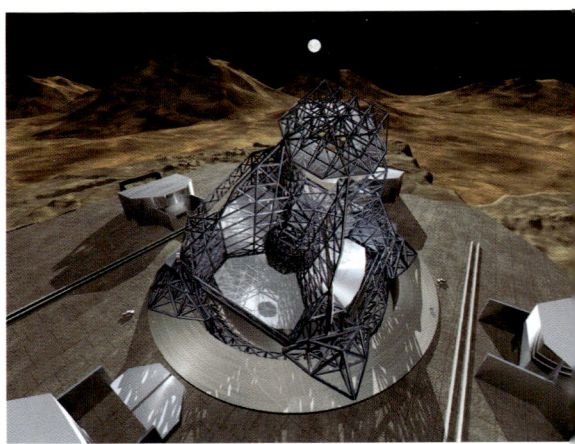

Planeten im Bild Mit den großen neuen Teleskopen, wie dem Europäischen OWL-Teleskop, will man ferne Exoplaneten im Bild festhalten.

> *Darwin wird die Sonne außerhalb der Bahn Jupiters weit umkreisen, um nicht von Wärmestrahlung durch Staub in unserem Sonnensystem gestört zu werden.*

sonde Kepler, die 2007 gestartet wird, geht so auf die Suche nach „Exo-Erden", ebenso der europäische Satellit Eddington, der 2008 ins All starten soll.

Exoplaneten im Bild

Aus extrem genauen Positionsmessungen von Sternen kann man mit der astrometrischen Methode die Existenz kleiner, leichter Exoplaneten ableiten. Die amerikanische Raumsonde

SIM (Space Interferometry Mission) und die europäische GAIA (Global Astrometric Interferometer for Astrophysics) sollen auf diese Weise viele tausend Exoplaneten ausfindig machen. Die Starts sind vorläufig für 2009 und 2012 geplant.

Dann werden sicher auch große Infrarotteleskope in der Lage sein, Exoplaneten tatsächlich im Bild festzuhalten, auch dank adaptiver Optik (s. S. 30) In infraroten Wellenlängen sind sonnenähnliche Sterne schwächer als in sichtbarem Licht, während Planeten heller sind, sodass sie weniger stark überstrahlt werden. Auch das James-Webb Space-Teleskop (s. S. 33), der Nachfolger des Weltraumteleskops Hubble, wird Exoplaneten bei nahe gelegenen Sternen fotografieren können.

Darwin im Weltraum

Etwa im Jahr 2015 will die europäische Raumfahrtorganisation ESA mit dem Darwinprojekt an den Start gehen: einer Reihe von empfindlichen Infrarotteleskopen im All, die in genauer Formation fliegen werden, sodass sie als Interferometer (s. S. 30) zusammenarbeiten. Darwin soll in einer Entfernung von einigen Dutzend Lichtjahren erdartige Exoplaneten ins Bild bringen.

Schaukelnde Sterne Der amerikanische SIM-Satellit soll die winzigen Schaukelbewegungen von Sternen messen, die durch Planeten verursacht werden.

Indem man das schwache Licht eines solchen Planeten – in Wirklichkeit reflektiertes Sternenlicht – genau untersucht, gewinnt man größere Kenntnis über die Zusammensetzung der Planetenatmosphäre.

Enthält die Atmosphäre eines fernen erdartigen Exoplaneten Sauerstoff, ist fast schon sicher, dass es biologische Aktivität auf der Oberfläche gibt. Sauerstoff ist ein sehr reaktives Element, das sich schnell an andere Atome bindet. Der Sauerstoffvorrat der irdischen Atmosphäre wird ständig durch Fotosynthese aufgefüllt. Kein anorganischer Prozess könnte je so große Sauerstoffmengen produzieren. Wird in der Atmosphäre eines Exoplaneten Sauerstoff festgestellt, muss es also Leben auf diesem Planeten geben.

Darwin ist ein außergewöhnlich teures und ehrgeiziges Projekt. Bei der amerikanischen NASA bestehen Pläne für ein ähnliches Rauminterferometer: den Terrestrial Planet Finder (TPF). Vermutlich werden Darwin und TPF zu einem großen, internationalen Projekt vereinigt, was heißt, dass in 15 Jahren vielleicht zum ersten Mal die Existenz außerirdischen Lebens nachgewiesen werden kann.

Sauerstoff schnuppern Das geplante Darwin-Projekt soll Sauerstoff in der Atmosphäre der Planeten von anderen Sternen aufspüren.

Außerirdische Zivilisationen

Das Auffinden von Sauerstoff in der Atmosphäre eines fernen Exoplaneten (s. S. 244) oder von Mikroorganismen auf dem Mars (s. S. 240) wäre natürlich eine revolutionäre Entdeckung. Doch auch wenn damit die Frage nach außerirdischem Leben beantwortet wäre, sagte diese Entdeckung nichts über die Einmaligkeit des Menschen aus. Führt die Evolution von Leben überall im Weltall zu komplexen Organismen, die dauerhaft Intelligenz und Selbstbewusstsein entwickeln? Oder ist der *Homo sapiens* ein rein zufälliges Spiel des Schicksals, eine Laune der Evolution?

Über die Existenz außerirdischer Zivilisationen wird schon jahrhundertelang spekuliert. Nach Auffassung mancher Forscher ist dies ein typischer Fall menschlicher Arroganz, anzunehmen, dass auch anderswo im Weltall unbedingt intelligente Wesen entstehen müssten, als sei Intelligenz eine so wichtige Eigenschaft, dass die Evolution des Lebens nicht ohne sie auskäme. Andere wiederum meinen, im Kosmos müsse es von hoch entwickelten Zivilisationen nur so wimmeln, es sei nur eine Frage der Zeit, bis wir die Botschaften mit Radioteleskopen empfangen können.

Lebenszeichen von E.T.? Das kolossale Radioteleskop von Arecibo auf Puerto Rico ist ständig empfangsbereit für mögliche intelligente Signale aus dem All.

Die Drake-Formel

Der amerikanische Astronom Frank Drake stellte Anfang der 1960er Jahre eine Formel auf, mit der man ausrechnen kann, mit wie viel intelligenten Zivilisationen im Milchstraßensystem Radiokommunikation möglich ist. Diese Formel lautet:

$$N = R \times f_p \times n_e \times f_i \times f_i \times f_c \times L$$

Hierbei ist R die Zahl neuer Sterne, die jährlich im Milchstraßensystem entstehen, f_p ist der Anteil der Sterne, die von Planeten begleitet werden, n_e ist die Anzahl erdartiger Planeten je Planetensystem, f_i ist der Anteil der Planeten,

Die Zahl der Teilnehmer an SETI@home (im Internet zu finden unter http://setiathome.ssl.berkeley.edu) betrug im Frühjahr 2003 fast 4 1/2 Millionen.

auf denen Leben entsteht, f_i ist der Teil, wo die Evolution dieses Lebens Intelligenz hervorbringt, f_c der Anteil dieser Zivilisationen, die Radiokommunikation betreiben und L die durchschnittliche Lebensdauer einer solchen kommunizieren-

Visitenkarte der Erde Diese kodierte Radiobotschaft mit Informationen über den Menschen und die Erde wurde 1973 ins All gesandt.

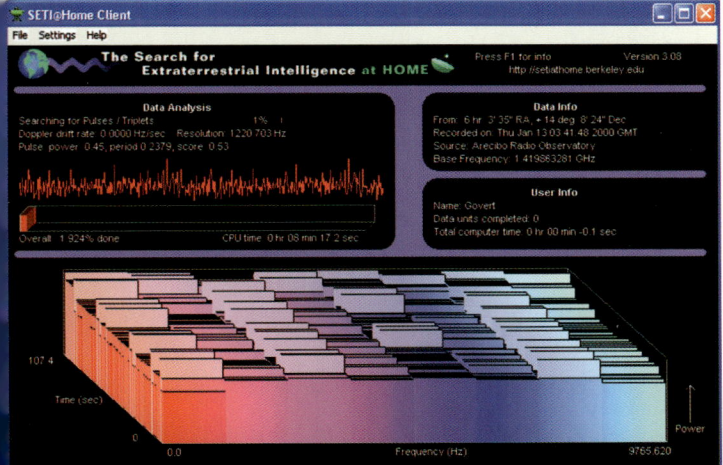

Außerirdische Hausaufgaben Teilnehmer am SETI@home-Projekt setzen ihren eigenen PC bei der Suche
nach außerirdischer Intelligenz ein.

in dem sie anführten, dass
eine Kommunikation mit
außerirdischen Zivilisationen
am besten auf einer Radio-
wellenlänge von 21 cm funktio-
niert. Kurz darauf benutzte
Drake ein Radioteleskop mit
einem Durchmesser von 26 m,
um mögliche intelligente
Signale aus Richtung zweier
naher sonnenähnlicher Sterne zu empfangen:
Tau Ceti und Epsilon Eridani.

Inzwischen wird seit gut 40 Jahren nach Bot-
schaften von *Aliens* gesucht: mit den größten
Radioteleskopen der Welt, den empfindlichsten
Detektoren und den besten und schnellsten
Computern für Datenanalyse. Der gesamte Ster-
nenhimmel wurde mehrmals abgesucht und
Tausende von Sternen wurden genau unter die
Lupe genommen. Mit dem Projekt SETI@home
kann man selbst den eigenen Computer bei der
Suche einschalten. Bis heute wurde allerdings
noch immer nichts gefunden.

Die neuesten SETI-Projekte sollen keine Radio-
botschaften von intelligenten Wesen aufspüren,
sondern optische Signale. Es wurden auch
schon regelmäßig kodierte
Botschaften verschickt.
Ob SETI jemals Erfolg haben
wird, steht in den Sternen.
Drake und seine Anhänger
jedenfalls zweifeln nicht
daran.

den intelligenten Zivilisation in Jahren. Selbst
wenn man für alle Faktoren dieser Formel sehr
pessimistische Werte ansetzt, kommt man doch
auf viele 1000 Zivilisationen im Milchstraßensystem. Natürlich sind die meisten Faktoren
nicht bekannt, doch in der Drake-Formel sehen
viele Menschen die beste Rechtfertigung für
die Suche nach außerirdischer Intelligenz, für
die das Kürzel SETI (Search for Extra-Terrestrial
Intelligence) verwendet wird.

E.T. schweigt

Drake selbst war der große Pionier von SETI.
Im September 1959 publizierten die Physiker
Giuseppe Cocconi und Philip Morrison einen
Artikel im britischen Wochenmagazin *Nature,*

Feines Gehör Das amerikanische
Allen Telescope Array ist nach
seiner Fertigstellung ausschließlich für den Empfang von Botschaften aus dem Weltall bestimmt.

DAS WELTALL

UFOs und fliegende Untertassen

Viele glauben, die Suche nach außerirdischen Zivilisationen sei überflüssig, denn sie sind schon lange unter uns. In fliegenden Untertassen durchkreuzen sie den irdischen Luftraum, sie landen hin und wieder bei jemanden im Garten hinter dem Haus, und es gibt sogar Berichte von Menschen, die von *Aliens* entführt worden sind.

Der Begriff „fliegende Untertasse" stammt aus dem Jahr 1947, als im Juni der amerikanische Luftwaffenpilot Kenneth Arnold bei Mount Rainier im Staat Washington schüsselförmige Gegenstände durch die Luft schweben sah. Diese unidentifizierbaren fliegenden Objekte wurden offiziell UFOs genannt (Unidentified Flying Objects). Mysteriöse Lichterscheinungen am Himmel hat es schon immer gegeben, früher glaubte man, Gespenster oder Engel gesehen zu haben.

Viele UFO-Beobachtungen sind für jemanden, der mit dem Sternenhimmel vertraut ist, einfach zu erklären. Halos und Nebensonnen, Meteore und Feuerkugeln, Planeten und Satelliten, seltsam geformte Wolken und Lasereffekte von Diskotheken – sie alle wurden so manches Mal als „fliegende Untertasse" eingestuft. Überzeugende Beweise, dass die Menschheit regelmäßig Besuch von Außer-

Untertassenentdecker Kenneth Arnold, Pilot der Luftwaffe, sah 1947 fliegende Untertassen über Mount Rainier im amerikanischen Bundesstaat Washington.

irdischen erhält, gibt es jedoch nicht. Natürlich gibt es auch Beobachtungen, die nie bekannt

Der Planet Venus (s. S. 140) wird bei einem hellen Morgen- und Abendscheinen oft für ein UFO gehalten.

geworden sind. Es geht den meisten Wissenschaftlern jedoch zu weit, deshalb gleich von einem außerirdischen Raumschiff zu sprechen. Wie der amerikanische Astronom und Populärwissenschaftler Carl Sagan (1934–1996) sagte: Außerordentliche Behauptungen erfordern auch einen außerordentlich starken Beweis.

Beobachtet man selbst einmal eine mysteriöse Lichterscheinung, dann sollte man Datum, Zeitpunkt, Beobachtungsort, Blickrichtung, Höhe über dem Horizont, Aussehen, Helligkeit, Bewegung, usw. genau notieren und versuchen, die Lichterscheinung auf Foto oder Video aufzunehmen und andere Menschen bitten, sich dies auch anzusehen und zu kommentieren. Über eine Volkssternwarte (s. S. 94) kann man dann in Erfahrung bringen, was die wahrscheinlichste Erklärung für die beobachtete Erscheinung ist. Wetten wir zehn zu eins, das UFO stellt sich als IFO heraus.

Seltsamer Fleck Oft werden seltene Naturerscheinungen für UFOs gehalten, wie z.B. die helle Nebensonne auf diesem Foto.

Tipp für Sterngucker
Bei zarter Schleierbewölkung sind beidseitig der Sonne oft Nebensonnen zu sehen: helle Lichtflecken, verursacht durch Lichtbrechung an Eiskristallen.

Wie einzigartig ist die Erde?

Außerirdische Überraschung Wenn auf einem anderen Planeten auch Leben entsteht, muss dies keinesfalls dem Leben auf der Erde ähnlich sein.

Die Erde ist, soweit wir wissen, der einzige Planet im Weltall, auf dem komplexe Lebensformen vorkommen. Über die Einmaligkeit der Erde als lebender Planet ist jedoch wenig bekannt. Ist der Kosmos bevölkert von bewohnten Planeten oder nehmen wir doch eine Ausnahmestellung ein? Die jüngste Forschung an Exoplaneten (s. S. 242) unterstützt die Vermutung, dass ordentliche Planetensysteme wie das unsrige vielleicht nicht so selbstverständlich sind. In vielen Planetensystemen vollzieht sich eine erstaunliche Migration von Riesenplaneten und eventuelle erdähnliche Planeten überleben dies in einem solchen System nicht.

Planetensysteme scheinen zudem nur im Umfeld von Sternen zu entstehen, die relativ viel schwere Elemente enthalten. Träfe das zu, so sind in den Randgebieten des Milchstraßensystems viel weniger Planeten zu finden, denn der Metallgehalt der Sterne ist dort niedriger (für Astronomen sind alle Elemente Metalle, die schwerer sind als Helium).

Doch in der Nähe des Zentrums des Milchstraßensystems entstehen auch keine komplexen Lebensformen. Zahlreiche Supernova-Explosionen (s. S. 185) und Gammablitze (s. S. 187) produzieren dort so viel gefährliche kosmische Strahlung, dass Leben vielleicht schon im Keim erstickt wird. Vielleicht kann komplexes Leben sich also ausschließlich in sicherer Entfernung vom Milchstraßenzentrum entwickeln.

Belebte Oase Soweit bekannt, ist die Erde der einzige Planet im Weltall, auf dem es Leben gibt.

Auch Jupiter und der Mond übten wahrscheinlich einen Einfluss auf die Evolution von Leben auf der Erde aus. Jupiter schützt die Erde gegen allzu häufige Kometeneinschläge, denn ohne das Schwerkraftfeld von Jupiter wäre die Erde jeweils einmal in einer Million Jahren von einem 10 km großen Projektil getroffen worden, und nicht alle 100 Millionen Jahre (s. S. 166). Die Gezeitenkräfte des Mondes halten den Erdkern flüssig, wodurch sich ein starkes Magnetfeld bilden konnte, das

Wäre Saturn ebenso schwer wie Jupiter, gäbe es uns gar nicht: Mit zwei schweren Riesenplaneten ist ein Planetensystem auf die Dauer nicht stabil.

schädliche kosmische Strahlung fernhält. Es ist nicht ausgeschlossen, dass Planeten, auf denen komplexe Lebensformen existieren, im Weltall recht selten sind. So lange niemand das Gegenteil beweist, gehen wir davon aus, dass die Erde einzigartig ist.

Register

Bildnachweis und Literaturtipps

BILDNACHWEIS

o = oben, u = unten, L = links, R = rechts, M = Mitte

2dF-survey: 221 o / 2-Micron All-Sky Survey: 190 u / Leo Aerts: 85 u, 88 o, 88 u, 112, 114 o, 117 u, 118, 132 R, 146 L, 170 o, 172 o, 198 o, 202 u / Alcatel: 245 u / Artis Planetarium: 94 u / Astrosurf: 92 o / Paul Bakker: 90 B / Berliner Mond Atlas: 100-101 o / Jeanette Bos: 14 o, 36, 38 u, 50 o, 52 u, 53 u, 54, 55 u, 56, 57, 58, 72 u, 73 u, 85 o, 86 u, 87 u, 98, 99 u, 101 o, 102, 104, 106, 110 u, 120 u, 124, 125 o, 131 u, 138, 141 u, 152 u, 162 L, 164, 168 Lu, 177 u, 178 u, 180 o, 181, 184 o, 185 o, 204, 208 u, 210 u, 223 o, 226, 227, 234, 236, 242 u / Richard Bosman: 153 R / Henk Bril: 51 R / Canada-France-Hawaii Telescope: 182 u / Canada Galactic Plane Survey: 205 / Canon: 84 / Carnegie Observatories: 29 Lu / Celestron: 89 u / Centre Européen pour la Recherche Nucléaire: 47 o / Chandra X-ray observatory Center: 34 u, 37 o, 186 M, 209 u, 219 o / Dennis di Cicco: 108 o / Codices Illustres: 12 / Ton Couperus: 190 o, 191, 203 u / Chris Deforeit: 216 u / Hubert Degroote: 83 u / Bert Dekker: 198 u / Kris Delcourte: 97 / Digitized Sky Survey: 178 u / Bert van Dijk: 78, 202 u / Dan Durda: 167 / Earth and Moon Viewer: 103 / European Space Agency: 42 u, 33 o, 44 u, 121 L, 157 u, 187 o, 187 u, 218, 241 o, 243, 249 o / European Southern Observatory: 30, 31 o, 32 R, 35, 39 u, 41 u, 46 u, 154 o, 179, 182 o, 183 o, 186 o, 188 o, 188 u, 189 R, 194 o, 207, 208 o, 209 u, 215 M, 216 o, 220 u, 224, 225 u, 233 o, 239 o, 244 / Taotao Fang: 232 o / Staf Geens: 66 o / Jeroen Geertzen: 91 u / Gemini Observatory: 11, 73 o / Harvard-Smithsonian Center for Astrophysics: 22 o, 185 u / Marcel Hulspas: 248 o / Institute of Space and Astronautical Sciences: 126 Lo / Johns Hopkins University: 22 u, 161 u, 165 u / Keck Observatory: 31 u, 32 L / Willem Kievits: 146 / Walter Koprolin: 140 u / Jacob Kuiper: 173 u / Jan-Karel Lameer: 173 o / Lawrence Livermore National Laboratory/Robin Lafever: 235 u / Martin Lehky: 172 u / Library of Congress: 14 u, 16 u, 18, 20 u, 25 o / Laser Interferometer Gravitational-wave Observatory: 43 u / Lund University 23 o / Max Planck Insitut: 168 o, 232 u / Axel Mellinger: 200-201 u / Dim Moerman: 152 Lo / John Molders: 105 o / Mt. Wilson Observatory: 29 u / National Aeronautics and Space Administration: 23 u, 33 u, 37 u, 40 o, 40 u, 41 o, 42 o, 44 o, 45, 51 L, 59 o, 93 u, 110 o, 111 L, 111 R, 120 o, 137 u, 166 u, 168 Ru, 169 u, 230 o, 231 o, 238, 240 u, 242 o, 245 o / National Aeronautics and Space Administration/Jet Propulsion Laboratory: 135, 137 o, 139 L, 142 o, 142 u, 143, 145 Lo, 145 Ro, 145 u, 147 L, 148 o, 148 u, 149, 150 L, 150 R, 151 o, 151 u, 154 u, 155, 156 o, 156 u, 157 o, 158 o, 158 u, 159 o, 159 u, 160 u, 165 o, 241 o, 249 u / National Aeronautics and Space Administration/Malin Space Science Systems: 144 o, 144 u, 147 R / National Optical Astronomy Observatory: 194 u, 210 o, 221 / National Radio Astronomy Observatory: 39 o, 47 u / Gilbert Peeters: 169 o, 176 u, 199 o / Photodisc: 239 u / Pierre Auger Observatory: 43 Ro / Urijan Poerink: 94 o / Peter Pulles: 83 o / Pedro Re: 86 o, 87 o, 89 o, 93 o, 132 L / Marcel Rommens: 50 u, 90 u / Govert Schilling: 13 u, 60 R, 108 u, 114 u, 122 / Theo Scholten: 92 u, 105 u / Search for Extra-Terrestrial Intelligence Institute: 246 o, 247 o / Geof Sims: 107 L, 107 R / Solar and Heliospheric Observatory team: 128 u / Space Telescope Science Institute: 131 o, 136 o, 136 u, 160 o, 161 o, 171 o, 175, 176 o, 177 o, 180 u, 183 u, 184 u, 188 M, 189 L, 192 o, 192 u, 193 o, 193 u, 195, 196 u, 197, 213, 214, 215 R, 219 u, 222 o, 222 u, 223 u, 225 o, 229 o, 235 o, 237 / Ton Spaninks: 127 R / Subaru Telescope: 220 o / Sudbury Neutrino Observatory: 43 Lo / John Sussenbach: 126 Ro, 140 o, 152 Ro / Thibaud Taudin-Chabot: 55 o / Wil Tirion: 62, 63, 65, 67, 69, 71, 75, 77, 79, 81, 113, 115, 117 o, 119 / Maurice Toet: 52 o / Transition Region and Coronal Explorer team: 123 u, 125 u / Arnold Tukkers: 162 R / Universität Heidelberg: 247 u / Universiteit van Leuven: 228 o / University of Arizona: 34 o / University of Chicago: 28 u / University of Toronto: 46 o / Geert Vandenbulcke: 68 u, 76, 91 u / Erwin van de Velde: 199 u, 203 u / Virgo Collaboration: 229 u / Wei-Hao Wang: 206 o, 206 u / René Weenink: 248 u / Robbert-Jan Westerduin: 74 / Robert Wielinga: 59 u, 64 o, 64 u, 66 u, 68 u, 70 o, 70 u / Harry Willems: 133 u / William Herschel Telescope: 201 o, 215 L, 217 / Zweedse Akademie van Wetenschappen: 127 L, 141 o

LITERATURTIPPS

BÜCHER

▸ Burillier, H.: *Sternführer für Einsteiger*, Kosmos Verlag
▸ Berthier, D.: *Sternbeobachtung in der Stadt*, Kosmos Verlag
▸ Celnik W. E., Hahn, H.: *Astronomie für Einsteiger*, Kosmos Verlag
▸ Cornelius, G.: *Was Sternbilder erzählen*, Kosmos Verlag
▸ Hahn, H.: *Die Kosmos Sternführung*, Kosmos Verlag
▸ Hahn, H.: *Was tut sich am Himmel*, Kosmos Verlag, jährlich
▸ Hahn, H., Weiland, G.: *Welches Sternbild ist das?*, Kosmos Verlag
▸ Herrmann, D. B.: *Die Milchstraße*, Kosmos Verlag
▸ Herrmann, J.: *Welcher Stern ist das?*, Kosmos Verlag
▸ Keller, H.-U.: *Astrowissen*, Kosmos Verlag
▸ Keller, H.-U.: *Kosmos Himmelsjahr*, Kosmos Verlag, jährlich
▸ Keller, H.-U.: *Kosmos Himmelsjahr DeLuxe*, Kosmos Verlag, jährlich
▸ Keller, H.-U.: *Von Ringplaneten und Schwarzen Löchern*, Kosmos Verlag
▸ Klötzler, H.-J.: *Das Astro-Teleskop für Einsteiger*, Kosmos Verlag
▸ Korth S., Koch B.: *Stars am Nachthimmel*, Kosmos Verlag
▸ Lacroux, J., Legrand, C.: *Der Kosmos Mondführer*, Kosmos Verlag
▸ Livio, M.: *Das beschleunigte Universum*, Kosmos Verlag
▸ Lorenzen, D. H.: *Geheimnisvolles Universum*, Kosmos Verlag
▸ Mackowiak, B.: *Warum leuchten Sterne*, Kosmos Verlag
▸ Schröder, K. P.: *Astrofotografie für Einsteiger*, Kosmos Verlag
▸ Schröder, K. P.: *Praxishandbuch Astrofotografie*, Kosmos Verlag
▸ Spence, P.: *Das Kosmos-Buch vom Weltraum*, Kosmos Verlag

STERNKARTEN

▸ Dunlop, S., Tirion W.: *Polaris – Drehbare Sternkarte*, Kosmos Verl.
▸ Hahn H., Weiland G.: *Drehbare Kosmos-Sternkarte*, Kosmos Verl.
▸ Hahn H., Weiland G.: *Drehbare Mini-Sternkarte*, Kosmos Verlag
▸ Hahn H., Weiland G.: *Nachtleuchtende Sternkarte für Einsteiger*, Kosmos Verlag
▸ Hahn H., Weiland G.: *Südhimmel-Sternkarte für Jedermann*, Kosmos Verlag
▸ Hahn H., Weiland G.: *Sternkarte für Einsteiger*, Kosmos Verlag
▸ Karkoschka, E.: *Atlas für Himmelsbeobachter*, Kosmos Verlag
▸ Karkoschka, E.: *Drehbare Welt-Sternkarte*, Kosmos Verlag
▸ Mellinger A., Hoffmann S.: *Der große Kosmos Himmelsatlas*, Kosmos Verlag

ZEITSCHRIFTEN

▸ *Astronomie Heute*, Spektrum der Wissenschaft Verlagsgesellschaft mbH, Heidelberg
▸ *Astronomie und Raumfahrt im Unterricht*, Erhard Friedrich Verlag
▸ *Interstellarum*, Oculum-Verlag, Erlangen
▸ *Orion*, Zentralsekretariat der SAG, Neukirch, Schweiz
▸ *Sterne und Weltraum*, Spektrum der Wissenschaft Verlagsgesellschaft mbH, Heidelberg
▸ *Star Observer*, Star Observer Verlag, Gräfelfing